"十二五"国家重点图书出版规划项目

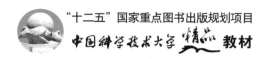

中国科学技术大学 精品 教材

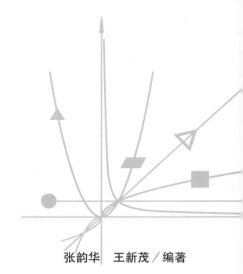

张韵华　王新茂／编著

Step up to Mathematica 7

Mathematica 7
实用教程

第2版

中国科学技术大学出版社

内 容 简 介

符号计算软件是能做高等数学和初等数学题目、画数学函数和数据的图形以及编写程序的应用软件系统。Mathematica 以其友好的界面而成为流行的符号计算软件。在符号计算系统的软件环境下,我们可以轻松愉快地用计算机进行数学公式推导、数学计算和图形变换。

本书内容包括:如何应用 Mathematica 7 做因式分解、数项求和、函数极限、不定积分、求解偏微分方程、求解线性方程组、计算矩阵的特征值和特征向量、矩阵分解、插值、拟合和统计等数学运算;如何用函数、数据、图元素画图;如何自定义函数和写程序构建程序包。

本书可作为高等院校学生学习 Mathematica 的教材,数学实验和数学建模课程的辅助教材,数学教学的辅助工具,科研和工程技术人员科学计算的参考教材。

图书在版编目(CIP)数据

Mathematica 7 实用教程/张韵华,王新茂编著. —2 版. —合肥:中国科学技术大学出版社,2014.8(2019.3 重印)

(中国科学技术大学精品教材)

"十二五"国家重点图书出版规划项目

ISBN 978-7-312-03573-9

Ⅰ. M⋯　Ⅱ. ①张⋯ ②王⋯　Ⅲ. Mathematica 软件—高等学校—教材

Ⅳ. TP317

中国版本图书馆 CIP 数据核字(2014)第 179789 号

中国科学技术大学出版社出版发行

安徽省合肥市金寨路 96 号,230026

http://press. ustc. edu. cn

https://zgkxjsdxcbs. tmall. com

合肥市宏基印刷有限公司印刷

全国新华书店经销

开本:710mm×960mm　1/16　印张:21.25　字数:400 千

2010 年 1 月第 1 版　2014 年 8 月第 2 版　2019 年 3 月第 4 次印刷

定价:49.00 元

总　　序

2008 年，为庆祝中国科学技术大学建校五十周年，反映建校以来的办学理念和特色，集中展示教材建设的成果，学校决定组织编写出版代表中国科学技术大学教学水平的精品教材系列。在各方的共同努力下，共组织选题 281种，经过多轮、严格的评审，最后确定 50 种入选精品教材系列。

五十周年校庆精品教材系列于 2008 年 9 月纪念建校五十周年之际陆续出版，共出书 50 种，在学生、教师、校友以及高校同行中引起了很好的反响，并整体进入国家新闻出版总署的"十一五"国家重点图书出版规划。为继续鼓励教师积极开展教学研究与教学建设，结合自己的教学与科研积累编写高水平的教材，学校决定，将精品教材出版作为常规工作，以《中国科学技术大学精品教材》系列的形式长期出版，并设立专项基金给予支持。国家新闻出版总署也将该精品教材系列继续列入"十二五"国家重点图书出版规划。

1958 年学校成立之时，教员大部分来自中国科学院的各个研究所。作为各个研究所的科研人员，他们到学校后保持了教学的同时又作研究的传统。同时，根据"全院办校，所系结合"的原则，科学院各个研究所在科研第一线工作的杰出科学家也参与学校的教学，为本科生授课，将最新的科研成果融入到教学中。虽然现在外界环境和内在条件都发生了很大变化，但学校以教学为主、教学与科研相结合的方针没有变。正因为坚持了科学与技术相结合、理论与实践相结合、教学与科研相结合的方针，并形成了优良的传统，才培养出了一批又一批高质量的人才。

学校非常重视基础课和专业基础课教学的传统，也是她特别成功的原因之一。当今社会，科技发展突飞猛进、科技成果日新月异，没有扎实的基础知识，很难在科学技术研究中作出重大贡献。建校之初，华罗庚、吴有训、严济慈等老一辈科学家、教育家就身体力行，亲自为本科生讲授基础课。他们以渊博的学识、精湛的讲课艺术、高尚的师德，带出一批又一批杰出的年轻教员，培养了一届又一届优秀学生。入选精品教材系列的绝大部分是基础课或专业基础课的教材,其作者大多直接或间接受到过这些老一辈科学家、教育家的教诲和影响,因此在教材中也贯穿着这些先辈的教育教学理念与科学探索精神。

改革开放之初,学校最先选派青年骨干教师赴西方国家交流、学习,他们在带回先进科学技术的同时,也把西方先进的教育理念、教学方法、教学内容等带回到中国科学技术大学,并以极大的热情进行教学实践,使"科学与技术相结合、理论与实践相结合、教学与科研相结合"的方针得到进一步深化,取得了非常好的效果,培养的学生得到全社会的认可。这些教学改革影响深远,直到今天仍然受到学生的欢迎,并辐射到其他高校。在入选的精品教材中,这种理念与尝试也都有充分的体现。

中国科学技术大学自建校以来就形成的又一传统是根据学生的特点,用创新的精神编写教材。进入我校学习的都是基础扎实、学业优秀、求知欲强、勇于探索和追求的学生,针对他们的具体情况编写教材,才能更加有利于培养他们的创新精神。教师们坚持教学与科研的结合,根据自己的科研体会,借鉴目前国外相关专业有关课程的经验,注意理论与实际应用的结合,基础知识与最新发展的结合,课堂教学与课外实践的结合,精心组织材料、认真编写教材,使学生在掌握扎实的理论基础的同时,了解最新的研究方法,掌握实际应用的技术。

入选的这些精品教材,既是教学一线教师长期教学积累的成果,也是学校教学传统的体现,反映了中国科学技术大学的教学理念、教学特色和教学改革成果。希望该精品教材系列的出版,能对我们继续探索科教紧密结合培养拔尖创新人才,进一步提高教育教学质量有所帮助,为高等教育事业作出我们的贡献。

中国科学技术大学校长
中国科学院院士
第三世界科学院院士

前　言

　　符号计算系统是一个展示和应用数学知识的系统，一个集成化的、计算机化的数学软件系统，一个在大学和研究所流行的应用软件。在符号计算系统环境下，我们可以轻松愉快地用计算机进行数学公式推导、数值计算和图形变换。

　　目前 Mathematica 用户达到数百万，包括世界 500 强公司、国家级的研究实验室和世界各地顶尖的大学。2004 年的三位诺贝尔物理学奖得主都是 Mathematica 的忠实用户。在北美、欧洲和日本都有大学将 Mathematica 作为大学生在校必修的计算机课程之一。

　　1994 年，中国科学技术大学成为了国内最早为本科生开设符号计算语言 Mathematica 课程的两所高校之一，该课程现已作为数学系和全校本科生公共选修课，已有 20 多届数学系学生和 10 多届物理、化学、生物、地空、信息和管理等专业的理工科学生选修了本课程。

　　这些聪明的学生不但很快掌握了使用方法，还结合所学专业做出了不少值得记录在案的习题。他们已将 Mathematica 用在数学课程学习、数学建模竞赛、大学生研究计划和毕业论文中。

　　20 世纪 90 年代中期，在国内高校中 Mathematica 主要作为"数学建模"竞赛的计算工具，由于符号计算软件在数学表示和函数绘图上的优势，近年来多所高等院校用它作为"数学实验"课程的主要工具和高等数学课程教学改革的支撑平台，它的应用范围正在扩展之中。

　　为了满足课程教学需要，经过几年教学实践，我们编写了《Mathematica(1.2 版)符号计算实用教程》(中国科学技术大学出版社，1998 年 9 月)和《符号计算系统 Mathematica(4.0 版)教程》(科学出版社，2001 年 11 月)。这两本书荣幸地被一些高校选用，也得到了读者很多有益的反馈建议。在此感谢选用过这两本教材的教师、学生和读者！

在本教材中一方面按照数学内容的进程，从初等数学到高等数学，介绍如何调用 Mathematica 的函数做初等数学、微积分、线性代数和微分方程中的计算题，验证数学公式的推导，演示函数图形，给学生提供了重温高等数学和探索数学的空间，让高年级本科生和研究生在专业课学习中"会用"和"用好"高等数学；另一方面按照计算机语言的结构，从简单的命令行输入到构建复杂的程序包，学习过程编程和函数编程。

本教材绪论部分对符号计算系统和 Mathematica 作一简介，以实例介绍 Mathematica 的风采以及怎样获取帮助；第 1 章介绍 Mathematica 中的数值类型和基本量；第 2 章至第 4 章按初等数学到高等数学的内容排列，介绍如何求和、计算极限、计算不定积分、求解偏微分方程、求解线性方程组、计算矩阵的特征值和特征向量以及矩阵分解等数学运算；第 5 章介绍数值计算方法；第 6 章介绍二维和三维的函数作图、数据画图、图元素绘图以及系统程序包中各类画图函数（第 1 章到第 6 章介绍如何使用系统的函数，重在调用系统丰富的函数资源）；第 7 章和第 8 章介绍定义函数方式和编写程序构建程序包。

本教材基于 2009 年 Mathematica 7.0.1 的版本，它包括了 Mathematica 的核心功能，基本的数学运算函数、画图命令和编程语句在升级版本中仍然"畅通无阻"。在近几年的升级版本中在专项功能的集成化、系统与互联网的交互等多方面不断改进和提高。例如：2010 年 Mathematica 8.0，完成与 Wolfram|Alpha 的集成，增加了自动概率和期望计算以及许多统计可视化功能、集成小波分析等；2012 年 Mathematica 9.0.0，具有全新 Wolfram 预测界面，大幅度提高了 Mathematica 的导航和探索功能，集成模拟和数字信号处理，全面的客户端网页访问，以及与网页 API 的交互；2014 年 Mathematica 10.0.0，增加了高度自动化的机器学习，集成的几何计算，非线性控制系统和增强的信号处理，增强的偏微分方程求解功能，访问扩展的 Wolfram Knowledgebase。

特别感谢 李翊神 教授，由于他对 Mathematica 的推荐和倡导，才让作者有了写作本书的想法和动力。

感谢季孝达教授对出版本教材给予的帮助和支持！

　　感谢中国科大 9601 练恒（布朗大学博士）、刘洋（香港科大博士）、刘琼林（中国科大博士）、龚隽（中国科大研究生）为《符号计算系统 Mathematica（4.0 版）教程》出版所做的工作！

　　感谢 Wolfram 公司国际商务发展客户经理陈向群女士对出版本书给予的支持！

　　感谢中国科学技术大学教务处和出版社在本书出版工作中给予的支持！

编　者

2014 年 6 月

目　　次

总序 …………………………………………………………………………（ⅰ）

前言 …………………………………………………………………………（ⅲ）

绪论 …………………………………………………………………………（1）

  0.1　符号计算系统简介 …………………………………………………（1）

  0.2　Mathematica 简介 …………………………………………………（5）

  0.3　初识 Mathematica …………………………………………………（6）

  0.4　获取帮助 ……………………………………………………………（12）

第 1 章　Mathematica 的基本量 …………………………………………（18）

  1.1　数的表示及其函数 …………………………………………………（18）

  1.2　字符串 …………………………………………………………………（24）

  1.3　变量 ……………………………………………………………………（29）

  1.4　列表 ……………………………………………………………………（33）

  1.5　表达式 …………………………………………………………………（48）

  习题 1 ………………………………………………………………………（51）

第 2 章　初等函数运算 ……………………………………………………（53）

  2.1　多项式运算 …………………………………………………………（53）

  2.2　三角函数运算 ………………………………………………………（64）

  2.3　方程运算 ……………………………………………………………（65）

  2.4　求和与乘积运算 ……………………………………………………（71）

  习题 2 ………………………………………………………………………（73）

第 3 章　微积分 ……………………………………………………………（75）

  3.1　求极限 …………………………………………………………………（75）

3.2 微商和微分 ·· （77）

3.3 不定积分和定积分 ·· （82）

3.4 幂级数 ·· （88）

3.5 微分方程 ·· （92）

3.6 积分变换 ·· （96）

习题 3 ··· (101)

第 4 章 线性代数 ·· (104)

4.1 矩阵的定义 ·· (104)

4.2 矩阵的基本运算 ·· (115)

4.3 矩阵的高级运算 ·· (124)

习题 4 ··· (134)

第 5 章 数值计算方法 ·· (138)

5.1 插值 ·· (138)

5.2 曲线拟合 ·· (145)

5.3 数值积分 ·· (150)

5.4 非线性方程求根 ·· (154)

5.5 函数极值 ·· (157)

5.6 数据统计和分析 ·· (160)

5.7 微分方程数值解 ·· (169)

5.8 离散傅里叶变换 ·· (173)

5.9 线性规划 ·· (175)

习题 5 ··· (176)

第 6 章 在 Mathematica 中作图 ·· (180)

6.1 二维图形 ·· (180)

6.2 三维图形 ·· (198)

6.3 图形动画和声音播放 ·· (209)

6.4 等值线和密度图 ·· (222)

6.5 用图元作图 ·· (231)

6.6 特殊作图命令 ·· (242)

习题 6 ··· (261)

第 7 章　自定义函数和模式替换 ·· (264)

7.1　自定义函数 ·· (265)

7.2　模式替换 ·· (274)

7.3　给模式附加条件 ·· (278)

7.4　参数数目可变函数 ··· (282)

7.5　函数的属性与属性定义 ·· (284)

7.6　表达式部件操作 ·· (287)

7.7　纯函数 ··· (290)

习题 7 ·· (292)

第 8 章　程序设计 ·· (294)

8.1　条件语句 ·· (294)

8.2　循环语句 ·· (298)

8.3　转向语句 ·· (302)

8.4　程序模块 ·· (304)

8.5　程序调试 ·· (309)

8.6　程序包 ··· (312)

习题 8 ·· (315)

附录 ·· (318)

参考文献 ·· (328)

绪　　论

0.1　符号计算系统简介

◇　**数值计算与符号计算**

从单纯计算到文字处理、图形变换、多媒体表示,计算机正在改变着我们的工作方式和生活方式。在 19 世纪之前,计算是数学家工作的主要内容,高斯对于谷神星轨道的计算和提出最小二乘拟合的方法便是一个例子。在 19 世纪之后,数学研究发生了重大改变,计算的色彩日渐淡薄,数学家对数学理论和数学结构远比对数学问题的求解计算更为关心。现代电子计算机问世以后,情况又发生了变化,利用计算机求解数学问题或证明数学定理成为行之有效的新方法。例如,世界上最早的电子计算机之一 ENIAC(Electronic Numerical Integrator and Computer)是为美国军方提供准确而及时的弹道火力表服务的,其中涉及求解大量复杂的非线性方程组和数值积分,这是用计算机求解数学问题的典型范例。又例如,组合数学中的著名问题"四色定理"是在利用计算机编程对各种可能情形加以枚举之后,从而得到证明的。

数值计算过程是常量值、变量值、函数值到数值的变换,一个或多个数值到一个数值的变换,一个多对一的变换。例如:计算 $y = \sin 10 + \ln 10$。其结果是 1.75856。在计算机高级语言中,算术表达式由常量、变量、函数和运算符等组成,算术表达式的值为某一精度范围内的数值。计算各种类型表达式的值是计算机高级语言的主要工作。

符号计算过程是常量、变量、函数和计算公式到常量、变量、函数和计算公式的一个变换,一个多对多的变换。它能完成数学表达式到数学表达式的精确运算和

数值计算。例如：计算一个初等函数的不定积分，其结果被积函数的原函数仍然是初等函数，

$$\iint 4(x^2 + y^3)\cos x \mathrm{d}x\mathrm{d}y = 8xy\cos x + y(4x^2 + y^3 - 8)\sin x$$

符号计算比数值计算对计算机的硬件和软件提出了更高的要求。和数值计算一样，设计有效的算法也是符号计算的核心。就算法而言，符号计算比数值计算能继承更多的、更丰富的数学遗产，古典数学中的许多算法仍然是核心算法的成员，当代数学的算法成果也被不断地充实到符号计算系统中。

◇　**符号计算系统**

随着数学和计算机科学的发展，一门称为"符号计算"或"计算机代数"的交叉学科已经形成了。它的发展与代数计算、算法设计、机器学习、自动推理等紧密联系在一起。符号计算软件充分表达了这个学科的最新算法成果和应用。通用符号计算软件已经成为解决各种科学工程计算问题的有力工具。

符号计算系统是一个表示数学知识和数学工具的系统，一个集成化的数学软件系统。符号计算系统由系统内核、符号计算语言和若干软件包组成。一个符号计算系统通常包括数值计算、符号计算、图形演示和程序设计语言 4 个部分。并将各种功能融合在一起，易于保持数学公式推导、数值计算和图形可视化的一致性和连贯性。

符号计算系统的数学对象几乎涉及所有数学基础学科，从初等数学到高等数学，包括各类数学表达式的化简、四则运算、因式分解、极限、导数、积分、级数、常微分方程、偏微分方程、行列式、线性方程组以及各种向量和矩阵运算等。

符号计算已成功地应用于几乎所有的科学技术和工程领域，其中包括数学理论领域。由于它能够正确地完成科研人员在短时间内无法完成的公式推导计算，使得不少研究领域的前沿向前推移。

◇　**符号计算的应用**

• **数学公式的推导工具**

在 19 世纪，法国天文学家 Charles Delaunay 没有以太阳而是以月亮的位置作为计算时间的函数。从 1847 年到 1867 年用了 20 年的时间，他完成并发表了长达数百页的计算方面的文章，推导了近 4 万个公式。1970 年 MIT 的一个研究小组用符号计算软件对 Delaunay 的计算公式进行复查，只用了 20 小时的 CPU 时间便完成了。复查表明原先的计算只有 3 个错误，其中一个错误是某项的系数是 3 而不是 2，另外两个错误是由此而引起的。

科研中常常进行公式推导和公式验证，有时由于设计模型的复杂性，在手工推

导中既有数学理论的深度又有数学推导运算不菲的工作量。例如：一个 7 个自由度行走的机器人，从运动方程求解加速度时，包括大量的多维转换公式推导，可以有上百项，甚至上千项。这时只能用符号计算系统才能迅速、准确地求解；在推导有限元的刚度矩阵中、在计算行列式的展开和合并中，都可以用任何一个符号计算系统来完成公式演算。这样的例子还有很多，在数论、群论、李代数的理论研究中，也有专门的符号计算软件供数学家使用。用符号计算系统进行公式推导，既正确又迅速。它帮助科研人员摆脱了理论推导中繁琐的一面，把更多的精力放在创造性的思维中。

- 理论研究的实验工具

在物理、化学和生物学等许多自然科学领域中，实验是科学研究的一个方法。符号计算系统的出现为数学领域和一些理论研究领域提供了实验工具。数学的创造大多来自直觉，用符号计算系统对设想的定理结论直接验证，或将待研究的方程绘出图形以观察几何性质和变化趋势，常常会给科研人员带来不同程度的灵感和启发，他们将数学实验的结果进行理论深化并加以严格证明，甚至会得到意想不到的收获。

- 数学教学的辅助工具

在符号计算语言的应用初期，使用者主要是科技工作者和相关专业人士。目前已广泛地应用于教学中，是计算机辅助教学的良好环境。它已成为国内很多高校"数学实验"和"数学建模"课程的有力支撑工具。目前国内外多所高校数学教材中都包括用符号计算语言做数学习题的内容。在高等数学课程教学中，系统提供的数学函数的几何直观帮助学生理解数学的内涵，培养学生的空间想像能力。它"轻松做数学题"的能力可以激发学生"学数学"的兴趣，提高学生用计算机软件"用数学"的能力。

◇　符号计算系统软件简介

符号计算系统一般可分为专用系统和通用系统两大类。通用符号计算系统具有数值计算、符号计算、图形演示、程序设计等功能。目前比较流行的通用符号计算系统如表 0.1 所示（按字母顺序排列）。

符号计算系统通常有两种运行方式：一种是交互式，每输入一个命令，就执行相应的数学计算，类似于使用计算器；另一种方式是写一段程序，执行一系列的命令，类似于用 Basic 或 C 语言编写程序。每个符号计算系统都有自己的程序设计语言，这些语言与通用的高级语言大同小异。请看 C 语言和 Mathematica 中的几个语句形式（表 0.2）。

表 0.1   目前比较流行的通用符号计算系统

软件名称	说　明
Axiom	免费开源软件，http://axiom-developer.org
CoCoA	免费开源软件，交换代数，http://cocoa.dima.unige.it
Euler	免费开源软件，http://eumat.sourceforge.net/
GAP	免费开源软件，计算群论，http://www.gap-system.org/
Java Algebra System	免费开源软件，交换可解多项式、Gröbner 基，http://krum.rz.uni-mannheim.de/jas
Macaulay2	免费开源软件，代数几何、交换代数，http://www.math.uiuc.edu/Macaulay2
Maple	商业软件，http://www.maplesoft.com
Mathematica	商业软件，http://www.wolfram.com
Maxima	免费开源软件，http://maxima.sourceforge.net
Reduce	免费开源软件，http://reduce-algebra.sourceforge.net
Sage	免费开源软件，http://www.sagemath.org
Singular	免费开源软件，交换代数、代数几何、奇点理论，http://www.singular.uni-kl.de

表 0.2   C 语言和 Mathematica 中的几个语句形式

C 语言	Mathematica
if(条件)语句 1；else 语句 2	If[条件,语句 1,语句 2]
while(条件)语句	While[条件,语句]
for(初始化；条件；更新)语句	For[初始化,条件,更新,语句]

0.2　Mathematica 简介

Mathematica 是美国 Wolfram 研究公司开发的符号计算系统,自 1988 年首次发布以来,因系统精致的结构和强大的计算能力而广为流传,经不断扩充功能和完善修改之后,本书的版本为 2008 年推出的 Mathematica 7。Mathematica 产品家族还包括 gridMathematica、webMathematica、Mathematica Player、Wolfram Workbench、Mathematica Applications 等一系列产品。

Mathematica 是 Mathematica 产品家族中最大的应用程序,内容丰富并功能强大的函数覆盖了初等数学、微积分和线性代数等众多的数学领域,它包含了多个数学方向的新方法和新技术;它包含的近百个作图函数是数据可视化的最好工具;它的编辑功能完备的工作平台 Notebooks 已成为许多报告和论文的通用标准;在给用户最大自由限度的集成环境和优良的系统开放性前提下,吸引了各领域和各行各业的用户。在近 20 年的算法开发中,Mathematica 建立了一个数值计算的新层次。特别是许多高效原始算法、自动选择算法以及在系统范围内支持自动误差追踪和任意精度算法。Mathematica 引入了并行计算,可以充分发挥多核处理器的计算能力和 Mathematica 的自动并行计算技术。

从计算到可视化,从开发到应用,在 20 年不断创新的基础上,Mathematica 7 提供了一个全新视野:终端技术应用和环境。Mathematica 7 简体中文版采用了中文的菜单界面和中文的帮助文档,以及超过 500 个新功能和 12 个新增应用领域。所有这些都完美地集成在一个系统中,给用户带来前所未有的连贯、可靠的工作流。Mathematica 7 的新特性还包括数学对象的即时 3D 模型,内置了图像处理和图像分析功能,基因组、化学、气象、天文学、金融、测地学数据的完整支持等,使其成为科学研究的有力工具。

现在,Mathematica 在世界上拥有超过数百万的用户,已在工程领域、计算机科学、生物医学、金融和经济、数学、物理、化学和社会科学等范围得到应用。尤其在科研院所和高等院校广为流行。目前至少有 20 种语言写成的 700 多册书籍和几种专门介绍 Mathematica 的期刊。在英国和日本都有大学将 Mathematica 作为理工科学生入校必修的计算机课程之一。在教学研究和教学应用方面,世界各地的大学和高等教育工作者已开发基于 Mathematica 的多门课程。它也是国内

"数学模型"和"数学实验"课程最常用的工具。Mathematica 具有不同类型软件的特点。

- 具有计算器一样简单的交互式操作方式；
- 具有 Matlab 那样强的数值计算功能；
- 具有 Maccsyma、Maple 和 Reduce 那样的符号计算功能；
- 具有 APL 和 LISP 那样的人工智能列表处理功能；
- 像 C 语言与 Pascal 语言那样的结构化程序设计语言。

◇　**Mathematica 的发明者**

Stephen Wolfram 是 Mathematica 的发明者，负责 Mathematica 核心系统的整体设计，同时也是 Wolfram Research 公司的创办人和总裁。Stephen Wolfram 于 1959 年生于英国伦敦，接受了伊顿公学、牛津大学和加州理工大学的教育，15 岁时发表了第一篇科技论文，20 岁时获得加州理工大学理论物理学博士学位，并于 1981 年成为最年轻的 MacArthur 奖获得者。此后，Stephen Wolfram 致力于研究大自然中复杂现象的产生根源。他所做的关于元胞自动机的研究工作获得了一系列重大的发现，为"复杂系统研究"这一新兴领域的创建奠定了基础，并在复杂性理论、人造生命、计算流体力学等诸多领域得到了广泛的应用。Stephen Wolfram 曾历任加州理工大学、普林斯顿高等研究院、伊利诺斯大学的物理学、数学和计算机科学教授，他于 1986 年创办了 Complex Systems 杂志，并于 1987 年创办了 Wolfram Research 公司。自从 Wolfram Research 公司创办开始，Stephen Wolfram 就担任公司的总裁并致力于 Mathematica 的发展，Wolfram 负责 Mathematica 的总体设计，他编写了 Mathematica 大部分的基本核心代码。

0.3　初识 Mathematica

Mathematica 是什么？Mathematica 是一个符号计算系统，是一个做数学和学数学的软件。Mathematica 能做什么？Mathematica 能够完成计算器的任何工作；能够做中小学数学中的计算题目；能做高等数学中的许多题目；给出数据或数学函数，只用一条命令就能绘出复杂的函数图形。

即使你对 Mathematica 还一无所知，看完下面的例子，你会发现 Mathematica 是位博学多才而又友好的助手。Mathematica 会成为你工作和学习的好伙伴！

◇　进入和退出 Mathematica

运行 Wolfram Mathematica 7.0程序,首先出现在我们面前的是一个空白的 Mathematica 笔记本窗口,系统暂时取名"未命名‐1",直到用户另存为止 (图0.1)。

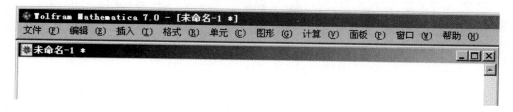

图 0.1　进入 Mathematica

退出 Mathematica 系统时,可在"文件"菜单中选择"退出",或按下快捷键 "Alt＋F4"。如果当前的窗口内容已经被修改,却没有保存到文件中,这时会出现 一个对话框问你是否保存。点击对话框上的"Save"按钮,则保存并退出系统;点击 "Don't Save"按钮,则不保存并退出系统;点击"Cancel"按钮,则取消操作并返回 系统(图0.2)。

图 0.2　退出 Mathematica

◇ **输入并计算表达式**

输入表达式,按 Shift+Enter 发出执行命令,或在"计算"菜单中选择"计算单元"命令,系统将计算表达式的值并输出结果。例如图 0.3 所示。

图 0.3　表达式求值示例

系统为输入和输出附上次序标识 In[1] 和 Out[1],In[1] 表明输入的是第 1 条语句,Out[1] 右边输出的是第 1 条语句的运行结果。请看下面的例子:

In[2]:= **123456789*987654321**　　　　　　　（*像用一个计算器*）

Out[2]= 121 932 631 112 635 269

In[3]:= **Factor[x^3+36x^2+431x+1716]**　　　　（*因式分解*）

Out[3]= (11+x) (12+x) (13+x)

In[4]:= **Expand[(x-3)(y^2-x+6)]**　　　　　（*展开多项式*）

Out[4]= $-18+9\ x-x^2-3\ y^2+x\ y^2$

In[5]:= **GCD[391,561,357]**　　　　　　　（*计算最大公约数*）

Out[5]= 17

In[6]:= **LCM[21,29,35]**　　　　　　　　（*计算最小公倍数*）

Out[6]= 3045

In[7]:= **Solve[{3x-2y==5,x+y==5},{x,y}]**　　（*解线性方程组*）

Out[7]= {{x→3,y→2}}

In[8]:= **{D[x^2Sin[x],x],D[x^2Sin[x],{x,2}]}**

　　　　　　　　　　　　　　　　　（*导数和二阶导数*）

Out[8]= {x^2 Cos[x]+2 x Sin[x],4 x Cos[x]+2 Sin[x]-x^2 Sin[x]}

In[9]:= **Integrate[x^2Sin[x],x]**　　　　　（*计算不定积分*）

Out[9]= $-(-2+x^2)$Cos[x]+2 x Sin[x]

In[10]:= **Integrate[(Cos[x]+2)/Sin[x]^2,{x,1.1,1.3}]**

Out[10]=　0.546958　　　　　　　　　　　（＊计算定积分＊）

In[11]:=　**A= {{1.,2,3,4},{3,2,5,6},{1,2,-1,2},{0,2,5,7}};**
　　　　　Eigenvalues[A]　　　　　　（＊计算矩阵特征值＊）

Out[12]=　{11.2276,-2.83855,1.46668,-0.855736}

In[13]:=　**Plot[x^5-3x+7,{x,-3,3}]**　　　（＊绘制函数图像＊）

Out[13]=
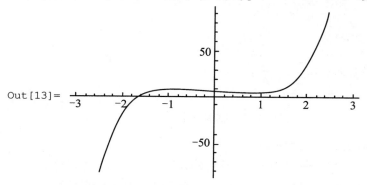

In[14]:=　**ParametricPlot[**
　　　　　{Sin[0.99t]-0.7*Cos[3.01t],Cos[1.01t]
　　　　　+0.1Sin[15.03t]},{t,-150,150},Axes→None]
　　　　　　　　　　　　　　　　　（＊参数方程绘图＊）

Out[14]=
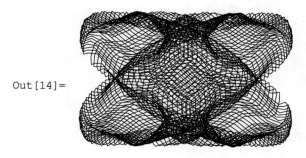

例:用 ContourPlot3D 语句绘制单叶双曲面 $\dfrac{x^2}{4} + \dfrac{y^2}{3} - \dfrac{z^2}{2} = 1$。

In[15]:=　**ContourPlot3D[x^2/4+y^2/3-z^2/2==1,{x,-4,4},**
　　　　　{y,-3,3},{z,-2,2},Axes→False,Boxed→False]

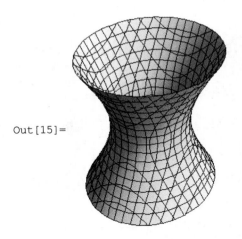

Out[15]=

例:用 ParametricPlot3D 语句绘制 Möbius 带。

In[16]:= **ParametricPlot3D[**
{Cos[t](3+r*Cos[t/2]),Sin[t](3+r*Cos[t/2]),
r*Sin[t/2]},{r,-1,1},{t,0,2Pi},Axes→False,
Boxed→False]

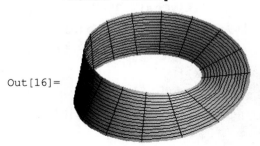

Out[16]=

例:动态展开多项式。

In[17]:= **Manipulate[Expand[(x-y)^n],{n,1,20,1}]**

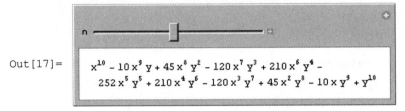

Out[17]=

例:用 Manipulate 或 Animate 动态演示马鞍面的生成过程。

```
In[18]:= Manipulate[Graphics3D[{Red,Table[Line[{{(t-2)/2,
         (t+2)/2,-2t},{(t+2)/2,(t-2)/2,2t}}],
         {t,-2,s,0.05}]}],PlotRange→{{-1,1},{-1,1},
         {-1,1}}],{s,-2,2,0.0002}]
```

Out[18]=

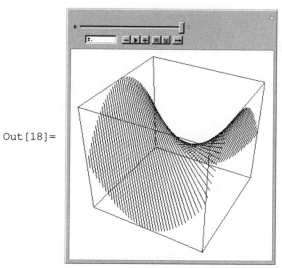

例:运行下列命令后,得到了声波的振幅数据图。点击图上的 ▶ 按钮,播放声音,你会听到隆隆的海涛声。

```
In[19]:= Play[Random[]Sin[x]/100,{x,0,2Pi}]
```

Out[19]=

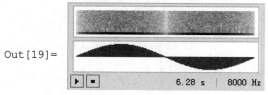

演奏贝多芬第五交响乐的第一个音节。

```
In[20]:= Sound[{SoundNote["G"],SoundNote["G"],
         SoundNote["G"],SoundNote["Eb",4]},1.5]
```

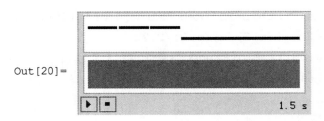

Out[20]=

1.5 s

　　注：本书例题中的 Mathematica 7 语句，或称为函数或命令，大多数都能够与 Mathematica 5 和 Mathematica 6 兼容。有一些属于 Mathematica 7 的新增函数，不能在以前版本中运行；有一些原来在某程序包的函数已放到内核中可直接调用，而在以前版本中运行必须首先调用程序包；还有一些程序包更换了程序包名。

0.4　获取帮助

◇　帮助文档

　　Mathematica 系统自带的帮助文档是获取帮助的最有效途径（图 0.4）。Mathematica 7 的完全安装需要大约 1.4 GB 的硬盘空间，其中帮助文档就占了大约 0.8 GB。在"帮助"菜单中，用户可以发现"参考资料中心"、"函数浏览器"、"虚拟全书"等菜单项（图 0.5～0.7）。

　　这些资料文档就像一本关于 Mathematica 的百科全书，读者从中可以了解到 Mathematica 的软件设计理念，学习到各种各样的数学知识，更可以看到数学和计算机科学在实际工作中的广泛应用。

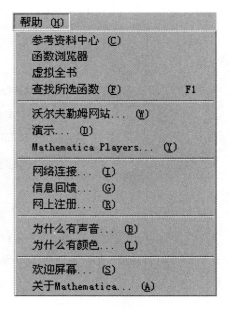

图 0.4　"帮助"菜单

图 0.5　函数浏览器图　　　　　　　图 0.6　虚拟全书

对于普通用户来说,我们只需将这些资料文档视作一本用户手册,碰到疑难问题的时候,按 F1 键,调出来查阅一下即可。

具体的做法是:将光标置于关键词处,按 F1 键;或者在"参考资料中心"页面的"搜寻"框中输入需要查找的关键词,按 Enter 键。例如:在"搜寻"框中输入关键词"plot"后得到 1134 项与"plot"有关的查询结果,见图 0.8。

如果输入关键词"plot",则搜索结果页面立刻转到 Plot 函数的帮助页面,见图 0.9。在 Plot 函数的帮助页面中,你可以找到 Plot 函数的使用形式、关于函数各选项的说明、具体的应用范例、相近的函数、相关的教程、链接等信息。

◇　网络帮助

在"帮助"菜单中还有一个有用的菜单项"演示"。点击此处会打开 Wolfram Research 公司的 Mathematica 演示项目网页 http://demonstrations. wolfram. com/。在该网页上有数千个用 Mathematica 语言编写的动画演示,用户可以下载这些演示程序及其源代码(图 0.10)。观察和分析这些现成的源程序也是用户触类旁通地学习 Mathematica 编程的一个捷径。

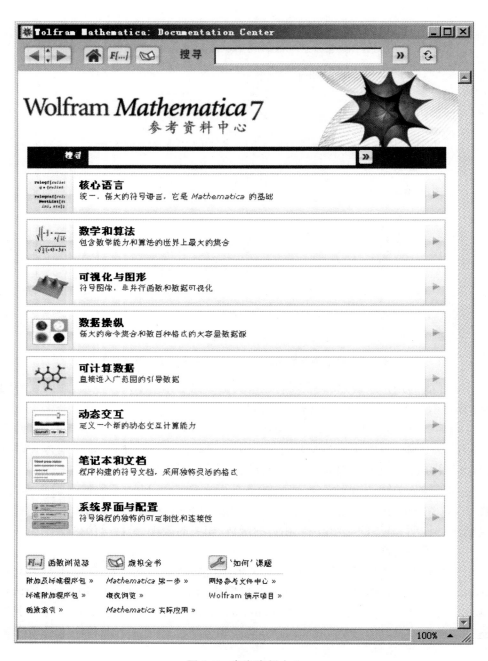

图 0.7　参考资料中心

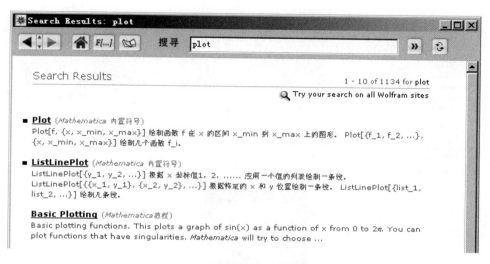

图 0.8　搜寻"plot"的查询结果

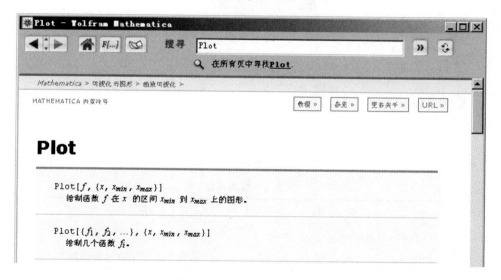

图 0.9　Plot 函数的帮助页面

◇　帮助函数

除了可以通过"参考资料中心"搜寻关键词之外，Mathematica 还提供了一些内置的函数，输出关于一个符号的定义和其他信息（表 0.3）。

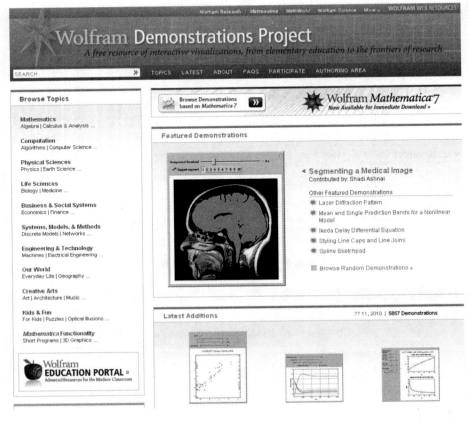

图 0.10　Mathematica 演示项目

表 0.3　帮助函数

函　　　数	说　　　明
Definition[symbol]或？symbol	输出一个符号的定义
Information[symbol]或？？symbol	输出关于一个符号的信息

例如：

```
In[1]:= ? Sin                        (*查询 Sin 函数的定义*)
        System`Sin
        Attributes[Sin]= {Listable,NumericFunction,
        Protected}
```

```
In[2]:= ? Sin*                    (*查询以 Sin 开头的函数*)
        ▼ System
        Sin                       SingularValueList
        Sinc                      SingularValues
        SingleEvaluation          Sinh
        SingleLetterItalics       SinhIntegral
        SingleLetterStyle         SinIntegral
        SingularValuDecomposition
```

第 1 章　Mathematica 的基本量

1.1　数的表示及其函数

1.1.1　数值类型

Mathematica 中的简单数值类型有整数、有理数、实数和复数。

Mathematica 中的整数由若干个 0 到 9 的数字组成,数字之间不能有空格、逗号和其他字符,正负号放在整数的首位,输入时正号可省略不写。只要内存允许,理论上 Mathematica 可以表示任意长度的整数,不受所用的计算机操作系统和处理器的字长限制。整数与整数的运算结果仍是准确的整数或有理数。例如:输入 2 的 100 次方,得到一个 31 位的十进制整数。

In[1]:= **2^100**

Out[1]= 1 267 650 600 228 229 401 496 703 205 376

在以上两式中,2^100 是用户输入的要计算的表达式,"Out[1]"是系统输出的"In[1]"的计算结果,"In[i]:="是系统在运行后显示的第 *i* 个输入标记。本书中的例题都采取这种表示形式。

In[2]:= **IntegerDigits[2^100]**

Out[2]= {1,2,6,7,6,5,0,6,0,0,2,2,8,2,2,9,4,0,1,4,9,6,7,0,3,2,
0,5,3,7,6}

In[3]:= **Length[%]**

Out[3]= 31

　　在 In[3]语句中,"%"表示最后一个(或称当前)的输出结果,用"%"常常起到简化输入的效果。Length[%]给出 Out[2]中的列表元素的长度。

　　Mathematica 中的有理数表示为一个既约分数的形式。当两个整数相除而又不能整除的时候,系统就用有理数来表示。系统自动对分式做可能的化简,约去分子和分母的最大公因数。例如:

In[4]:= **12345678987654321/234321**

$$Out[4]= \frac{111222333222111}{2111}$$

　　Mathematica 中的实数通常是指具有有限精度的浮点数。实数与任何数的运算结果仍是实数。实数的输入有多种表示方式。常用的是小数形式,例如 3.14、-.618 都是正确的小数写法。另一种是指数形式,也称科学记数法形式,例如 12.*^34表示实数 1.2×10^{35}(12*^34 表示整数)。实数的输出既可以是小数形式,又可以是指数形式。例如:

In[5]:= **x=12345.**
Out[5]= 12345.

In[6]:= **ScientificForm[x]**
Out[6]= 1.2345×10^4

　　与一般高级语言不同,在 Mathematica 中可以指定实数的有效位数,在计算中也可以保持和控制运算的精度,从而可以实现高精度的数值计算。例如:

In[7]:= **1`20**　　　　　　　　　　　(*具有 20 位有效数字的实数 1*)
Out[7]= 1.0000000000000000000

In[8]:= **12.34`20**　　　　　　　　　(*小数点后保留 20 位有效数字*)
Out[8]= 12.340000000000000000

　　Mathematica 中的复数是指以 $x + Iy$ 形式表示的数,其中实部 x 和虚部 y 都可以是整数、有理数或实数,虚数单位 I 是 Mathematica 中的常数(表 1.1)。例如:

In[9]:= **z= (2+3I)^2**
Out[9]= -5+12 I

In[10]:= **{Re[z],Im[z]}**　　　　　　(*分别得到复数的实部、虚部*)
Out[10]= {-5,12}

表 1.1　简单数值类型

类　型	示　例	说　明
整数	2	任意长度,没有误差
有理数	1/2	形如 x/y 的既约分数,x,y 为整数
实数	0.5	有误差,可指定精度
复数	$0.5+\mathrm{I}$	形如 $x+\mathrm{I}y,x,y$ 可为整数、有理数、实数

在 Mathematica 中还定义了一些数学常数,如虚数单位 I、无穷大 ∞、圆周率 π 等(表 1.2)。这些常数实际上是一个符号,可以直接用于数学公式推导或数值计算。数学常数的值不能被修改,也不能被用于用户变量的命名。例如:

```
In[1]:= 1+Pi
```
Out[1]= $1+\pi$　　　　　　　　　　　　　　　　　　(*结果是准确值*)

```
In[2]:= 1.0+Pi
```
Out[2]= 4.14159　　　　　　　　　　　　　　　　　(*结果是实数*)

```
In[3]:= GoldenRatio==(Sqrt[5]+1)/2
```
Out[3]= True

表 1.2　常用数学常数

常　数	说　明
Degree	角度到弧度的转换系数 $\dfrac{\pi}{180}$
E	自然对数的底数 $\mathrm{e}=\lim\limits_{n\to\infty}\left(1+\dfrac{1}{n}\right)^{n}=2.7182818\cdots$
EulerGamma	Euler 常数 $\gamma=\lim\limits_{n\to\infty}\left(1+\dfrac{1}{2}+\cdots+\dfrac{1}{n}-\ln n\right)=0.57721566\cdots$
GoldenRatio	黄金分割数 $\dfrac{1+\sqrt{5}}{2}$
I	虚数单位 $\mathrm{i}=\sqrt{-1}$
Infinity	无穷大 ∞
Pi	圆周率 $\pi=3.1415926\cdots$

1.1.2　数的转换

◇　数值类型的转换

在数学公式推导中，为了力求准确的相等，常使用整数或有理数。在含有实数的数值计算中，计算结果都根据实数的有效位数输出相应的近似表示。一般来说，系统会根据参与运算的数值类型自动给出相应的输出结果。如果需要手动控制输出的数值类型，则可以使用下列函数。例如：

In[1]:= **N[Pi]**　　　　　　　　　　　　（＊取机器精度＊）

Out[1]= 3.14159

虽然 Out[1]表面上看起来只有 6 位有效数字，它实际上包含 16 位有效数字。你只要将 Out[1]的结果复制粘贴到一个空白单元，即可发现这一点。

In[2]:= **N[Pi,20]**　　　　　　　　　　　（＊取 20 位有效数字＊）

Out[2]= 3.1415926535897932385

In[3]:= **Rationalize[3.14]**　　　　　　　（＊转换为有理数＊）

Out[3]= $\dfrac{157}{50}$

对于某些 x，Rationalize[x]无法将其转换为有理数。此时，Rationalize[x, dx]可以求得 x 的一个有理数近似值 p/q，使得 $|p/q-x|\leqslant dx$。

In[4]:= **Rationalize[3.1415926,0.000001]**

Out[4]= $\dfrac{355}{113}$

数值类型的转换函数如表 1.3 所示。

表 1.3　数值类型的转换函数

函　　数	说　　明
IntegerPart[x]	x 的整数部分
FractionalPart[x]	$x-$IntegerPart[x]，x 的小数部分
Floor[x]	不大于 x 的最大整数
Round[x]	x 的四舍五入
Ceiling[x]	不小于 x 的最小整数

续表

函　　数	说　　明
N[x]	x 的实数近似值
N[x,n]	x 的 n 位有效数字的近似值
Rationalize[x]	满足 $\|p/q-x\|\leqslant 10^{-4}q^{-2}$ 的有理数 p/q
Rationalize[x,dx]	x 的近似有理数

◇　**数字进制的转换**

我们通常用到的数字是十进制,偶尔也会遇到二进制、十六进制以及任意进制的数。Mathematica 提供了不少函数,用于各种进制之间的转化(表1.4)。例如:

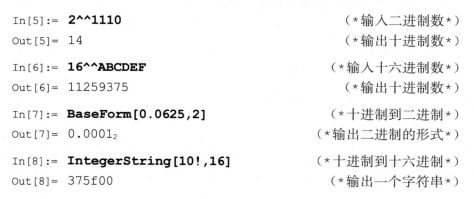

In[5]:= **2^^1110**　　　　　　　　　　　(*输入二进制数*)

Out[5]= 14　　　　　　　　　　　　　　(*输出十进制数*)

In[6]:= **16^^ABCDEF**　　　　　　　　　(*输入十六进制数*)

Out[6]= 11259375　　　　　　　　　　(*输出十进制数*)

In[7]:= **BaseForm[0.0625,2]**　　　　　(*十进制到二进制*)

Out[7]= 0.0001_2　　　　　　　　　　(*输出二进制的形式*)

In[8]:= **IntegerString[10!,16]**　　　(*十进制到十六进制*)

Out[8]= 375f00　　　　　　　　　　　(*输出一个字符串*)

表 1.4　数字进制的转换函数

函　　数	说　　明
b^^digits	输入 b 进制数,$b\leqslant 36$
BaseForm[x,b]	x 的 b 进制数形式
IntegerString[x,b]	把 x 写成 b 进制数的字符串
FromDigits[string]	从字符串构造整数
IntegerDigits[x,b]	x 的 b 进制数字列表
FromDigits[list,b]	从 b 进制数字列表构造整数

1.1.3　初等函数

Mathematica 具有超过 3000 个内嵌函数,涵盖了从初等数学到高等数学的各个方面。大多数函数的名称与数学中的名称相同,例如:Sin、Cos 等,尽量做到见其名知其意。在参考资料中心首页的左下角给出了"函数索引"链接(图 0.7),从中可以找到几乎所有内嵌函数及详细使用帮助。

与数学中的函数写法不同,Mathematica 的函数参数都放在方括号里,圆括号只起分割作用。即使没有参数,函数名后面的方括号也不可以省略。在输入行中键入函数名的若干个首字母之后,你可以按快捷键 F2 或 Ctrl + K 自动补全该函数名的输入。

下面我们列出一些常用的初等函数,供读者参考(表 1.5)。

表 1.5　常用初等函数

函　　　数	说　　　明
Abs[x]	实数的绝对值或复数的模
Re[z]、Im[z]、Arg[z]、Conjugate[z]	复数的实部、虚部、辐角、共轭
Power[x,y]、Sqrt[x]	幂函数、平方根
Exp[x]、Log[x]、Log[b,x]	指数函数、自然对数函数、对数函数
Max[x1,x2,...]、Min[x1,x2,...]	最大值、最小值
Sign[x]	符号函数
Sin[x]、Cos[x]、Tan[x]、Csc[x]、Sec[x]、Cot[x]、ArcSin[x]、ArcCos[x]、ArcTan[x]、ArcCsc[x]、ArcSec[x]、ArcCot[x]	三角函数和反三角函数
Sinh[x]、Cosh[x]、Tanh[x]、Csch[x]、Sech[x]、Coth[x]、ArcSinh[x]、ArcCosh[x]、ArcTanh[x]、ArcCsch[x]、ArcSech[x]、ArcCoth[x]	双曲函数和反双曲函数
ContinuedFraction[x]、FromContinuedFraction[a]	分数和连分数之间的转化
Binomial[m,n]、Multinomial[n1,n2,...]	组合数
Factorial[n]、Factorial2[n]	阶乘($n!$)、双阶乘($n!!$)
FactorInteger[n]	整数分解

续表

函　　　数	说　　　明
GCD[n1,n2,...]、LCM[n1,n2,...]	最大公约数、最小公倍数
Mod[m,n]、Mod[m,n,d]	余数
Prime[n]、PrimeQ[n]、PrimePi[n]	素数生成、素数检验、素数计数

1.2　字　符　串

字符串是一串由双引号""括起的字符。字符串中可以包含任意编码的字符，如希腊字母、中文字符等；还可以包含一些特殊字符，如换行符"\n"、制表符"\t"等。如果我们打算输入一个"\"，就要用"\\"。

In[1]:= **"a\\A\tb\\B\nc\\C\td\\D"**

Out[1]= a\A　　　　b\B
　　　 c\C　　　　d\D

输入中的 Enter 也被当作输入一个换行符，由于字符串太长导致的自动换行则不属于这种情形。

In[2]:= **s="abcd**
　　　　 efgh"

Out[2]= abcd
　　　 efgh

In[3]:= **StringLength[s]**

Out[3]= 9　　　　　　　　　　　　　　　　　　　　 (*字符串的长度*)

1.2.1　字符串生成

我们可以把一个字符串拆成字符列表，或者把多个字符串连接成一个字符串，字符串生成函数如表 1.6 所示。

表 1.6　字符串生成函数

函　　数	说　　明
Characters[s]	把字符串分割为字符列表
StringJoin[s1,s2,...] 或 s1<>s2<>...	把多个字符串拼接为一个字符串
StringLength[s]	字符串长度
StringSplit[s]	依空白字符分割字符串
ToExpression[s]	把字符串转化为表达式
ToString[expr]	把表达式转化为字符串

In[1]:= **a=Characters["中国科学技术大学"]**

Out[1]= {中,国,科,学,技,术,大,学}

In[2]:= **StringJoin[a]**

Out[2]= 中国科学技术大学

"<>"是 StringJoin 函数的运算符形式。

In[3]:= **{"ab",{"cd"}}< > "AB"< > {{"CD"}}**

Out[3]= abcdABCD

StringSplit 函数根据字符串中的空白字符（主要指空格、制表符和换行符），把字符串分割为若干个子串。也可以指定其他字符作为 StringSplit 函数的分隔符。

In[4]:= **StringSplit["This \t \t is a \n \r string. \n"]**

Out[4]= {This,is,a,string.}　　（*不返回分隔符和零长度的子串*）

In[5]:= **StringSplit["Hello,\tWorld...\nblablabla",{",","."}]**

　　　　　　　　　　　　　（*使用逗号和句号作为分隔符*）

Out[5]= {Hello,　　World,,,

　　blablabla}　　　　　　　（*返回一些零长度的子串*）

每个字符串都具有变量类型 String。我们可以把一般的表达式转化为字符串,也可以把字符串转化为一般的表达式。例如：

In[6]:= **FullForm[ToString[N[Pi]]]**

Out[6]//FullForm=

```
                   "3.14159"

In[7]:=  ToExpression["5!"]

Out[7]=  120
```

1.2.2　字符串查找

给定一个很长的字符串，如一篇英文小说，如果我们想统计其中某个英文字母或单词出现的次数，则可以使用 StringCount 函数（表 1.7）。

表 1.7　字符串查找函数

函　　数	说　　明
StringCount[s,t]	s 中 t 的个数
StringPosition[s,t]	s 中 t 出现的起点和终点位置

```
In[1]:=  s="Mathematica is a modular software system in which
         the kernel which actually performs computations is
         separate from the front end which handles interaction
         with the user. "; StringCount[s, "the"]

Out[1]=  4
```

如果我们想知道这 4 个单词"the"在字符串中的位置，则可使用 StringPosition 函数。

```
In[2]:=  StringPosition[s,"the"]

Out[2]=  {{3,5},{51,53},{116,118},{161,163}}
```

以上结果表明，这 4 个"the"分别占据字符串中的 3～5、51～53、116～118、161～163 位置。

StringCount 和 StringPosition 函数除了可以查找具体的子串之外，还可查找与某个模式相匹配的子串。此处不再赘述。

1.2.3　字符串编辑

如果我们打算得到字符串在某个位置处的字符，或者从字符串中提取一个子串，则可以使用 StringTake 函数。

```
In[1]:= s="abcdefghijk";
```

```
In[2]:= StringTake[s,3]                    (*提取前 3 个字符*)
Out[2]= abc
```

```
In[3]:= StringTake[s,-3]                   (*提取后 3 个字符*)
Out[3]= ijk
```

```
In[4]:= StringTake[s,{3}]                  (*提取第 3 个字符*)
Out[4]= c
```

```
In[5]:= StringTake[s,{3,6}]                (*提取第 3~6 个字符*)
Out[5]= cdef
```

```
In[6]:= StringTake[s,{-2,-8,-3}]
```
　　　　　　　　　　　　　　(*从倒数第 2 到倒数第 8,按步长 -3 提取*)
```
Out[6]= jgd
```

类似地,StringDrop 函数删除字符串中的若干字符,返回剩下的子串。

```
In[7]:= StringDrop[s,-3]                   (*删除后 3 个字符*)
Out[7]= abcdefgh
```

```
In[8]:= StringDrop[s,{3,6}]                (*删除第 3~6 个字符*)
Out[8]= abghijk
```

StringTrim 函数删除字符串首尾两端的空白字符或指定字符。

```
In[9]:= StringTrim[" \t a  b  c \n "]
Out[9]= a  b  c
```

```
In[10]:= StringTrim["aabbccaabbccaabb",("a"|"b")...]
```
　　　　　　　　　　　　　　　　　(*删除两端任意多个 a 或 b*)
```
Out[10]= ccaabbcc
```

StringInsert 函数在字符串的指定位置处插入字符。

```
In[11]:= StringInsert[s,"**",3]            (*插在第 3 个字符之前*)
Out[11]= ab**cdefghijk
```

```
In[12]:= StringInsert[s,"**",-3]    (*插在倒数第 3 个字符之后*)
Out[12]= abcdefghi**jk
```

```
In[13]:= StringInsert[s,"**",{3,6,-3,-6}]
```
(*分别插在第 3,6 个字符之前和倒数第 3,6 个字符之后*)
```
Out[13]= ab**cde**f**ghi**jk
```

StringReplacePart 函数替换字符串的指定位置处的字符。

```
In[14]:= StringReplacePart[s,"**",3]        (*替换前 3 个字符*)
Out[14]= **defghijk
```

```
In[15]:= StringReplacePart[s,"**",-3]        (*替换后 3 个字符*)
Out[15]= abcdefgh**
```

```
In[16]:= StringReplacePart[s,"**",{3,6}]
```
(*替换第 3~6 个字符*)
```
Out[16]= ab**ghijk
```

与 StringReplacePart 函数不同，StringReplace 函数按照指定规则替换字符串中所有匹配的子串。首先从字符串的第一个字符开始，依次检测是否有匹配的子串。找到后就按照指定规则替换，然后在从子串后的位置继续检测。

```
In[17]:= StringReplace["abbabb",{"ab"→"x","ba"→"y"}]
Out[17]= xybb                    (*把"ab"换成"x","ba"换成"y"*)
```

ToLowerCase 和 ToUpperCase 函数分别把字符串中的所有字母转化为小写字母和大写字母。

```
In[18]:= ToLowerCase["ABCD"]
Out[18]= abcd
```

```
In[19]:= ToUpperCase["abcd"]
Out[19]= ABCD
```

StringReverse 函数把字符串中的字符颠倒顺序排列。

```
In[20]:= StringReverse["ABCD"]
Out[20]= DCBA
```

字符串编辑函数如表 1.8 所示。

表 1.8　字符串编辑函数

函　数	说　明
StringDrop[s,i]、StringDrop[s,−i]	删除 s 的前 i 个、后 i 个字符
StringDrop[s,{i}]	删除 s 的第 i 个字符
StringDrop[s,{i,j,d}]	删除 s 的第 i,$i+d$,$\cdots$,$i+kd$ 个字符　其中 $k=\mathrm{Floor}[(j-i)/d]$,$d$ 缺省值 1
StringInsert[s,t,p]	在 s 的位置 p 处插入 t
StringReplace[s,rule]	根据 rule 替换 s 的子串
StringReplacePart[s,t,p]	把 s 在位置 p 处的子串换成 t
StringReverse[s]	颠倒 s 中字符顺序
StringTake[s,i]、StringTake[s,−i]	s 的前 i 个、后 i 个字符构成的子串
StringTake[s,{i}]	s 的第 i 个字符
StringTake[s,{i,j,d}]	s 的第 i,$i+d$,$\cdots$,$i+kd$ 字符构成的子串,其中 $k=\mathrm{Floor}[(j-i)/d]$,$d$ 缺省值 1
StringTrim[s]	删除首尾两端的空白字符
ToLowerCase[s]、ToUpperCase[s]	把字母转化为小写字母、大写字母

需要注意的是,对字符串应用上述函数之后,字符串本身并没有发生变化,需要使用赋值语句来保存函数的结果。

1.3　变　　量

1.3.1　变量取名

为了便于计算或保存计算的中间结果,常常需要引进变量。在 Mathematica 中,变量名通常以英文字母开头,后跟字母或数字,变量名的字符长度不限。希腊字母和中文字符也可以用在变量名中。例如:"abc123"、"α_β_γ"、"林林"都是合法的变量名。而"3x"和"u v"(u 与 v 之间有一空格)不能作为变量名。

Mathematica 区分英文字母的大小写,因此 A 与 a 表示两个不同的变量。由于 Mathematica 的内置函数或保留关键词都是以大写字母开头的,为了避免混淆,我们建议用户变量名以小写字母开头。如果一定要用大写字母表示变量,请避免使用 C、D、E、I、N、O 等系统已使用的字符。

在 Mathematica 中,数值有类型,变量也有类型。变量不仅可以存放一个数、字符串、向量、矩阵或函数,还可以存放复杂的计算数据或图形图像。在自定义函数和程序设计时,允许对变量进行类型说明(详情请看第 7 章)。在运算中,变量即取即用,不需要预先说明变量的类型,系统会根据你对变量所赋的值作出正确的处理。事实上,Head 函数可以给出变量的类型。例如:

```
In[1]:= {Head[1],Head[1.0],Head[I],Head[Pi],Head[Sqrt[2]],
        Head[{1,2,3}],Head["123"],Head[x_→x^2],
        Head[Plot[x,{x,0,1}]]}
Out[1]= {Integer, Real, Complex, Symbol, Power, List, String,
        Rule,Graphics}
```

1.3.2 变量赋值

在 Mathematica 中,运算符"="或":="分别起"赋值"和"延迟赋值"作用(详细的定义请看第 7 章)。例如:

```
In[1]:= u=v=1                           (*把值赋给 v 和 u *)
Out[1]= 1

In[2]:= f=x^2+x-3.2;                     (*把一个多项式赋给 f*)
```

在 Mathematica 中,每条语句由一个或多个表达式组成,可占一行或多行,分号";"用于连接多个表达式。如果输入计算表达式命令后以分号结尾,则执行一个计算,但不显示输出。例如,语句 In[2]。要注意换行符不是语句的终止符,每个计算单元才表示一条语句的起始和终止。

```
In[3]:= m=Table[i+j,{i,5},{j,5}];     (*把一个 5×5 矩阵赋给 m*)

In[4]:= d=Plot[Sin[x],{x,-Pi,Pi}];    (*把一幅函数图像赋给 d*)

In[5]:= Show[d]
```

Out[5]=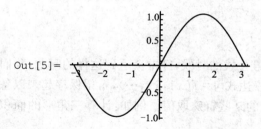

In[6]:= **{x,y,z}={1,2,3}**　　　　　　　　　(*对 3 个变量同时赋值*)
Out[6]= {1,2,3}

In[7]:= **{x,y,z}={y,z,x}**　　　　　　　　　　(*交换变量的值*)
Out[7]= {2,3,1}

对于已赋值的变量,可以用 Unset 函数清除它的值,或用 Clear 函数清除关于它的值和定义。及时地清除变量可以释放被占用的内存空间,提高 Mathematica 的运行效率,同时也可以减少由于重复使用变量名称而可能带来的编程错误。例如:

In[8]:= **x[t_]:=Sin[t]; x1=1; x2=2; x[3]=3; x[4]=4;**

In[9]:= **{x[1],x[2],x[3],x[4]}**
Out[9]= {Sin[1],Sin[2],3,4}

In[10]:= **x[3]=.**　　　　　　　　　　　　(*清除 x[3]*)

In[11]:= **{x[1],x[2],x[3],x[4]}**
Out[11]= {Sin[1],Sin[2],Sin[3],4}

In[12]:= **Clear["x*"]**　　　　　　　　　(*清除以 x 开头的变量*)

In[13]:= **{x1,x2,x[3],x[4]}**
Out[13]= {x1,x2,x[3],x[4]}

变量清除函数如表 1.9 所示。

表 1.9　变量清除函数

用　　法	说　　明
Unset[x]　或　x=.	清除 x 的值
Clear[x1,x2,…]	清除 $x1,x2,\cdots$ 的值和定义
Clear["p1","p2",…]	清除与模式 $p1,p2,\cdots$ 相匹配的值和定义

1.3.3 变量替换

我们在用 Mathematica 处理符号公式的时候, 经常会遇到这样的问题: 我们费尽千辛万苦得到了一个复杂的数学表达式 $y = f(x1, x2, \cdots)$, 希望保存起来以备将来经常使用, 同时又想查看该表达式的某些特殊取值。例如: 计算三角形的面积有以下 Heron 公式。

```
In[1]:= Clear[a,b,c]; s=(a+b+c)/2;
        A=Sqrt[s(s-a)(s-b)(s-c)];
```

其中 a, b, c 分别是三角形的三边长。如果我们用 "$a = b = c = 1; A$" 来查看单位正三角形的面积, 就会破坏公式 A。为了避免这种情况的发生, 我们可以使用变量替换的方法。变量替换的一般用法是:

$$\text{ReplaceAll}[\text{表达式}, \text{规则}] \quad \text{或} \quad \text{表达式}/.\text{规则}$$

其中替换规则是一个或一组形如 lhs→rhs 的表达式(详情请看第 7 章)。例如:

```
In[2]:= A/.{a→1,b→1,c→1}          (*把 a,b,c 都换成 1*)
```
$$\text{Out[2]}= \frac{\sqrt{3}}{4}$$

```
In[3]:= 2+3x+x^2/.{2→3,3→4}       (*把 2 换成 3,3 换成 4*)
```
$$\text{Out[3]}= 3+4\,x+x^3$$

1.3.4 查看变量

在程序运行中, 尤其是调试程序的时候, 我们经常需要查看某个变量, 譬如说 x 的值。通常, 我们只需在程序中插入一个表达式 x, 然后换行即可。例如:

```
In[1]:= x=RandomInteger[10];x
        BaseForm[x,2]
```

这样就在输出 x 的二进制表示的时候, 首先输出 x 的十进制值。然而, 当在一个循环结构或是一个复杂表达式的内部时, 以上方法将失效。例如:

```
In[3]:= For[i=1,i<=3,i++,
            j=i^2
            ]
```

以上语句不会输出 j 的值。我们可以使用 Print 函数,输出变量的值至笔记本(Notebook)窗口。

```
In[4]:= For[i=1,i<=3,i++,
            j=i^2; Print[j]
        ]
        1
        4
        9
```

Print 可以输出任何表达式,包括图表和动态对象。Print[expr1,expr2,...]连续输出 expr1,expr2,$\cdots$,表达式之间不留空格。Print 输出完成后换行,不产生输出标识 Out[*]。

1.4　列　　表

列表是 Mathematica 的基本对象,通常用来表示数学中的集合、向量、矩阵、数组等。列表分为标准列表和稀疏列表两种。标准列表在形式上是用花括号围起来的有限个元素,元素之间用逗号割开。例如:{1,2,3}。稀疏列表从内部结构到外在形式都与标准列表完全不同,一般通过 SparseArray 语句定义。

一个列表可以包含任意多个元素,同一列表中的元素可以是不同类型的任何 Mathematica 对象。例如:

```
In[1]:= {1,{{1,0},{0,1}}//MatrixForm,Image[{{0,1},{1,0}}]}
```

$$Out[1]= \left\{ 1, \begin{pmatrix} 1 & 0 \\ 0 & 1 \end{pmatrix}, \blacksquare \right\}$$

如果一个列表的某个元素是列表,我们称之为嵌套列表。典型的例子是矩阵和高维数组。

Mathematica 中有上千个直接在列表上操作的函数。在本节中,我们主要介绍列表的生成、修改,列表元素的提取、查找、排序,列表的合并、拆分,集合的并、交、补运算等。

1.4.1 列表生成

当列表中元素较少时，直接枚举元素是生成列表的最直接方式。当元素较多时，我们还可以使用 Array、SparseArray、Table 等函数来生成列表。例如：

```
In[1]:= Array[Sin,3]
Out[1]= {Sin[1],Sin[2],Sin[3]}
```

下面的 Table 语句与上面的 Array 语句有相同的效果，请读者仔细比较两者的区别。

```
In[2]:= Table[Sin[i],{i,3}]
Out[2]= {Sin[1],Sin[2],Sin[3]}

In[3]:= Table[i^(j-1),{i,3},{j,4}]
Out[3]= {{1,1,1,1},{1,2,4,8},{1,3,9,27}}
```

以下语句定义了同一个矩阵。请读者仔细揣摩 Array、Table、SparseArray 语句中不同的自定义函数方式。

```
In[4]:= a=SparseArray[{i_,j_}→i^(j-1),{3,4}]
Out[4]= SparseArray[<12>,{3,4}]
```

在 Out[4] 中，<12> 表明稀疏列表中指明了 12 个元素，{3,4} 表明稀疏列表是一个 3 行 4 列的矩阵。

稀疏列表和标准列表之间可以相互转化。SparseArray 函数把标准列表转化为稀疏列表，Normal 函数把稀疏列表转化为标准列表。MatrixForm 函数则把 2 维列表（标准列表或稀疏列表）以矩阵的形式输出。

```
In[5]:= Normal[a]
Out[5]= {{1,1,1,1},{1,2,4,8},{1,3,9,27}}

In[6]:= MatrixForm[a]
Out[6]/MatrixForm=
```

$$\begin{pmatrix} 1 & 1 & 1 & 1 \\ 1 & 2 & 4 & 8 \\ 1 & 3 & 9 & 27 \end{pmatrix}$$

除了 Array、SparseArray、Table 函数之外，RandomInteger、RandomReal 和

Range 函数也经常被用来生成列表。

In[7]:= **Range[5]**

Out[7]= {1,2,3,4,5}

In[8]:= **Range[2,10,3]**　　　　　　　(＊以 2 为首项、3 为公差的等差数列＊)

Out[8]= {2,5,8}

顾名思义，RandomInteger 和 RandomReal 函数分别生成随机整数和随机实数。

In[9]:= **RandomInteger[]**　　　　　　　　(＊生成随机整数 0 或 1＊)

Out[9]= 0

In[10]:= **RandomReal[]**　　　　　　　　(＊0~1 之间的随机实数＊)

Out[10]= 0.207268

In[11]:= **RandomInteger[10]**　　　　　　(＊0~10 之间的随机整数＊)

Out[11]= 8

In[12]:= **RandomReal[{1,2},3]**　　　　(＊3 个 1~2 之间的随机实数＊)

Out[12]= {1.78648,1.40824,1.3437}

In[13]:= **RandomInteger[1,{2,3}]**　　(＊2 行 3 列的随机 0-1 矩阵＊)

Out[13]= {{1,0,0},{1,1,0}}

下面再举 Table 函数的一个特殊用法范例，其中列表的元素是函数图像，Table 函数的循环变量的取值为函数。

In[14]:= **Table[Plot[f[x],{x,-Pi,Pi}],{f,{Sin,Cos,Tan,Cot}}]**

Out[14]=

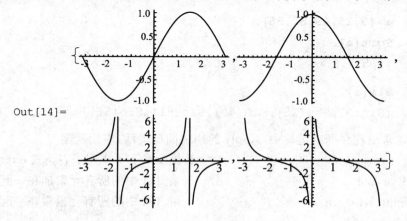

生成列表的函数如表 1.10 所示。

表 1.10　生成列表的函数

函　　数	说　　明
Array[f, n]	生成一维列表$\{f[1], f[2], \cdots, f[n]\}$
Array[f, {n1, n2, ...}]	生成多维嵌套列表
SparseArray[{pos1→val1, 　pos2→val2, ...}]	生成稀疏列表，指定 pos_i 处的值为 val_i
SparseArray[list]	把标准列表转化为稀疏列表
SparseArray[data, dims, val]	生成稀疏列表，维数为 dims， 　未被指明的元素赋值 val, val 的缺省值为 0
Range[x, y, d]	生成列表$\{x, x+d, \cdots, x+kd\}$，其中 　$k = \text{Floor}[(y-x)/d]$，$x$ 和 d 的缺省值为 1
Table[expr, {n}]	生成 n 元列表$\{expr, expr, \cdots, expr\}$
Table[expr, {i, x, y, d}]	生成列表$\{expr\,|\,i$ 在 Range[x, y, d]中取值$\}$
Table[expr, {i, list}]	生成列表$\{expr\,|\,i$ 在列表 list 中取值$\}$
RandomInteger[range, n] RandomReal[range, n]	生成 n 个随机整数或实数，n 的缺省值为 1

系统的初等函数可自动作用到列表元素，系统定义的函数具有 Listable 属性，用户自定义函数时可以定义函数的各种属性。

```
In[1]:= a={9,25,49,81,36};
In[2]:= Sqrt[a]
Out[2]= {3,5,7,9,6}

In[3]:= Sin[a]
Out[3]= {Sin[9],Sin[25],Sin[49],Sin[81],Sin[36]}
```

Apply 常常出现在列表运算中，Apply 的用法简单灵活，应用范围广。

Apply[f, expr]　　　　　　　　　　函数或算子 f 作用于表达式 expr

Apply[Plus, list]　　　　　　　　　　把 list 中的所有元素加在一起

Apply[Times, list]　　　　　　　　　　把 list 中的所有元素乘在一起

```
In[4]:= b={5,8,5,7,2,6};
```

```
In[5]:= Apply[Plus,b]                    (*将列表 b 中所有的元素相加*)
Out[5]= 33
```

```
In[6]:= Apply[Times,b]                   (*将列表 b 中所有的元素相乘*)
Out[6]= 16800
```

1.4.2　列表元素提取

设 a 是一个列表，$a[[i]]$ 表示 a 的第 i 个元素；设 a 是矩阵，$a[[i,j]]$ 表示 a 的第 i 行第 j 列元素，$a[[i,j,\cdots]]$ 表示 $a[[i]][[j]][[\cdots]]$，$a[[\{i,j,\cdots\}]]$ 则表示 a 的子集 $\{a[[i]],a[[j]],\cdots\}$。例如：设 a 是 $\{\{1,2,3\},\{4,5,6\},\{7,8,9\}\}$，则 $a[[2]]$ 是 $\{4,5,6\}$，$a[[2,3]]$ 或 $a[[2]][[3]]$ 是 6，$a[[\{2,3\}]]$ 是 $\{\{4,5,6\}$，$\{7,8,9\}\}$。

$[[\quad]]$ 运算符是 Part 函数的另一种表达形式，所有 expr$[[$spec$]]$ 语句都等同于 Part$[$expr,spec$]$ 语句。例如：

```
In[1]:= a=Table[10i+j,{i,3},{j,3}]
Out[1]= {{11,12,13},{21,22,23},{31,32,33}}
```

```
In[2]:= a[[{2,3},{1,2}]]                  (*提取 2 阶子矩阵*)
Out[2]= {{21,22},{31,32}}
```

通过赋值语句 expr$[[$spec$]]$＝value 可以直接修改列表元素的值。

```
In[3]:= a[[1,3]]=0; a                     (*修改 a_{13} 的值为 0*)
Out[3]= {{11,12,0},{21,22,23},{31,32,33}}
```

除了 Part 函数之外，Mathematica 还提供了 First、Last、Pick、Select、Take、TakeWhile 等函数用于提取列表中的一个或多个元素，这些函数都不能用于修改列表元素的值。

```
In[4]:= b=SparseArray[Range[3,20,2]]; {First[b],Last[b]}
Out[4]= {3,19}
```

```
In[5]:= Take[b,{-2,-9,-3}]
                            (*从倒数第 2 到倒数第 9，按步长－3 提取*)
Out[5]= SparseArray[<3>,{3}]
```

```
In[6]:= Normal[%]
Out[6]= {17,11,5}
```

需要注意的是，$a[[i,j,\cdots]]$ 与 $a[[\{i,j,\cdots\}]]$、$\text{Part}[a,i]$ 与 $\text{Take}[a,i]$、$\text{Part}[a,\{i,j\}]$ 与 $\text{Take}[a,\{i,j\}]$、$\text{Take}[a,i]$ 与 $\text{Take}[a,\{i\}]$ 在形式上都比较相像，然而它们的含义却截然不同，希望读者不要混淆。

```
In[7]:= Pick[a,{{1,0,0},{1,1,0},{1,1,1}},1]
```
(＊提取下三角元素＊)
```
Out[7]= {{11},{21,22},{31,32,33}}
```

```
In[8]:= Select[b,PrimeQ]
```
(＊提取 b 中的所有素数＊)
```
Out[8]= {3,5,7,11,13,17,19}
```

```
In[9]:= TakeWhile[b,PrimeQ]
```
(＊自首项起的连续素数＊)
```
Out[9]= SparseArray[<3>,{3}]
```

```
In[10]:= Normal[%]
Out[10]= {3,5,7}
```

提取列表元素的函数如表 1.11 所示。

表 1.11　提取列表元素的函数

函　　　数	说　　　明
$a[[i]]$、$a[[-i]]$	a 的第 i 个元素、倒数第 i 个元素
$a[[i,j,\ldots]]$	$a[[i]][[j]][[\cdots]]$
$a[[\{i,j,\ldots\}]]$	$\{a[[i]],a[[j]],\cdots\}$
$\text{First}[a]$、$\text{Last}[a]$	$a[[1]]$、$a[[-1]]$
$\text{Take}[a,i]$、$\text{Take}[a,-i]$、$\text{Take}[a,\{i\}]$	a 的前 i 个、后 i 个元素、$\{a[[i]]\}$
$a[[i;;j]]$ 或 $\text{Take}[a,\{i,j\}]$	$\{a[[i]],a[[i+1]],\cdots,a[[j]]\}$
$a[[i;;j;;d]]$ 或 $\text{Take}[a,\{i,j,d\}]$	$\{a[[i]],a[[i+d]],\cdots,a[[i+k*d]]\}$ 其中 $k=\text{Floor}[(j-i)/d]$
$\text{Pick}[a,b]$	所有使 $b[[i]]=\text{True}$ 的 $a[[i]]$
$\text{Pick}[a,b,x]$	所有使 $b[[i]]=x$ 的 $a[[i]]$

续表

函　　数	说　　明
Select[a, f]	所有使 $f[a[[i]]] = \text{True}$ 的 $a[[i]]$
Select[a, f, n]	前 n 个使 $f[a[[i]]] = \text{True}$ 的 $a[[i]]$
TakeWhile[a, f]	$\{a[[1]], \cdots, a[[k]]\}$ 使 $f[a[[1]]] = \cdots = f[a[[k]]] = \text{True}$

注:除了 TakeWhile 之外的其他函数均适用于稀疏列表。

1.4.3　列表修改

Mathematica 提供了 Drop、Rest、Most、Delete、Insert、Append、AppendTo、Prepend、PrependTo、PadLeft、PadRight 等函数用于在列表的指定位置处插入或删除单个或多个元素。例如:

```
In[1]:= a=Range[10]; Drop[a,-3]          (*删除后 3 项*)
Out[1]= {1,2,3,4,5,6,7}

In[2]:= Drop[a,{9,2,-3}]          (*从第 9 到第 2 项按步长 -3 删除*)
Out[2]= {1,2,4,5,7,8,10}

In[3]:= b={{1,2,3},{4,5,6},{7,8,9}}; Most[b]
Out[3]= {{1,2,3},{4,5,6}}

In[4]:= Delete[b,1]          (*删除 b[[1]]*)
Out[4]= {{4,5,6},{7,8,9}}

In[5]:= Delete[b,{2,3}]          (*删除 b[[2,3]]*)
Out[5]= {{1,2,3},{4,5},{7,8,9}}

In[6]:= Delete[b,{{1},{2,3}}]          (*删除多个元素*)
Out[6]= {{4,5},{7,8,9}}
```

如果在 In[5]中输入 Delete[b,{1,{2,3}}],系统将显示出错信息。

```
In[7]:= Insert[b,x,3]          (*在 b[[3]]之前插入*)
Out[7]= {{1,2,3},{4,5,6},x,{7,8,9}}

In[8]:= Insert[b,x,-1]          (*在 b[[3]]之后插入*)
```

Out[8]= {{1,2,3},{4,5,6},{7,8,9},x}

尽管 Delete[b,3] 与 Delete[b,−1] 相同，Insert[b,x,3] 与 Insert[b,x,−1] 却不相同。

In[9]:= **Insert[b,x,{3,4}]**　　　　　　　（*在 b[[3,3]] 之后插入*）

Out[9]= {{1,2,3},{4,5,6},{7,8,9,x}}

In[10]:= **Insert[b,x,{{-1},{-1},{-1,-1},{-1,-1}}]**
　　　　　　　　　　　　　（*在列表的同一位置处多次插入新元素*）

Out[10]= {{1,2,3},{4,5,6},{7,8,9,x,x},x,x}

In[11]:= **Append[{1,2,3},x]**

Out[11]= {1,2,3,x}

In[12]:= **Prepend[{1,2,3},x]**

Out[12]= {x,1,2,3}

In[13]:= **PadLeft[{1,2,3},10]**　　　　　　　（*用 0 填充列表*）

Out[13]= {0,0,0,0,0,0,0,1,2,3}

In[14]:= **PadRight[{1,2,3},10,{x,y,z}]**　（*用指定元素填充列表*）

Out[14]= {1,2,3,x,y,z,x,y,z,x}

修改列表的函数如表 1.12 所示。

表 1.12　修改列表的函数

函　　数	说　　明
Drop[a,i]、Drop[a,−i]、Drop[a,{i}]	删除 a 的前 i 个、后 i 个、第 i 个元素
Drop[a,{i,j,d}]	删除 $a[[i]], a[[i+d]], \cdots, a[[i+k*d]]$ 其中 $k=\mathrm{Floor}[(j-i)/d]$，$d$ 的缺省值为 1
Rest[a]、Most[a]	删除 a 的第 1 个、最后 1 个元素
Delete[a,p]	删除 a 在位置 p 处的元素
Insert[a,x,p]	在 a 的位置 p 处插入元素 x
Append[a,x]、Prepend[a,x]	在 a 的前端、尾端插入元素 x
AppendTo[a,x]、PrependTo[a,x]	在 a 的前端、尾端插入元素 x，把结果赋值 a
PadLeft[a,n,x]、PadRight[a,n,x]	在 a 的前端、尾端插入若干个元素 x， 得到长度为 n 的列表，x 的缺省值为 0

注：以上函数均适用于稀疏列表。

　　需要注意的是,对列表应用上述函数(除了 AppendTo 和 PrependTo)之后,列表本身并没有发生变化,需要使用赋值语句来保存函数的结果。

1.4.4　列表元素查找

　　我们经常会遇到这样的问题:元素 x 是否在集合 S 中? 数组 a 的哪些项等于 x? 这时,Count、FreeQ、MemberQ、Position 等函数可以帮我们解决以上问题。例如:

```
In[1]:= MemberQ[{a,b,c},a]
Out[1]= True                    (*a 是列表的元素*)

In[2]:= MemberQ[{{a,b},{c,d}},a]
Out[2]= False                   (*a 不在列表的第 1 层*)

In[3]:= MemberQ[{{a,b},{c,d}},a,2]
Out[3]= True                    (*a 在列表的前 2 层*)
```

FreeQ 函数可以看作是 MemberQ 函数的否定,但是其含义却需要仔细揣摩。

```
In[4]:= FreeQ[{{a,b},{c,d}},a]
Out[4]= False                   (*a 是列表某一层的元素*)

In[5]:= FreeQ[{{a,b},{c,d}},a,1]
Out[5]= True                    (*a 不在列表的第 1 层*)
```

Count 和 Position 函数分别给出元素在列表中出现的次数和位置,Length 函数则给出列表的第 1 层元素的个数。

```
In[6]:= s={a,{a,b},{{a,b},{c,d}}}; Count[s,a]
Out[6]= 1                       (*s 的第 1 层中有 1 个 a*)

In[7]:= Count[s,a,2]
Out[7]= 2                       (*s 的前 2 层中有 2 个 a*)

In[8]:= Position[s,a]
Out[8]= {{1},{2,1},{3,1,1}}     (*所有层中 a 出现的位置*)

In[9]:= Position[s,a,2]
Out[9]= {{1},{2,1}}             (*前 2 层中 a 出现的位置*)

In[10]:= Length[s]
```

Out[10]= 3

查找列表元素的函数如表 1.13 所示。

表 1.13　查找列表元素的函数

函　　　数	说　　　明
Count[a,x]	计数 a 中与 x 匹配的元素个数
FreeQ[a,x]	判断 x 是否不在 a 中出现
MemberQ[a,x]	判断 x 是否为 a 的元素
Position[a,x]	在 a 中查找 x 的位置

注:以上函数均不适用于稀疏列表。

1.4.5　列表元素排序

对列表中的元素排序是最常用的列表操作之一。许多运算(例如:表达式的化简、数据的可视化)都需要数据是排列有序的。Mathematica 中对列表元素排序的函数是 Sort 函数,其他的相关函数还有 SortBy、Order、OrderedQ、Ordering、Permutations、Reverse、RotateLeft、RotateRight 等。例如:

In[1]:= **Sort[{9,3,1,2,4,6,3,4,7}]**

Out[1]= {1,2,3,3,4,4,6,7,9}

In[2]:= **a={{9,3,1},{2,4,6},{3,4,7}};**

ln[3]:= **Sort[a]**

Out[3]= {{2,4,6},{3,4,7},{9,3,1}}

Sort 函数对矩阵的行向量排序,首先依据的是第 1 列元素的大小,如果相等,再依次按照第 2,3,…列元素的大小排序。如果我们打算按照最后一列元素从大到小排序,则可以自定义排序函数。

需要注意的是,在排序的时候,数学常数、根式等被视为符号表达式,而不是依据其数值大小排序。例如:

In[4]:= **b={E-Pi,Pi-E,E,Pi,Sqrt[1000],100}; Sort[b]**

Out[4]= $\{100, 10\sqrt{10}, e, e-\pi, \pi, -e+\pi\}$

我们可以使用 SortBy 函数依据其数值从小到大排序。

In[5]:= **SortBy[b,N]**

Out[5]= $\{e-\pi,-e+\pi,e,\pi,10\sqrt{10},100\}$

In[6]:= **SortBy[a,Total]**　　　　　　　　（＊按每行元素之和排序＊）

Out[6]= $\{\{2,4,6\},\{9,3,1\},\{3,4,7\}\}$

在缺省情况下，Sort 函数使用 OrderedQ$[\{\#1,\#2\}]$& 作为排序函数。OrderedQ$[\{x,y\}]$与 Order$[x,y]\geqslant 0$ 具有相同的效果。

In[7]:= **OrderedQ[{3,2,1},Greater]**　　（＊判断是否从大到小排列＊）

Out[7]= True

In[8]:= **{Order[1,2],Order[1,1],Order[2,1]}**

Out[8]= $\{1,0,-1\}$

Ordering 函数给出排序之后的元素在原列表中的位置。特别地，设 a 是 $1,2,\cdots,n$ 的一个排列，则 $b=$ Ordering$[a]$ 也是 $1,2,\cdots,n$ 的一个排列，并且 $a[[b]]$ 与 $b[[a]]$ 都是标准排列 $\{1,2,\cdots,n\}$，即 a 与 b 互逆。

In[9]:= **Ordering[{1,4,2,8,5,7},-3]**

Out[9]= $\{5,6,4\}$　　　　　　　　　　　　　　（＊最大 3 个元素所在位置＊）

Permutations 函数给出列表元素的不同排列方式，列表中的元素可以有重复。通常用 Permutations$[$Range$[n]]$来生成 n 阶置换群 S_n。

In[10]:= **Permutations[{1,1,2,2},2]**

Out[10]= $\{\{\},\{1\},\{2\},\{1,1\},\{1,2\},\{2,1\},\{2,2\}\}$

与 Permutations 函数相对应，Subset 函数给出列表元素的不同组合方式，即子集。列表中的元素可以有重复，但是 Subset 函数将它们视为不同的元素。

In[11]:= **Subsets[{1,2,1},2]**

Out[11]= $\{\{\},\{1\},\{2\},\{1\},\{1,2\},\{1,1\},\{2,1\}\}$

Reverse、RotateLeft、RotateRight 函数可将列表元素重新排列，用于矩阵的初等变换。RotateLeft$[a,-n]$等同于 RotateRight$[a,n]$。

In[12]:= **a=IdentityMatrix[4]; a//MatrixForm**

Out[12]//MatrixForm=

$$\begin{pmatrix} 1 & 0 & 0 & 0 \\ 0 & 1 & 0 & 0 \\ 0 & 0 & 1 & 0 \\ 0 & 0 & 0 & 1 \end{pmatrix}$$

In[13]:= **Reverse[a]//MatrixForm**　　　　　　（＊上下颠倒＊）

Out[13]//MatrixForm=

$$\begin{pmatrix} 0 & 0 & 0 & 1 \\ 0 & 0 & 1 & 0 \\ 0 & 1 & 0 & 0 \\ 1 & 0 & 0 & 0 \end{pmatrix}$$

In[14]:= **RotateLeft[a]//MatrixForm**　　　　　　（＊各行向上轮换＊）

Out[14]//MatrixForm=

$$\begin{pmatrix} 0 & 1 & 0 & 0 \\ 0 & 0 & 1 & 0 \\ 0 & 0 & 0 & 1 \\ 1 & 0 & 0 & 0 \end{pmatrix}$$

对列表元素排序的函数如表 1.14 所示。

表 1.14　对列表元素排序的函数

函　　数	说　　明
Sort[a,p]	使用排序函数 p 对 a 的元素排序，当 p 缺省时使用标准顺序
SortBy[a,f]	根据 $f[a]$ 的标准顺序对 a 排序
Order[x,y]	当 $\{x,y\}$ 是顺序/相等/逆序时返回 $1/0/-1$
OrderedQ[a,p]	判断 a 中元素是否顺序排列，当排序函数 p 缺省时使用标准顺序
Ordering[a]	排序之后每个元素在 a 中的位置
Ordering[a,n,p]　Ordering[a,-n,p]	排序之后前 n 个、后 n 个元素在 a 中的位置，当排序函数 p 缺省时使用标准顺序
Permutations[a]	a 中元素的所有排列

函　　数	说　　明
Permutations[a,n]	a 中不超过 n 个元素的所有排列
Permutations[a,{n}]	a 中 n 个元素的所有排列
Reverse[a,n]	a 的第 n 层元素反向排序，n 的缺省值为 1
RotateLeft[a,n] RotateRight[a,n]	a 中元素向左、向右轮换 n 个位置， 　n 的缺省值为 1
Subsets[a]	a 的所有子集
Subsets[a,n]	a 的所有不超过 n 个元素的子集
Subsets[a,{n}]	a 的所有 n 元子集

注：Order、Reverse、RotateLeft、RotateRight、Subsets 函数适用于稀疏列表；Sort、SortBy、
OrderedQ、Ordering、Permutations 函数不适用于稀疏列表。

1.4.6　列表合并与拆分

Flatten 函数可以有效地去除嵌套列表中的括号{}，把嵌套列表转化为 1 维列表。与 Flatten 函数相反，Partition 函数则是在列表中添加括号，把列表拆分成若干形状相同的子块。例如：

```
In[1]:= a={{1,2,3},{4,5,6}}; b=Flatten[a]
Out[1]= {1,2,3,4,5,6}

In[2]:= Partition[b,3]
Out[2]= {{1,2,3},{4,5,6}}
```

Flatten 和 Partition 函数还有许多复杂的用法，在此不一一介绍。请有兴趣者查看 Mathematica 的帮助文档。

Gather 和 GatherBy 函数把列表中同类型的元素放在一起，形成若干子列表，按照各数字在列表中首次出现的位置排序。例如：

```
In[3]:= a=RandomInteger[3,10]
Out[3]= {3,0,2,0,2,2,3,1,0,1}

In[4]:= Gather[a]
Out[4]= {{3,3},{0,0,0},{2,2,2},{1,1}}
```

```
In[5]:= GatherBy[a,EvenQ]                          (*按奇偶性聚类*)
Out[5]= {{3,3,1,1},{0,2,0,2,2,0}}
```

Split 和 SplitBy 函数根据相邻元素是否相等,把列表拆分成若干由相同元素构成的子列表,同时不改变元素的次序。例如:随机投掷均匀硬币 100 次,出现的连续正面或连续反面称为连贯,观察其中连贯的长度。

```
In[6]:= a=Split[RandomInteger[1,{100}]]
Out[6]= {{0},{1,1,1},{0},{1,1},{0},{1,1,1,1,1,1,1},{0},{1,1},
        {0},{1},{0,0},{1},{0,0,0,0,0},{1},{0},{1},{0,0,0,0},
        {1},{0},{1},{0,0,0,0,0},{1},{0,0,0},{1,1},{0,0},
        {1,1,1,1},{0,0},{1},{0,0},{1},{0},{1,1,1,1},{0},{1},
        {0,0},{1,1},{0},{1},{0},{1},{0,0},{1,1},{0,0},{1},
        {0,0},{1,1,1,1,1,1},{0,0,0,0},{1},{0,0},{1},{0}}
```

```
In[7]:= b=Map[a,Length]    (*将 Length 函数应用于 a 的每个元素*)
Out[7]= {1,3,1,2,1,7,1,2,1,1,2,1,5,1,1,1,4,1,1,1,5,1,3,2,2,4,
        2,1,2,1,1,4,1,1,2,2,1,1,1,1,2,2,2,1,2,6,4,1,2,1,1}
```

Tally 函数可以帮助我们对列表中各数字出现的次数计数,并按照各数字在列表中首次出现的位置排序。

```
In[8]:= Tally[b]
Out[8]= {{1,27},{3,2},{2,14},{7,1},{5,2},{4,4},{6,1}}
```

Join 函数把多个列表依次合并在一起,也可用于矩阵的分块运算。

```
In[9]:= Join[{{1,2},{3,4}},{{5,6},{7,8}}]
Out[9]= {{1,2},{3,4},{5,6},{7,8}}
```

```
In[10]:= MatrixForm[%]
Out[10]//MatrixForm=
```

$$\begin{pmatrix} 1 & 2 \\ 3 & 4 \\ 5 & 6 \\ 7 & 8 \end{pmatrix}$$

```
In[11]:= Join[{{1,2},{3,4}},{{5,6},{7,8}},2]    (*合并第 2 层*)
Out[11]= {{1,2,5,6},{3,4,7,8}}
```

```
In[12]:= MatrixForm[%]
```
Out[12]//MatrixForm=

$$\begin{pmatrix} 1 & 2 & 5 & 6 \\ 3 & 4 & 7 & 8 \end{pmatrix}$$

列表的合并和拆分函数如表 1.15 所示。

表 1.15　列表的合并和拆分函数

函　　数	说　　明
Flatten[a]	把嵌套列表压平为 1 维列表
Flatten[a,n]	把嵌套列表的前 n 层压平
Partition[a,n]	把列表拆分成若干长度为 n 的子列表
Partition[a,{n1,n2,...}]	把嵌套列表拆分成 $n1 \times n2 \times \cdots$ 大小的子块
Gather[a,f]	把列表中的同类元素聚类成的若干子列表，f 用来检验两个元素是否同类，缺省值 SameQ
GatherBy[a,f]	根据 $f[a]$ 的元素值聚类列表元素
Split[a,f]	把列表拆分成若干由连续同类元素构成的子列表，f 用来检验相邻元素是否同类，缺省值 SameQ
SplitBy[a,f]	根据 $f[a]$ 的元素值拆分列表
Tally[a,f]	计数列表中同类元素的数目，f 用来检验两个元素是否同类，缺省值 SameQ
Join[a1,a2,...,n]	把多个列表的第 n 层依次合并在一起，n 的缺省值为 1

注：Flatten、Partition、Tally、Join 函数适用于稀疏列表；Gather、GatherBy、Split、SplitBy 函数不适用于稀疏列表。

　　Union、Intersection、Complement 函数分别施行集合的并、交、补运算，结果中都不含有重复元素，并且按标准顺序排列。例如：

```
In[13]:= a={2,3,5,5,1,2,1,0,2,4}; b={3,1,0,2,2,0,3,0,3,2};
         c={2,3,4,3,2,1,1,2,4,1}; Union[a,b,c]
```
Out[13]= {0,1,2,3,4,5}

```
In[14]:= Intersection[a,b,c]
```
Out[14]= {1,2,3}

```
In[15]:= Complement[a,b,c]
```
```
Out[15]= {5}
```

列表的集合运算函数如表 1.16 所示。

表 1.16　列表的集合运算函数

函　　　数	说　　　明
Union[a1,a2,…]	多个集合的并集,删除重复元素并排序
Intersection[a1,a2,…]	多个集合的交集,删除重复元素并排序
Complement[a,b1,b2,…]	删除 a 中的 $b1,b2,\cdots$ 元素和重复元素并排序

注:以上函数均不适用于稀疏列表。

1.5　表　达　式

几乎所有的 Mathematica 对象都可以被认为是表达式。数字、字符串、符号(数学常数、变量名或函数名)是最基本的表达式单元。多个表达式通过函数或运算符连接成为一个复合表达式。Mathematica 的运算过程就是表达式求值的过程。Mathematica 的运算符,如 +、-、*、/、{}、[]、()、<、>、= 等,它们实际上都分别对应于某个函数。因此,任何一个表达式都可以被看成是一系列函数的嵌套调用,表达式的值就是最外层函数的值。

FullForm 函数给出表达式值的完全形式,Head 函数给出表达式值的最外层函数名称或类型,Length 函数则给出表达式值的长度。例如:

```
In[1]:= {FullForm[{1,2,3}],Head[{1,2,3}]}
```
```
Out[1]= {List[1,2,3],List}
```

```
In[2]:= FullForm[expr= (x^2+3*x*y)+(y^2-y*x)]
```
```
Out[2]//FullForm=
        Plus[Power[x,2],Times[2,x,y],Power[y,2]]
```

```
In[3]:= Length[expr]
```
```
Out[3]= 3
```

```
In[4]:= {expr[[0]],expr[[1]],expr[[2]],expr[[3]]}
Out[4]= {Plus,x²,2 x y,y²}

In[5]:= FullForm[Plot[Sin[x],{x,-Pi,Pi}]]
```

请读者自行查看 In[5] 的输出结果。

1.5.1　算术表达式

一个算术表达式通常是由数(或变量)经算术运算符(或函数)连接而成的,其中变量的类型可以是数值、符号、列表等,函数可以是系统内嵌函数或者是用户自定义函数。Mathematica 中的算术运算符如表 1.17 所示。

表 1.17　算术运算符

运算优先级	运算符	说　　明
1	[]、{}、()	函数、列表、分隔符
2	!、!!	阶乘、双阶乘
3	++、--	变量自加1、自减1
4	+= 、- = 、* = 、/=	运算后赋值给左边变量
5	^	方幂
6	.	矩阵乘积或向量内积
7	*、/	乘、除
8	+、-	加、减

在不引起误解的情况下,算术表达式中的乘号可以忽略不写。例如:"2a"、"2 a"、"2*a"的意义是相同的,"(a-b)(c+d)"与"(a-b)*(c+d)"的意义也是相同的,但是"a2"与"a 2"的意义却是不同的。

算术运算的优先级遵从数学习惯,如表 1.17 所示。同级运算符按照从左到右的顺序,赋值则按照从右到左的顺序。例如:

```
In[1]:= a=1; a*=a+=a++
Out[1]= 9
```

在 a*=a+=a++ 语句中,首先执行 a++,这时 a 的值变为 2,但 a++ 的返回值是 1;接下来执行 a+=1,这时 a 的值变为 3,a+=1 的返回值也是 3;最后执行 a*=3,这时 a 的值变为 9,a*=3 的返回值也是 9。

在不清楚运算优先级的情况下,使用圆括号()是明智的做法。

1.5.2 逻辑表达式

一个取值 True、False 的表达式称为逻辑表达式。逻辑表达式通常由逻辑运算符或关系运算符连接而成。例如:Infinity==2Infinity 就是一个取值 True 的逻辑表达式。但是,并非所有形如 $a<b$ 的表达式都是逻辑表达式。当 Mathematica 无法确定表达式是否取值 True、False 的时候,即使该表达式是个恒等式,我们也不认为它是逻辑表达式。例如:

In[1]:= **x^2+2x*y+y^2==(x+y)^2**

Out[1]= $x^2+2 x y+y^2==(x+y)^2$　　　　　　（*无法确定表达式的值*）

Mathematica 中的逻辑和关系运算符如表 1.18 所示。

表 1.18　逻辑和关系运算符

运算符	说　　明
$<$、$<=$、$==$、$>=$、$>$、$!=$	关系运算符
a==b==...	全都相等
a!=b!=...	两两不等
a<b>c<...	$a<b \&\& b>c \&\& \cdots$
And 或 &&、Or 或 ∣∣、Not 或 !、Nand、Nor、Xor、Xnor、Implies、Equivalent	逻辑运算符
ForAll[x,cond,expr] Exists[x,cond,expr]	逻辑量词,当 cond 缺省时,表示无条件成立

And[a,b,...]或"a&&b&&..."表示逻辑与。当且仅当 a,b,…都是 True 时,And[a,b,...]是 True。

Or[a,b,...]或"a∣∣b∣∣..."表示逻辑或。当且仅当 a,b,…中至少有一个是 True 时,Or[a,b,...]是 True。

Not[a]或"!a"表示逻辑非。当 a 是 False 时,Not[a]是 True;当 a 是 True 时,Not[a]是 False。

Nand[a,b,...]等价于 Not[And[a,b,...]]。

Nor[a,b,...]等价于 Not[Or[a,b,...]]。

当且仅当 $a,b,\ldots$ 中有奇数个是 True 时，Xor$[a,b,\ldots]$ 是 True。

当且仅当 $a,b,\ldots$ 中有偶数个是 True 时，Xnor$[a,b,\ldots]$ 是 True。

Implies$[a,b]$ 等价于 Or$[$Not$[a],b]$。

Equivalent$[a,b,\ldots]$ 等价于 Or$[$And$[a,b,\ldots]$,Nor$[a,b,\ldots]]$。

　　除了由逻辑和关系运算符连接的逻辑表达式之外，在 Mathematica 中还可以使用包含逻辑量词 $\forall$ 和 $\exists$ 的逻辑表达式。例如：$\lim\limits_{n\to\infty} a_n = 0$ 的 $\varepsilon - N$ 定义。

```
In[2]:= ForAll[e,e>0,Exists[N,Implies[n>N,Abs[a[n]]<e]]]
Out[2]=  ∀e,e>0 ∃N (n>N⇒Abs[a[n]]<e)
```

习　题　1

1. 计算下列各式的数值，保留 10 位有效数字。

(1) 2^{200}

(2) $\log_5 135$

(3) e^{7-9i}

(4) $\ln(1+e^{-2})$

(5) $\sin 15° + \cos 15°$

(6) $\sqrt{|\ln \sin 35°|}$

(7) $\cos\left(2\arccos\dfrac{1}{3} - \arccos\dfrac{1}{6}\right)$

(8) $\tan\left(\arctan\dfrac{\sqrt{2}}{2} + i\sin\dfrac{\sqrt{2}}{3}\right)$

(9) $10\left(\cos\dfrac{2\pi}{3} + i\sin\dfrac{2\pi}{3}\right) \div 6\left(\cos\dfrac{\pi}{3} + i\sin\dfrac{\pi}{3}\right)$

(10) $12\left(\cos\dfrac{3\pi}{2} + i\sin\dfrac{3\pi}{2}\right) \div 8\left(\cos\dfrac{\pi}{6} + i\sin\dfrac{\pi}{6}\right)$

2. 计算 861、1638、2415 的最大公约数。

3. 计算 48、105、120 的最小公倍数。

4. 计算组合数 C_{10}^3、C_{12}^5、C_{15}^7。

5. 计算 $3!!/7!!$、$6!!/15!!$、$7!!/20!!$。

6. 对 $x=0.12$ 和 $x=67/100$ 分别计算 $e^{-x^2}\sin x$，计算过程中保留 50 位有效数字。

7. 建立如下列表，并求所有元素的和与积。

(1) $\{1,3,5,7,\cdots,99\}$

(2) $\{1,4,9,25,\cdots,100\}$

(3) {1/2,1/4,1/6,1/8,…,1/100}　　　　(4) {小于 100 的素数}

8. 随机删除第 7 题中每个表中的 3 个元素。

9. 设 a = {Pi/4,Pi/2,Pi},写出下列运行结果:

(1) Apply[Plus,a]　　　　　　　　(2) Apply[Times,a]

(3) a^2　　　　　　　　　　　　　(4) Sin[a]

10. 建立表格

$$
\begin{matrix}
11 & 12 & 13 & 14 \\
21 & 22 & 23 & 24 \\
31 & 32 & 33 & 34 \\
41 & 42 & 43 & 44
\end{matrix}
$$

11. 建立表格

$$
\begin{matrix}
11 & & & \\
21 & 22 & & \\
31 & 32 & 33 & \\
41 & 42 & 43 & 44
\end{matrix}
$$

12. 随机产生 16 个 5.2～9.7 之间的实数,建立 4 行 4 列的表格,并找出表中的最大数和最小数。

13. 随机产生 60 个 100～200 之间的不同整数。把这些数

(1) 升序排列;

(2) 降序排列。

14. 写出与下列数学条件等价的 Mathematica 逻辑表达式。

(1) $m > s$ 且 $m < t$,即 $m \in (s,t)$;

(2) $x \leqslant -10$ 或 $x \geqslant 10$,即 $x \notin (-10,10)$;

(3) $x \in (-3,6]$ 且 $y \notin [-2,7)$。

15. 给定平面上三个圆心分别为 $(x_1,y_1),(x_2,y_2),(x_3,y_3)$,半径分别为 r_1,r_2,r_3 的圆盘。判断平面上一点 (x,y) 是否被这三个圆盘所覆盖。

第 2 章　初等函数运算

2.1　多项式运算

多项式是最常见的代数表达式,是符号和代数计算的主要研究对象,在各种科学研究领域里面都有着广泛的应用。作为一类特殊形式的表达式,对一般表达式的各种运算都适用于多项式,表达式的各种输出形式也都适用于多项式。除了多项式的加、减、乘和除四则运算之外,Mathematica 系统还提供了一大批用于各种多项式运算的命令和函数,例如:多项式元素的提取,多项式的展开和合并。本节将列出其中的常用部分,供您在需要的时候查找和使用。这些命令和函数主要可以分为以下几大类。

2.1.1　多项式的基本运算

多项式的基本代数运算有加法、减法、乘法、除法、模运算,其中加法(＋)、减法(－)、乘法(＊)和除法(/),运算符号与一般代数表达式的运算符号相同。多项式的乘法和除法运算的结果都是不化简的形式,最多约去分子分母的明显(整数或单项式)公因子,因此经常需要用 Expand 或 Simplify 等函数对计算结果进行展开或化简。如果希望做多项式的带余除法,则要使用函数 PolynomialQuotient 或 PolynomialRemainder 才能得到商式或余式。例如:

```
In[1]:=  t1=x^2-2x-3; t2=x-3; t1+t2        (*多项式加法*)
Out[1]=  -6-x+x²

In[2]:=  t1-t2                              (*多项式减法*)
```

Out[2]= $-3\ x + x^2$

In[3]:= **t1*t2**　　　　　　　　　　　　　　　　　（＊多项式乘法＊）

Out[3]= $(-3+x)(-3-2\ x+x^2)$

In[4]:= **t1/t2**　　　　　　　　　　　　　　　　　（＊多项式除法＊）

Out[4]= $\dfrac{-3-2\ x+x^2}{-3+x}$

给定两个单变量多项式 $a(x)$ 和 $b(x)$，存在唯一的多项式 $q(x)$ 和 $r(x)$ 使得 $a(x)=q(x)b(x)+r(x)$ 并且 deg $r(x)<$ deg $b(x)$，其中 $q(x)$ 称为 $a(x)$ 被 $b(x)$ 除的商式，$r(x)$ 称为 $a(x)$ 被 $b(x)$ 除的余式。在 Mathematica 中，PolynomialQuotient 和 PolynomialRemainder 函数分别计算两个多项式相除的商式和余式，PolynomialQuotientRemainder 函数则同时给出两个多项式相除的商式和余式。例如：

In[5]:= **PolynomialQuotient[x^3+y^3,x-y,x]**

Out[5]= $x^2+x\ y+y^2$　　　　　　　　　　　　　　（＊商式＊）

In[6]:= **PolynomialRemainder[x^3+y^3,x-y,x]**

Out[6]= $2\ y^3$　　　　　　　　　　　　　　　　　（＊余式＊）

In[7]:= **PolynomialQuotientRemainder[x^3+y^3,x-y,x]**

Out[7]= $\{x^2+x\ y+y^2, 2\ y^3\}$　　　　　　　　　（＊商式和余式＊）

2.1.2　多项式元素提取

在多项式运算中，有时我们想检验一个表达式是否为多项式，查看一个多项式所包含的变元、关于某个变量的最高幂次、某个幂次项的系数，或者替换多项式的某项。为此，Mathematica 提供了下列函数（表 2.1）。

表 2.1

函　数	说　明
PolynomialQ[expr, x] 或 　　PolynomialQ[expr,{x,y,...}]	检验 expr 是否关于变元 $x, y, \ldots$ 的多项式
Variables[poly]	多项式 poly 的变元列表
Exponent[poly, x]	多项式 poly 关于变元 x 的最高幂次

续表

函　数	说　明
Coefficient[poly, x, n]	多项式 poly 中 x^n 项的系数, n 缺省值为 1
CoefficientList[poly, x] 或 　　CoefficientList[poly, {x, y, ... }]	多项式 poly 关于变元 $x, y, \cdots$ 的系数列表

例如：

```
In[1]:= PolynomialQ[x^2-y^2,{x,y}]
Out[1]= True

In[2]:= Variables[(x+y)^2- (2x+y)y]
Out[2]= {x,y}

In[3]:= Exponent[(x+y)^2- (2x+y)y,x]
Out[3]= 2

In[4]:= Exponent[(x+y)^2- (2x+y)y,y]
Out[4]= 0

In[5]:= CoefficientList[(x+y)^2- (2x+y)y,x]
Out[5]= {0,0,1}

In[6]:= CoefficientList[(x+y)^2- (2x+y)y,y]
```
Out[6]= $\{x^2\}$

```
In[7]:= CoefficientList[(1+2x+3y)^2,{x,y}]
Out[7]= {{1,6,9},{4,12,0},{4,0,0}}

In[8]:= Coefficient[(1+2x+3y)^2,y,0}]
```
Out[8]= $1+ 4\ x+ 4\ x^2$

在以上函数中,如果多项式没有经过化简,计算结果极有可能会出乎您的意料。例如：

```
In[9]:= PolynomialQ[(x^2-y^2)/(x-y),{x,y}]
Out[9]= False

In[10]:= Variables[(x^2-y^2)/(x-y)- (x+y)]
Out[10]= {x,y}
```

In[11]:= **Exponent[(x^2-y^2)/(x-y),x]**

Out[11]= 2

In[12]:= **CoefficientList[(x^2-y^2)/(x-y),x]**

General::poly: $\dfrac{x^2-y^2}{x-y}$ is not polynomial. $\gg$

Out[12]= $\left\{\dfrac{x^2}{x-y}-\dfrac{y^2}{x-y}\right\}$

当多项式具有 n 个变元时,CoefficientList 函数返回一个 n 维列表,使用起来很不方便并且效率不高。这时,MonomialList 和 CoefficientRules 函数给出了一个替代方案(表 2.2)。

表 2.2

函　　数	说　　明
MonomialList[poly,{x,y,...},order]	poly 关于变元 $x,y,\cdots$ 的单项式列表
CoefficientRules[poly,{x,y,...},order]	poly 关于 $x,y,\cdots$ 的单项式系数列表
FromCoefficientRules[list,{x,y,...}]	由单项式系数列表生成多项式

注:单项式按照 order 排序,order 缺省为字典序,$\{x,y,\cdots\}$ 缺省为所有变元。

例如:

In[13]:= **MonomialList[(x+y)^2]**

Out[13]= $\{x^2, 2\,x\,y, y^2\}$

In[14]:= **CoefficientRules[(x+y)^2,{x,y}]**

Out[14]= $\{\{2,0\}\to 1,\{1,1\}\to 2,\{0,2\}\to 1\}$

In[15]:= **FromCoefficientRules[{{1,0}→a,{0,1}→b,**
{1,1}→c},{x,y}]

Out[15]= $a\,x + b\,y + c\,x\,y$

2.1.3 多项式展开与合并

在进行多项式运算的时候,特别是当表达式中含有分式的时候,我们经常需要将表达式展开或合并,以满足各种运算的要求,从而得到正确的结果。下面列出一些常用的 Mathematica 函数,这些函数并不局限于多项式,对于有理分式以及一般表达式也适用(表 2.3)。

表 2.3

函　　数	说　　明
Expand[expr]	展开表达式 expr 中的乘积和正整数方幂
ExpandAll[expr]	展开表达式 expr 中的乘积和整数方幂
ExpandDenominator[expr]	展开表达式 expr 中的分式的分母
ExpandNumerator[expr]	展开表达式 expr 中的分式的分子
PowerExpand[expr,x] 或 　　PowerExpand[expr,{x,y,...}]	展开表达式 expr 中与变元 x 或 $\{x,y,\cdots\}$ 有关的乘积的方幂
Collect[expr,x] 或 　　Collect[expr,{x,y,...}]	合并表达式 expr 中与变元 x 或 $\{x,y,\cdots\}$ 有关的同类项，x 及 $\{x,y,\cdots\}$ 不可缺省
Apart[expr,x]	把表达式 expr 写成部分分式之和的形式
ApartSquareFree[expr]	把表达式 expr 写成部分分式之和的形式，其中分母是无重根多项式的方幂的形式
Cancel[expr]	约分表达式 expr 中的分式
Together[expr]	通分表达式 expr 中的分式

注：x 或 $\{x,y,\cdots\}$ 缺省为所有变元。

Expand 函数按照幂次由低至高的顺序，将表达式展开成为单项之和

$$\sum_{i_1,i_2,\cdots,i_n} a_{i_1,i_2,\cdots,i_n} x_1^{i_1} x_2^{i_2} \cdots x_n^{i^n}$$

的形式，Collect 函数则将表达式的展开式中的同类项合并，但是不进行排序。例如：

```
In[1]:= Expand[(x+2y+1)^2]                    (*展开多项式*)
Out[1]= 1+2 x+x²+4 y+4 x y+4 y²
```

```
In[2]:= Collect[(x+2y+1)^2,x]                 (*按 x 展开多项式*)
Out[2]= 1+x²+4 y+4 y²+x (2+4 y)
```

通常 Expand 函数仅展开表达式中位于最顶层的多项式部分，并不对所有的幂次项展开，ExpandAll 函数则展开表达式中的所有多项式。例如：

```
In[3]:= Expand[(x+y)^-2]
```

$$\text{Out[3]}= \frac{1}{(x+y)^2}$$

In[4]:= **Expand[Sin[(x+y)^2]]**

Out[4]= $\text{Sin}[(x+y)^2]$

In[5]:= **ExpandAll[Sin[(x+y)^-2]]**

Out[5]= $\text{Sin}\left[\dfrac{1}{x^2+2\,x\,y+y^2}\right]$

对于形如 $(xy)^z$ 的表达式,因为它不是关于 x,y,z 的多项式,Expand 和 ExpandAll 函数通常都是不展开的。PowerExpand 则可以对此进行展开。例如:

In[6]:= **{ExpandAll[Log[(x*y)^z]],PowerExpand[Log[(x*y)^z]]}**

Out[6]= $\{\text{Log}[(x\,y)^z],z\,(\text{Log}[x]+\text{Log}[y])\}$

当 Expand 函数作用于分式的时候,分子被展开,表达式被写成若干分式之和的形式。ExpandDenominator 和 ExpandNumerator 函数则分别展开分母和分子,表达式仍是一个分式的形式。例如:

In[7]:= **t=(1+x)^2/(x(1-x))+(1-x)/(1+x)^2; Expand[t]**

Out[7]= $\dfrac{2}{1-x}+\dfrac{1}{(1-x)\,x}+\dfrac{x}{1-x}+\dfrac{1}{(1+x)^2}-\dfrac{x}{(1+x)^2}$

In[8]:= **ExpandDenominator[t]**　　　　　　　　　　(*展开分式的分母*)

Out[8]= $\dfrac{(1+x)^2}{x-x^2}+\dfrac{1-x}{1+2\,x+x^2}$

In[9]:= **ExpandNumerator[t]**　　　　　　　　　　(*展开分式的分子*)

Out[9]= $\dfrac{1-x}{(1+x)^2}+\dfrac{1+2\,x+x^2}{(1-x)\,x}$

如果我们希望把分式 $\dfrac{p(x)}{q(x)}$ 写成部分分式之和 $\dfrac{c_1}{q_1(x)}+\dfrac{c_2}{q_2(x)}+\cdots+\dfrac{c_k}{q_k(x)}$ 的形式,Mathematica 提供了 Apart 和 ApartSquareFree 函数。例如:

In[10]:= **t=x^2/(1-2x^2+x^4); Apart[t]**

Out[10]= $\dfrac{1}{4\,(-1+x)^2}+\dfrac{1}{4\,(-1+x)}+\dfrac{1}{4\,(1+x)^2}-\dfrac{1}{4\,(1+x)}$

In[11]:= **ApartSquareFree[t]**

Out[11]= $\dfrac{1}{(-1+x^2)^2}+\dfrac{1}{-1+x^2}$

Cancel 和 Together 函数则分别可以对表达式中的分式进行约分和通分。
例如：

In[12]:= **Cancel[(x^2-y^2)/(x^3-y^3)]**

Out[12]= $\dfrac{x+y}{x^2+x\ y+y^2}$

In[13]:= **Together[(x+y)^-1-(x-y)^-1]**

Out[13]= $\dfrac{2\ x}{(x-y)(x+y)}$

2.1.4　多项式化简

Simplify 函数是 Mathematica 中用来化简表达式的最常用的函数。它通过一系列的变换，将代数表达式化简为某种意义下的"最简"形式。在 Simplify 函数中可以对表达式附加条件，使计算结果更具有针对性。相关的函数和用法如表 2.4 所示。

表 2.4

函　　数	说　　明
Simplify[expr]	化简表达式 expr
Simplify[expr, assum]	依据假设 assum 化简表达式 expr
FullSimplify[expr]	深入化简表达式 expr
FullSimplify[expr, assum]	依据假设 assum 深入化简表达式 expr
Assuming[assum, expr]	依据假设 assum 执行表达式 expr

例如：

In[1]:= **Simplify[x^2+3(x+2/3)]**
Out[1]= 2+3 x+x^2

In[2]:= **FullSimplify[x^2+3(x+2/3)]**
Out[2]= (1+x)(2+x)

In[3]:= **Simplify[(x+y)/2>Sqrt[x*y],x>y>0]**
Out[3]= True

```
In[4]:= Assuming[x>0,Simplify[Floor[Sqrt[x^2+1]-x]]]
Out[4]= 0
```

2.1.5 多项式因式分解

将多项式分解成不可约因式的乘积是我们经常会遇到的问题。Mathematica 在施行多项式的化简和求根运算的时候也首先对多项式进行因式分解。Mathematica 中与此有关的函数如表 2.5 所示。

表 2.5

函　　数	说　　明
IrreduciblePolynomialQ[poly]	检验 poly 是否为不可约多项式
Factor[poly]	分解 poly 为不可约整系数多项式乘积的形式
FactorSquareFree[poly]	分解 poly 为无重根整系数多项式乘积的形式
FactorTerms[poly,x]或 　FactorTerms[poly,{x,y,...}]	分解 poly 为常数与本原多项式乘积的形式， 　x 或{x,y,…}缺省为所有变元
FactorList[poly]	poly 的不可约因子及其方幂列表
FactorSquareFreeList[poly]	poly 的无重根因子及其方幂列表
FactorTermsList[poly,{x,y,...}]	poly 的常数部分与本原多项式部分
Decompose[poly,x]	分解一元多项式 poly 为多项式复合的形式

例如：

```
In[1]:= Factor[x^3-y^3]
```
Out[1]= $(x-y)(x^2+x y+y^2)$

```
In[2]:= FactorList[x^3-y^3]
```
Out[2]= $\{\{1,1\},\{x-y,1\},\{x^2+x y+y^2,1\}\}$

```
In[3]:= IrreduciblePolynomialQ[x^2+xy+y^2]
Out[3]= True
```

如果我们希望在复数域上分解多项式，则可以在 Factor 函数中使用 Extension 选项，例如：

```
In[4]:= Factor[x^3-y^3,Extension→Sqrt[-3]]
```

Out[4]= $\frac{1}{4}$ (x-y) (-2 i x+ (-i+$\sqrt{3}$) y) (2 i x+ (i+$\sqrt{3}$) y)

我们还可以通过使用 Modulus 选项,在有限域上分解多项式,例如:

In[5]:= **Factor[x^3-1,Modulus→7]**

Out[5]= (3+x) (5+x) (6+x)

相对于多项式的完全因子分解,无重根因子分解的计算量小,速度快。例如:

In[6]:= **FactorSquareFree[1-x-x^2+2x^5-x^8-x^9+x^10]**

Out[6]= (-1+x)^4 (1+x)^2 (1+x+2 x^2+x^3+x^4)

In[7]:= **FactorSquareFreeList[1-x-x^2+2x^5-x^8-x^9+x^10]**

Out[7]= {{1,1},{-1+x,4},{1+x,2},{1+x+2 x^2+x^3+x^4,1}}

FactorTerms 函数将每个多项式 $f(x_1,\cdots,x_n)$ 表示成为 $c \cdot g(x_1,\cdots,x_n)$ 的形式,其中 $g(x_1,\cdots,x_n)$ 是一个本原多项式,c 是 $f(x_1,\cdots,x_n)$ 各项系数的最大公因式,称为 $f(x_1,\cdots,x_n)$ 的容度。

In[8]:= **FactorTerms[2x^2+4x*y+2y^2]**

Out[8]= 2 (x^2+2 x y+y^2)

In[9]:= **FactorTermsList[2x^2+4x*y+2y^2]**

Out[9]= {2,x^2+2 x y+y^2}

Decompose 函数有时可以将一个一元多项式表示成为多项式复合的形式。

In[10]:= **p=13+21x+37x^2+38x^3+35x^4+22x^5+12x^6+4x^7+x^8;**
Decompose[p,x]

Out[11]= {13+7 x+x^2,3 x+x^2,x+x^2}

即 $p(x)=f(g(h(x)))$,其中 $f(x)=13+7x+x^2$,$g(x)=3x+x^2$,$h(x)=x+x^2$。

2.1.6 多项式组约化与消元

在本小节中,我们将介绍一些与多项式组或多项式理想的运算有关的 Mathematica 函数,这些函数为符号计算或抽象代数课程的学习以及从事这方面的研究提供了极大的方便。表 2.6 列出了相关的函数及用法。

表 2.6

函　　数	说　　明
PolynomialGCD[p1,p2,…]	多项式组$\{p1,p2,\cdots\}$的最大公因式
PolynomialLCM[p1,p2,…]	多项式组$\{p1,p2,\cdots\}$的最小公倍式
PolynomialExtendedGCD[f,g,x]	一元多项式$f(x)$和$g(x)$的扩展最大公因式
PolynomialMod[p,m]或 PolynomialMod[p,{m1,m2,…}]	多项式p模整数或多项式组$\{m1,m2,\cdots\}$的余式
PolynomialReduce[p,{p1,p2,…}, {x,y,…}]	多项式p对于多项式组$\{p1,p2,\cdots\}$约化的商式和余式，$\{x,y,\cdots\}$为多项式的变元
Discriminant[f,x]	一元多项式$f(x)$的判别式
Resultant[f,g,x]	一元多项式$f(x)$和$g(x)$的结式
Subresultants[f,g,x]	一元多项式$f(x)$和$g(x)$的子结式列表
GroebnerBasis[{p1,p2,…}, {x,y,…}]	$\{p1,p2,\cdots\}$生成的多项式理想的 Gröbner 基，$\{x,y,\cdots\}$为多项式的变元
GroebnerBasis[{p1,p2,…}, {x1,x2,…},{y1,y2,…}]	$\{p1,p2,\cdots\}$生成的多项式理想中不含变元$\{y1,y2,\cdots\}$部分的 Gröbner 基

例如：

In[1]:= **PolynomialLCM[x^2+x^2y-y-1,x^2y+x^2z-y-z]**
　　　　　　　　　　　　　　　　　　　　　　（*最小公倍式*）

Out[1]= $(1+y)(-y+x^2\,y-z+x^2\,z)$

In[2]:= **PolynomialGCD[x^2+x^2y-y-1,x^2y+x^2z-y-z]**
　　　　　　　　　　　　　　　　　　　　　　（*最大公因式*）

Out[2]= $-1+x^2$

In[3]:= **PolynomialExtendedGCD[x^2-2x*y+y^2+x-y,**
　　　　　　x^2-y^2-x+y,x]

Out[3]= $\left\{x-y,\left\{-\dfrac{1}{-2+2\,y},\dfrac{1}{-2+2\,y}\right\}\right\}$

语句 PolynomialExtendedGCD[f,g,x]返回一个形如$\{h,\{a,b\}\}$的列表，其

中 a 和 b 都是关于变元 x 的多项式，h 是 f 和 g 的最大公因子，并且满足 $h = af + bg$。

In[4]:= **PolynomialMod[f,g]**

Out[4]= $2 x - 2 y - 2 x y + 2 y^2$

In[5]:= **PolynomialMod[f,{4,x+y}]**

Out[5]= $2 y$

语句 $\mathrm{PolynomialMod}[f, \{m_1, \ldots, m_n\}]$ 返回一个多项式 $g = f + a_1 m_1 + \cdots + a_n m_n$ 使得 g 的最高幂次最小，其中 $a_1, \cdots, a_n$ 都是有理系数多项式。与 PolynomialMod 函数类似的是 PolynomialReduce 函数。

In[6]:= **PolynomialReduce[x^2+y^2+z^2,{x+y,y+z,z+x},**
        {x,y,z}]

Out[6]= $\{\{x-y, 2 y-2 z, 0\}, 3 z^2\}$

$\mathrm{PolynomialReduce}[f, \{p_1, \ldots, p_n\}, \{x, y, \ldots\}]$ 返回一个形如 $\{\{a_1, \cdots, a_n\}, g\}$ 的列表使得 $f = a_1 p_1 + \cdots + a_n p_n + g$，其中 $a_1, \cdots, a_n$ 都是关于变元 $\{x, y, \cdots\}$ 的多项式，并且 g 的每个单项都不能被任意 p_i 的最高项整除。

多项式 $f(x) = a_n(x - z_1) \cdots (x - z_n)$ 的判别式定义为 $a_n^{n-1} \prod\limits_{1 \leqslant i < j \leqslant n} (z_i - z_j)^2$。类似地，设多项式 $g(x) = b_m(x - w_1) \cdots (x - w_m)$，$f$ 和 g 的结式定义为 $a_n^m b_m^n \prod\limits_{i=1}^{n} \prod\limits_{j=1}^{m} (z_i - w_j)$。结式通常被用来消元，$\mathrm{Resultant}[f, g, x]$ 返回一个不含变元 x 的表达式。

最后我们举一个例子来演示 GroebnerBasis 函数的应用。

例：求圆 $\begin{cases} x^2 + y^2 + z^2 - 2x + 2y + 1 = 0 \\ x + y - 2z = 0 \end{cases}$ 绕直线 $x = y = z$ 旋转所得旋转曲面的方程。

解：设点 (x, y, z) 在旋转面上，于是存在圆上的点 (a, b, c) 使得

$$\begin{cases} x^2 + y^2 + z^2 = a^2 + b^2 + c^2 \\ x + y + z = a + b + c \\ a^2 + b^2 + c^2 - 2a + 2b + 1 = 0 \\ a + b - 2c = 0 \end{cases}$$

从中消去变元 a, b, c，

```
In[7]:= p1= x^2+y^2+z^2- (a^2+b^2+c^2); p2= x+y+z- (a+b+c);
        p3= a^2+b^2+c^2-2a+2b+1; p4= a+b-2c;
        GroebnerBasis[{p1,p2,p3,p4},{x,y,z},{a,b,c}]
```

Out[9]= $\{3-10\,x^2+3\,x^4+16\,x\,y-10\,y^2+6\,x^2\,y^2+3\,y^4+16\,x\,z+16\,y\,z-$
$\qquad 10\,z^2+6\,x^2\,z^2+6\,y^2\,z^2+3\,z^4\}$

从而得旋转曲面的方程

$$3-10x^2+3x^4+16xy-10y^2+6x^2y^2+3y^4+16xz+16yz$$
$$-10z^2+6x^2z^2+6y^2z^2+3z^4=0$$

2.2　三角函数运算

在数学中每个三角函数都可以看作是有理指数函数,例如$\tan(x)=\dfrac{e^{ix}-e^{-ix}}{i(e^{ix}+e^{-ix})}$。
在进行三角表达式运算的时候,Mathematica 通常并不做 $\sin(2x)=2\sin(x)\cos(x)$ 这样的三角代换,只有在设置了选项 Trig→True 之后,才能进行半角与倍角之间的变换,此时三角函数被视为有理指数函数。我们可以在 Expand、Factor、Simplify、FullSimplify 函数中设置 Trig 选项,或者使用表 2.7 中函数来化简三角表达式。

表 2.7

函　　数	说　　明
TrigExpand[expr]	三角函数和差化积
TrigFactor[expr]	三角函数因式分解
TrigFactorList[expr]	三角函数因子列表
TrigReduce[expr]	三角函数积化和差
TrigToExp[expr]	化三角函数为指数函数
ExpToTrig[expr]	化指数函数为三角函数

例如:

```
In[1]:= Expand[Sin[x]+Sin[2x]+Sin[3x],Trig→True]
```

Out[1]= $\mathrm{Sin}[x]+2\,\mathrm{Cos}[x]\,\mathrm{Sin}[x]+3\,\mathrm{Cos}[x]^2\,\mathrm{Sin}[x]-\mathrm{Sin}[x]^3$

In[2]:= **TrigExpand[Sin[x]+Sin[2x]+Sin[3x]]**

Out[2]= $Sin[x]+2\,Cos[x]\,Sin[x]+3\,Cos[x]^2\,Sin[x]-Sin[x]^3$

In[3]:= **Factor[Sin[x]+Sin[2x]+Sin[3x],Trig→True]**

Out[3]= $4\,Cos\left[\dfrac{x}{2}\right](1+2\,Cos[x])\left(Cos\left[\dfrac{x}{2}\right]-Sin\left[\dfrac{x}{2}\right]\right)$

$Sin\left[\dfrac{x}{2}\right]\left(Cos\left[\dfrac{x}{2}\right]+Sin\left[\dfrac{x}{2}\right]\right)$

In[4]:= **TrigFactor[Sin[x]+Sin[2x]+Sin[3x]]**

Out[4]= $8\,Cos\left[\dfrac{x}{2}\right](1+2\,Cos[x])\,Sin\left[\dfrac{\pi}{4}-\dfrac{x}{2}\right]Sin\left[\dfrac{\pi}{4}+\dfrac{x}{2}\right]Sin\left[\dfrac{x}{2}\right]$

In[5]:= **TrigFactorList[Sin[x]+Sin[2x]+Sin[3x]]**

Out[5]= $\left\{\{8,1\},\left\{Sin\left[\dfrac{x}{2}\right],1\right\},\left\{Cos\left[\dfrac{x}{2}\right],1\right\}\right.$

$\left.\left\{Sin\left[\dfrac{\pi}{4}+\dfrac{x}{2}\right],1\right\},\left\{Sin\left[\dfrac{\pi}{4}-\dfrac{x}{2}\right],1\right\},\{1+2\,Cos[x],1\}\right\}$

In[6]:= **TrigReduce[Sin[x]Sin[2x]Sin[3x]]**

Out[6]= $\dfrac{1}{4}\,(Sin[2x]+Sin[4x]-Sin[6x])$

In[7]:= **TrigToExp[Sin[x]+Sin[2x]+Sin[3x]]**

Out[7]= $\dfrac{1}{2}\,i\,e^{-ix}-\dfrac{1}{2}\,i\,e^{ix}+\dfrac{1}{2}\,i\,e^{-2ix}-\dfrac{1}{2}\,i\,e^{2ix}+\dfrac{1}{2}\,i\,e^{-3ix}-\dfrac{1}{2}\,i\,e^{3ix}$

In[8]:= **ExpToTrig[(-1)^x]**

Out[8]= $Cos[\pi x]+iSin[\pi x]$

2.3　方 程 运 算

2.3.1　方程表示

含有未知数的等式称为方程。在 Mathematica 中,方程通常表示为形如

"lhs==rhs"的逻辑表达式。需要注意的是,Mathematica 中的等式使用逻辑等号 "==",而等号"="表示赋值。方程组通常表示为形如"{eqn1, eqn2, …}"或 "eqn1 && eqn2 && …"的逻辑表达式,其中"&&"表示逻辑"与"运算。例如,方程 组 $\begin{cases} x^2 + y^2 = 1 \\ x + y = 1 \end{cases}$ 可用语句"{x^2 + y^2, x + y}=={1,1}",或"{x^2 + y^2==1, x + y==1}",或 "x^2 + y^2==1&&x + y==1"表示。

将方程中的等号换成不等号"<"、">"、"<="、">="、"!=",我们就得到了 不等式。与代数表达式类似,方程和不等式也可以被展开、合并或化简。例如:

In[1]:= **eqn=(1-x)(1+y)==(1+x)(1-y); Expand[eqn]**

Out[1]= $1-x+y-x\ y==1+x-y-x\ y$

In[2]:= **Collect[eqn,x]**

Out[2]= $1+y-x(1+y)==1+x(1-y)-y$

In[3]:= **Simplify[eqn]**

Out[3]= $x==y$

对于逻辑结构比较复杂的方程或不等式,语句 LogicalExpand[expr]将逻辑表 达式 expr 展开为"expr1 || expr2 || …"的形式,其中"||"表示逻辑"或"运算。 例如:

In[4]:= **eqn=(x+y>2||x-y<1)&&(x+y<1||x-y>2); LogicalExpand [eqn]**

Out[4]= $(x-y>2\&\&x+y>2)\ ||\ (x-y>2\&\&x-y<1)\ ||$
$(x+y>2\&\&x+y<1)\ ||\ (x-y<1\&\&x+y<1)$

In[5]:= **Simplify[eqn]**

Out[5]= $(x>2+y\&\&x+y>2)\ ||\ (x<1+y\&\&x+y<1)$

语句 Eliminate[eqns, vars]则可以将方程组 eqns 中的部分变元消去,得到一 个不含有变元 vars 的方程或方程组,从而起到化简方程组的作用。例如:

In[6]:= **p1=x^2+y^2+z^2- (a^2+b^2+c^2); p2=x+y+z- (a+b+c); p3=a^2+b^2+c^2-2a+2b+1; p4=a+b-2c; Eliminate[{p1,p2,p3,p4}=={0,0,0,0},{a,b,c}]**

Out[8]= $3\ x^4+x(16\ y+16\ z)+x^2(-10+6\ y^2+6\ z^2)==-3+10\ y^2-3\ y^4-16\ y\ z$
$+10\ z^2-6\ y^2\ z^2-3\ z^4$

2.3.2　一般方程求解

Mathematica 中求解方程的函数主要有 Solve、NSolve、Roots、NRoots、Root、FindRoot、Reduce、FindInstance，它们的用法如表 2.8 所示。

表 2.8

函　　数	说　　明
Solve[eqns,vars]	求多项式方程 eqns 的所有准确解 vars
NSolve[eqns,vars]	求多项式方程 eqns 的所有数值解 vars
Roots[eqn,var]	求一元多项式方程 eqn 的所有准确解 var
NRoots[eqn,var]	求一元多项式方程 eqn 的所有数值解 var
Root[f,k]	求一元多项式 f 的第 k 个根
FindRoot[f,{x,a}]	以 a 为初值，求函数 $f(x)$ 的一个根 x
FindRoot[eqns,{x,a}]	以 a 为初值，求方程 eqns 的一个解 x
Reduce[expr,vars,dom]	化简方程或不等式 expr 并求所有解 vars
FindInstance[expr,vars,dom,n]	求方程或不等式 expr 的 n 个特解 vars

注：eqns 为方程或方程组，expr 为不等式或不等式组。vars 为单个变元或变元列表，缺省为所有变元。dom 为解的范围，缺省为复数域。n 的缺省值为 1。

例如：

In[1]:= **Solve[a*x^2+b*x+c==0,x]**

Out[1]= $\left\{\left\{x\to\dfrac{-b-\sqrt{b^2-4ac}}{2a}\right\},\left\{x\to\dfrac{-b+\sqrt{b^2-4ac}}{2a}\right\}\right\}$

In[2]:= **Solve[x^5==x+1,x]**

Out[2]= {{x→Root[-1-#1+#1^5&,1]}, {x→Root[-1-#1+#1^5&,2]}, {x→Root[-1-#1+#1^5&,3]}, {x→Root[-1-#1+#1^5&,4]}, {x→Root[-1-#1+#1^5&,5]}}

In[3]:= **NSolve[x^5==x+1,x]**

Out[3]= {{x→-0.764884-0.352472i}, {x→-0.764884+0.352472i}, {x→0.181232-1.08395i}, {x→0.181232+1.08395i}, {x→1.1673}}

In[4]:= **Roots[x^5==x+1,x]**　　　　　　　　　　(*Roots 作用于方程*)

Out[4]= x==Root[-1-#1+#1^5&,1] || x==Root[-1-#1+#1^5&,2]}

||x==Root[-1-#1+#1^5&,3] || x==Root[-1-#1+#1^5&,4]}

||x==Root[-1-#1+#1^5&,5]

In[5]:= **Root[x^5- (x+1.0),1]**　　　　　　　　(*Root 作用于多项式*)

Out[5]= 1.1673

Root、Roots 和 Solve 函数主要用于求解多项式方程。对于不超过 4 次的多项式方程,利用求根公式可以解出解的准确表达式,结果可能相当复杂。对于 5 次及大于 5 次的多项式方程,当方程的系数都是整数或符号时,它总是首先试图通过因式分解(Factor)或复合分解(Decompose)找出方程的所有准确解。当无法给出解的明确表达式时,用形如 Root[f,k]的表达式来代替准确解。当找不到方程的解时,返回空集{}。当方程恒成立时,返回{{}}。当方程的系数含有浮点数时,给出方程的近似数值解。

NRoots 和 NSolve 函数分别是 Roots 和 Solve 函数的数值计算版本。

FindRoot 函数则使用数值迭代算法求解连续函数的根或方程的解。例如:

In[6]:= **FindRoot[x-Cos[x],{x,1}]**

　　　　　　　　　　　　　　(*FindRoot 作用于函数或方程*)

Out[6]= {x→0.739085}

In[7]:= **FindRoot[{x^2+y^2==1,y==Cos[x]},{x,1},{y,1}]**

Out[7]= {x→0.739085, y→0.673612}

用 FindRoot 函数求方程的解,只能得到一个近似数值解。如果你无法确定解的范围,不妨先画出方程的草图,从而得到有关方程解的一些信息。例如,求方程 $x \cdot \sin(x) = 1$ 在区间$[-10,10]$上的解。

In[8]:= **Plot[x*Sin[x]-1,{x,-10,10}]**

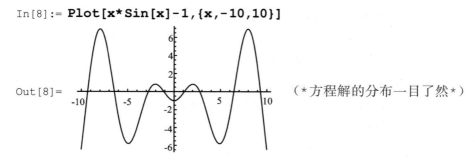

Out[8]=　　　　　　　　　　　　　　　(*方程解的分布一目了然*)

```
In[9]:=  a= {-9,-6,-3,-1,1,3,6,9};
         Table[FindRoot[x*Sin[x]==1,{x,a[[i]]}],{i,8}]
Out[9]= {{x→-9.31724},{x→-6.43912},{x→-2.7726},
         {x→-1.11416},{x→1.11416},{x→2.7726},{x→6.43912},
         {x→9.31724}}
```

对于 Solve、NSolve 和 FindRoot 函数的输出，ReplaceAll 语句(/.)可将其中
方程的解提取出来。对于 Roots 和 NRoots 函数的输出，ToRules 语句配合
ReplaceAll 语句可将其中方程的解提取出来。例如：

```
In[10]:=  x/.Solve[x^3-6x^2+11x-6==0,x]
Out[10]= {1,2,3}
```

```
In[11]:=  x/.{ToRules[Roots[x^3-6x^2+11x-6==0,x]]}
Out[11]= {1,2,3}
```

与 Solve 函数不同，Reduce 函数在给出方程解的同时，也表明有解的条件，尽
量化简方程并保留方程的所有解。在默认情形下，Reduce 函数给出方程的复数
解。Reduce 函数不仅可以求解方程(包括整数方程)，也可以求解不等式，这是
Reduce 函数所独有的功能。例如：

```
In[12]:=  Reduce[a*x^2+b*x+c==0,x]
```
$$Out[12]= \left(a\neq0 \&\& \left(x==\frac{-b-\sqrt{b^2-4ac}}{2a}\right)\right) \;||$$
$$\left(a==0 \&\& b\neq0 \&\& x==-\frac{c}{b}\right) \;||\; (c==0 \;\&\& \;b==0 \;\&\& \;a==0)$$

```
In[13]:=  Reduce[3x-2y>a && x+y<b,{x,y}]
Out[13]= (a|b)∈Reals &&
```
$$\left(\left(x\leqslant\frac{1}{5}(a+2b) \;\&\& \;y<\frac{1}{2}(-a+3x)\right)\right.$$
$$\left.||\left(x>\frac{1}{5}(a+2b) \;\&\& \;y<b-x\right)\right)$$

```
In[14]:=  Reduce[x^2+y^2==z^2,{x,y,z},Integers]
Out[14]= (C[1]|C[2]|C[3]∈Integers && C[3]≥0 &&
```
$$((x==C[1](C[2]^2-C[3]^2)\&\& \;y ==2C[1]C[2]C[3] \;\&\&$$
$$z==C[1](C[2]^2+C[3]^2)) \;||\; (x \;== \;2C[1]C[2]C[3] \;\&\&$$

$$y == C[1](C[2]^2 - C[3]^2) \&\& z == C[1](C[2]^2 + C[3]^2)))$$

若只需要得到方程或不等式的若干特解，我们可使用 FindInstance 函数。例如：

In[15]:= **FindInstance[x^2+y^2==z^2&&0<x<y<z<20,{x,y,z},**
Integers,3]

Out[15]= {{x→8,y→15,z→17},{x→5,y→12,z→13},
{x→9,y→12,z→15}}

2.3.3　特殊方程求解

除了可以求解一般类型的方程，Mathematica 还可以求解微分方程和递归方程。关于求解微分方程的 DSolve 和 NDSolve 函数，我们将在第 3 章中加以介绍，此处不再赘言。与求解递归方程有关的函数及其用法如表 2.9 所示。

表 2.9

函　　　数	说　　　明
RecurrenceTable[eqns,expr,nspec]	由递归关系 eqns 求表达式 expr 生成的数列
RSolve[eqns,a[n],n]	由递归关系 eqns 求数列 a_n 的通项公式

例如，我们所熟悉的 Fibonacci 数列，列出其第 5～10 项。

In[1]:= **RecurrenceTable[**
{a[n+2]==a[n+1]+a[n],a[1]==a[2]==1},a[n],{n,5,10}]

Out[1]= {5,8,13,21,34,55}

又例如，求数列 $a_{n+1} = xa_n + y$ 的通项公式。

In[2]:= **RSolve[a[n+1]==x*a[n]+ y,a,n]**　　　　　　（*求 a*）

Out[2]= $\left\{\left\{a \to \text{Function}\left[\{n\}, -\frac{(1-x^n)y}{-1+x} + x^{-1+n}c[1]\right]\right\}\right\}$

In[3]:= **RSolve[a[n+ 1]==x*a[n]+y,a[n],n]**　　　　　（*求 a_n*）

Out[3]= $\left\{\left\{a[n] \to -\frac{(1-x^n)y}{-1+x} + x^{-1+n}\right\}\right\}$

2.4　求和与乘积运算

在微积分和计算数学中,我们经常会遇到数列的求和,甚至无穷级数求和的问题,同时也会遇到一些数列乘积的问题。例如:Lagrange 插值函数 $f(x) = \sum_{i=1}^{n} \left(y_i \prod_{j \neq i} \dfrac{x - x_j}{x_i - x_j} \right)$ 中既包含了求和运算也包含了乘积运算。在 Mathematica 中,计算和式与乘积的函数分别为 Sum 和 Product。NSum 和 NProduct 函数是它们的数值计算版本,ParallelSum 和 ParallelProduct 函数则是它们的并行计算版本。Sum 和 Product 函数如表 2.10 所示。

表 2.10

函　　数	说　　明
Sum[f,{i,m,n,d}]	求和 $f(i)$,其中 i 在区间 $[m,n]$ 上以步长 d 变化
Sum[f,{i,list}]	求和 $f(i)$,其中 i 为列表 list 中的元素
Sum[f,{i1,m1,n1,d1}, {i2,m2,n2,d2},...]	多指标求和 $f(i1,i2,\cdots)$,其中 $i1$ 为最外层循环指标
Sum[f,i]	形式求和,结果 g 满足 $g(i) - g(i-1) = f(i)$
Product[f,{i,m,n,d}]	乘积 $f(i)$,其中 i 在区间 $[m,n]$ 上以步长 d 变化
Product[f,{i,list}]	乘积 $f(i)$,其中 i 为列表 list 中的元素
Product[f,{i1,m1,n1,d1}, {i2,m2,n2,d2},...]	多指标乘积 $f(i1,i2,\cdots)$,其中 $i1$ 为最外层循环指标
Product[f,i]	形式乘积 g 满足 $g(i)/g(i-1) = f(i)$

注:初值 m 和步长 d 的缺省值都是 1,终值 n 可以是无穷大 ∞。

例如:

In[1]:= **Sum[1/n^3,{n,10}]**　　　　　　$\left(* \text{计算} \sum_{n=1}^{10} \dfrac{1}{n^3} * \right)$

Out[1]= $\dfrac{19164113947}{16003008000}$　　　　　　$(* \text{Sum 给出准确值} *)$

In[2]:= **NSum[1/n^3,{n,10}]**

Out[2]= 1.19753　　　　　　　　　　　　　　　（＊NSum 给出近似值＊）

In[3]:= **Sum[x^n/n!,{n,0,5}]**　　　　　　　（＊计算 $\sum\limits_{n=0}^{5}\dfrac{x^n}{n!}$ ＊）

Out[3]= $1+x+\dfrac{x^2}{2}+\dfrac{x^3}{6}+\dfrac{x^4}{24}+\dfrac{x^5}{120}$

In[4]:= **Sum[x^n/n^2,{n,Infinity}]**　　　（＊Sum 可无穷求和＊）

Out[4]= PolyLog[2,x]

In[5]:= **NSum[1/n^2,{n,Infinity}]**　　　（＊NSum 也可无穷求和＊）

Out[5]= 1.64493

In[6]:= **Sum[i^2,{i,m,n}]**　　　　　　　　（＊求和界限可以是变元＊）

Out[6]= $-\dfrac{1}{6}\,(-1+m+n)\,(-m+2\,m^2+n+2\,m\,n+2\,n^2)$

In[7]:= **Sum[i^2,i]**　　　　　　　　　　　（＊形式求和 $\sum\limits_{k}k^2$ ＊）

Out[7]= $\dfrac{1}{6}\,(-1+i)\,i\,(-1+2\,i)$

在上面实例中,求和式的循环范围都是步长为 1 的单重循环。事实上,循环步长可取任意整数、有理数、实数甚至复数,循环也可为多重循环。例如,矩形区域 $\sum=[a_1,b_1]\times[a_2,b_2]$ 上的二重积分 $\iint\limits_{\Sigma}f(x,y)\mathrm{d}x\mathrm{d}y$ 的梯形公式

$$\frac{(b_1-a_1)(b_2-a_2)}{4mn}\sum_{i=1}^{m}\sum_{j=1}^{n}(f(x_{i-1},y_{j-1})+f(x_{i-1},y_j)+f(x_i,y_{j-1})+f(x_i,y_j))$$

可用以下 Mathematica 语句表示:

h1＝(b1－a1)/m; h2＝(b2－a2)/n;

Sum[f[a＋(i－1)＊h1,b＋(j－1)＊h2]＋f[a＋(i－1)＊h1,b＋j＊h2]
**　　＋f[a＋i＊h1,b＋(j－1)＊h2]＋f[a＋i＊h1,b＋j＊h2],**
**　　{i,m},{j,n}]＊h1＊h2/4**

乘积函数 Product、NProduct 的用法与 Sum、NSum 类似,在此仅举一例。本节开头所提到的 Lagrange 插值函数 $f(x)$ 可用以下 Mathematica 语句表示:

f[t_]:= Sum[y[[i]]＊Product[(t－x[[j]])/(x[[i]]－x[[j]]),{j,i－1}]＊
**　　Product[(t－x[[j]])/(x[[i]]－x[[j]]),{j,i+1,n}],{i,n}]**

习　题　2

1. 展开多项式：

　　(1) $(x+1)(x^2-2x+3)$

　　(2) $(3a-2)(a-1)+(a+1)(a+2)$

　　(3) $x(y-z)+y(z-x)+z(x-y)$

　　(4) $(2x^2-1)(x-4)-(x^2+3)(2x-5)$

2. 先化简，再求值：

　　(1) $(x-2)(x^2+2x+4)+(x+5)(x^2-5x+25)$，其中 $x=-4$。

　　(2) $(y-2)(y^2-6y-9)-y(y^2-2y-15)$，其中 $y=1/2$。

3. 因式分解：

　　(1) x^5-x^3

　　(2) x^4-y^4

　　(3) $16-x^4$

　　(4) $x^3-6x^2+11x-6$

　　(5) $(x+y)^2-10(x+y)+25$

　　(6) $\dfrac{x^2}{4}+xy+y^2$

　　(7) $3ax+4by+4ay+3bx$

　　(8) $x^4+4x^3-19x^2-46x+120$

4. 约分：

　　(1) $\dfrac{x^2+y^2-z^2+2xy}{x^2-y^2+z^2-2xz}$

　　(2) $\dfrac{ax^3-ay^3}{x^2-y^2}$

5. 化简分式：

　　(1) $\dfrac{x^2+2x+4}{x^2+4x+4}\div\dfrac{x^3-8}{3x+6}\div\dfrac{1}{x^2-4}$

　　(2) $\dfrac{1}{x+1}-\dfrac{x+3}{x^2-1}\cdot\dfrac{x^2-2x+1}{x^2+4x+3}$

　　(3) $\dfrac{a}{(a-b)(a-c)}+\dfrac{b}{(b-c)(b-a)}+\dfrac{c}{(c-a)(c-b)}$

　　(4) $\dfrac{2\sqrt{2}+3\sqrt{3}}{3\sqrt{2}-2\sqrt{3}}$

6. 求解方程或方程组：

　　(1) $(y-3)^3-(y+3)^3=9y(1-2y)$

(2) $3x^2 + 5(2x + 1) = 0$

(3) $abx^2 + (a^4 + b^4)x + a^3b^3 = 0$ $(ab\neq0)$

(4) $x^2 - (2m + 1)x + m^2 + m = 0$

(5) $\begin{cases} 4x^2 - 9y^2 = 15 \\ 2x - 3y = 5 \end{cases}$

(6) $\begin{cases} x^2 + 2xy + y^2 = 9 \\ (x - y)^2 - 3(x - y) - 10 = 0 \end{cases}$

(7) $\begin{cases} \sqrt{3}x + \sqrt{3}y = \sqrt{7} \\ \sqrt{6}x - \sqrt{7}y = \sqrt{5} \end{cases}$

7. 用形式求和获取数列求和计算公式：

(1) $\displaystyle\sum_{k=1}^{n} k^3$ (2) $\displaystyle\sum_{k=m}^{n} k^3$ (3) $\displaystyle\sum_{k=1}^{n} k^5$ (4) $\displaystyle\sum_{k=m}^{n} k^5$

8. 求下列数列的通项公式：

(1) $a_{n+1} = x + a_n - y$ (2) $a_{n+1} = \dfrac{a_n}{x} - y$

(3) $a_{n+1} = \dfrac{2a_n + 3}{a_n + 4}$, $a_0 = 0$ (4) $a_{n+1} - a_n = n^2$, $a_0 = 1$

第3章　微　积　分

3.1　求　极　限

计算函数极限 $\lim\limits_{x \to x_0} f(x)$ 的形式：$\mathbf{Limit}\big[f[x]，x \to x_0\big]$

在 Mathematica 中不仅能计算 $x \to x_0$ 时函数 $f(x)$ 的极限，还可以对 x 的变化方向进行选择，用 $x \to x_0^+$（x 从 x_0 的右边趋于 x_0）表示计算 $f(x)$ 在 x_0 处的右极限，同理 $x \to x_0^-$ 计算 $f(x)$ 在 x_0 处的左极限。当极限不存在时，有时会给出函数在 x_0 邻近振荡的范围。下列为计算函数极限的一般形式：

$\mathbf{Limit}\big[\mathrm{expr}，x \to x0\big]$　　　　　　　　计算 $x \to x_0$ 时函数 expr 的极限

$\mathbf{Limit}\big[\mathrm{expr}，x \to x0，\mathrm{Direction} \to 1\big]$　　　计算 $x \to x_0^-$ 时函数 expr 的左极限

$\mathbf{Limit}\big[\mathrm{expr}，x \to x0，\mathrm{Direction} \to -1\big]$　　计算 $x \to x_0^+$ 时函数 expr 的右极限

如果习惯于使用数学形式表示极限，选定 $\mathbf{Limit}\big[f[x]，x \to a\big]$，单击主菜单"单元"（Cell）→转化成（Convert To）→Traditionl Form，或按快捷键 Shift + Ctrl + T，则显示 $\lim\limits_{x \to a} f(x)$。

例：计算 $\lim\limits_{x \to 0} \dfrac{\sin ax}{x}$。

In[1]:= **Limit[Sin[a x]/x,x→0]**

Out[1]= a

例：计算 $\lim\limits_{n \to \infty} \dfrac{n!}{n^n}$，$\lim\limits_{n \to \infty} \big(\sqrt{n + \sqrt{n}} - \sqrt{n}\,\big)$。

In[2]:= **Limit[n! /n^n, n→Infinity]**

Out[2]= 0

In[3]:= **Limit[Sqrt[n+Sqrt[n]]-Sqrt[n], n→Infinity]**

Out[3]= $\dfrac{1}{2}$

例:计算$\lim\limits_{x\to 0}\sin\dfrac{1}{x}$,其值在$(-1,1)$之间振荡。

In[4]:= **Limit[sin[1/x], x→0]**

Out[4]= Interval[{-1,1}]

例:计算$\lim\limits_{x\to 0^+}\dfrac{1}{x}$和$\lim\limits_{x\to 0^-}\dfrac{1}{x}$。

In[5]:= **Limit[1/x, x→0, Direction→1]**

Out[5]= $-\infty$

In[6]:= **Limit[1/x, x→0, Direction→-1]**

Out[6]= ∞

例:计算$\lim\limits_{\substack{x\to\infty \\ y\to\infty}}\left(\dfrac{xy}{x^2+y^2}\right)^{x^2}$,请观察和分析交换极限次序的计算结果。

In[7]:= **Limit[Limit[$\left(\dfrac{xy}{x^2+y^2}\right)^{x^2}$, y→∞], x→∞]**

Out[7]= 0

例:计算特殊函数极限$\lim\limits_{x\to\infty}\dfrac{\Gamma\left(x+\dfrac{1}{2}\right)}{\sqrt{x}\,\Gamma(x)}$。

In[8]:= **Limit[Gamma[x+1/2]/Gamma[x]/Sqrt[x],x→Infinity]**

Out[8]= 1

例:画出函数$f(x)=\dfrac{(x-5)^2}{3(x+1)}$的斜渐近线。

In[9]:= **f[x_]:=(x-5)^2/(3(x+1));**
　　　　a=Limit[f[x]/x,x→Infinity]

Out[10]= $\dfrac{1}{3}$

In[11]:= **b=Limit[f[x]-a x,x→Infinity]**

Out[11]= $-\dfrac{11}{3}$

In[12]:= **Plot[{f[x],a x+b},{x,0,30}]**

Out[12]=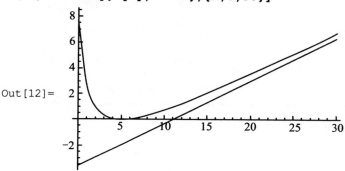

3.2 微商和微分

3.2.1 微商(导数)

在 Mathematica 中能计算任何函数的任意阶微商(导数)。例如在单变量微积分中,D[f,x]和 D[f,{x,n}]分别表示 $f'(x)$ 和 $f^{(n)}(x)$。计算导数和偏导数也是同一命令。如果 f 是一元函数,D[f,x]表示 $\dfrac{\mathrm{d}f(x)}{\mathrm{d}x}$;如果 f 是多元函数,D[f,x]表示 $\dfrac{\partial}{\partial x}f$。

微商函数的常用形式如下表3.1所示。

表 3.1

函　　数	功　　能
D[f,x]	计算 $f'(x)$ 或偏导数 $\dfrac{\partial}{\partial x}f$
D[f,x1,x2,...]	计算多重导数 $\dfrac{\partial}{\partial x1}\dfrac{\partial}{\partial x2}\cdots f$

函　数	功　能
D[f,{x,n}]	计算 $f^{(n)}(x)$ 或 n 阶偏导数 $\dfrac{\partial^n}{\partial x^n}f$
D[f,x,NonConstants→{v1,v2,...}]	计算 $\dfrac{\partial}{\partial x}f$ 其中 $v1,v2,\cdots$ 依赖于 x
D[f,{{x₁,x₂,...}}]	计算偏导数 $(\partial f/\partial x_1, \partial f/\partial x_2, \cdots)$
D[f,{array}]	计算向量、张量的导数

例:计算 x^{x^x} 的一阶导数。

In[1]:= **D[x^x^x,x]**
Out[1]= x^{x^x} (x^{-1+x}+x^x Log[x] (1+Log[x]))

例:计算 cx^n 的二阶导数。

In[2]:= **D[c x^n,{x,2}]**
Out[2]= c(-1+n)n x^{-2+n}

例:对变量 $z[1]$ 求导。

In[3]:= **D[z[1]^2+Sin[z[1]+z[2]],z[1]]**
Out[3]= Cos[z[1]+z[2]]+2z[1]

例:计算 $\dfrac{\partial^2((z\sin(x^2y^2)))}{\partial x\partial y}$。

In[4]:= **D[z Sin[x² y²],x,y]**
Out[4]= 4 x y z Cos[x² y²]-4 x³ y³ z Sin[x² y²]

例:y 是 x 的函数。

In[5]:= **D[x^2+y^2,x,Nonconstants →{y}]**
Out[5]= 2 x+2 y D[y,x,Nonconstants →{y}]

例:计算 $\dfrac{\partial f((x+y^2)^3,\sin x,\cos y)}{\partial x}$。

In[6]:= **D[f[(x+y^2)^3,Sin[x],Cos[y]],x]**
Out[6]= Cos[x] f$^{(0,1,0)}$ [(x+y²)³,Sin[x],Cos[y]]
　　　　 +3 (x+y²)² f$^{(1,0,0)}$ [(x+y²)³,Sin[x],Cos[y]]

例：计算 $\dfrac{\partial^2 f((x+y^2)^3, \sin x, \cos y)}{\partial x \partial y}$。

```
In[7]:= D[f[(x+y^2)^3,Sin[x],Cos[y]],{x},{y}]

Out[7]= 12 y(x+y²)f⁽¹'⁰'⁰⁾[(x+y²)³,Sin[x],Cos[y]]
        +Cos[x](-Sin[y]f⁽⁰'¹'¹⁾[(x+y²)³,Sin[x],Cos[y]]
        +6 y(x+y²)²f⁽¹'¹'⁰⁾[(x+y²)³,Sin[x],Cos[y]])
        +3(x+y²)²(-Sin[y]f⁽¹'⁰'¹⁾[(x+y²)³,Sin[x],
        Cos[y]]+6 y(x+y²)²f⁽²'⁰'⁰⁾[(x+y²)³,Sin[x],Cos[y]])
```

例：计算梯度 $\left(\dfrac{\partial f}{\partial x}, \dfrac{\partial f}{\partial y}, \dfrac{\partial f}{\partial z} \right)$。

```
In[8]:= D[x Cos[y]Sin[z],{{x,y,z}}]

Out[8]= {Cos[y] Sin[z],-x Sin[y] Sin[z],x Cos[y] Cos[z]}
```

3.2.2　全导数

◇　**全微分函数 Dt**

在 Mathematica 中，D[f, x] 计算变量为 x 的 f 的偏导数，系统默认 f 中的其他变量与 x 无关，Dt[f, x] 给出 f 的全微分形式，系统默认 f 中所有变量依赖于 x，对于 f 中不依赖于 x 的常量，要用选项 Constants→{常量1，常量2，⋯} 作出说明。

下面列出全微分函数 Dt 的常用形式及其意义（表 3.2）：

表 3.2

全微分函数 Dt	计　算
Dt[f]	全微分 $\mathrm{d}f$
Dt[f, x]	全导数 $\dfrac{\mathrm{d}f}{\mathrm{d}x}$
Dt[f, {x, n}]	给出高阶导数 $\dfrac{\mathrm{d}^n f}{\mathrm{d}x^n}$
Dt[f, x1, x2, ...]	多重全导数 $\dfrac{\mathrm{d}}{\mathrm{d}x1}\dfrac{\mathrm{d}}{\mathrm{d}x2}\cdots f$
Dt[f, x, Constants→{c1, c2, ...}]	全导数，说明 ci 为常数（即 $\dfrac{\mathrm{d}(ci)}{\mathrm{d}x}=0$）

例：计算 $\dfrac{\partial(x^2+y^2)}{\partial x}$。

In[1]:= **D[x^2+y^2,x]**　　　　　（*没有说明的符号 y 作为常数处理*）

Out[1]= 2 x

例：计算 $d(x^2+y^2)$。

In[2]:= **Dt[x^2+y^2]**

Out[2]= 2 x Dt[x]+2 y Dt[y]

例：计算全导数 $\dfrac{d}{dx}(x^2+y^2)$。

In[3]:= **Dt[x^2+y^2,x]**

Out[3]= 2 x+2 y Dt[y,x]

例：计算 $\dfrac{d}{dx}(x^2+y^2+z^2)$，$\dfrac{d^2}{dx^2}(x^2+y^2+z^2)$。

In[4]:= **Dt[x^2+y^2+z^2, x]**　　　　（*y 和 z 都作为 x 的函数*）

Out[4]= 2 x+2 y Dt[y,x]+2 z Dt[z,x]

In[5]:= **Dt[x^2+y^2+z^2,{x,2}]**

Out[5]= 2+2 Dt[y,x]^2+ 2 y Dt[y,{x,2}]+ 2 Dt[z,x]^2
　　　+2 z Dt[z,{x,2}]

例：说明 z 为常数，即 $Dt[z,x]=0$。

In[6]:= **Dt[x^2+y^2+z^2, x,Constants →{z}]**

Out[6]= 2 x+2 y Dt[y,x,Constants → {z}]

例：设 $u=e^{a\theta}\cos(a\ln r)$，证明：$\dfrac{\partial^2 u}{\partial r^2}+\dfrac{1}{r^2}\dfrac{\partial^2 u}{\partial \theta^2}+\dfrac{1}{r}\dfrac{\partial u}{\partial r}=0$。

In[7]:= **u=Exp[a s]Cos[a Log[r]];**
　　　　D[u,{r, 2}] +1/r^2 D[u,{s,2}]+1/r D[u,r]

Out[8]= $\dfrac{a^2 e^{as}\text{Cos}[a\,\text{Log}[r]]}{r^2}-\dfrac{ae^{as}\text{Sin}[a\,\text{Log}[r]]}{r^2}$

　　　　$+e^{as}\left(-\dfrac{a^2\text{Cos}[a\,\text{Log}[r]]}{r^2}+\dfrac{a\text{Sin}[a\,\text{Log}[r]]}{r^2}\right)$

In[9]:= **Simplify[%]**

Out[9]= 0

◇　抽象函数的导数表示

在表达式中也能使用微积分中计算导数的单引号标记。请注意表示求导符号的单引号要求在英文输入状态下。

f′[x]　　　　　　　　　　　　　　　　　　　　单变量函数的一阶导数

f‴[x]　　　　　　　　　　　　　　　　　　　　单变量函数的三阶导数

例：使用数学求导符号。

In[1]:= **f[x_]:=Sin[x^2]**　　　　　　　(*定义函数 $f(x)=\sin(x^2)$*)

In[2]:= **f[x]+f′[x]+f″[x]**

Out[2]= $2\,\mathrm{Cos}[x^2]+2\,x\,\mathrm{Cos}[x^2]+\mathrm{Sin}[x^2]-4\,x^2\,\mathrm{Sin}[x^2]$

例：计算 $\dfrac{\partial^5 h(x,y)}{\partial x^3 \partial y^2}$ 。

In[3]:= **D[h[x,y],{x,3},{y,2}]**

Out[3]= $h^{(3,2)}[x,y]$

3.2.3　定义导数

在 Mathematica 中定义函数的一阶导数的方式就像定义函数一样，例如：f′[x_]:= h f[x]，其中 x_表示 x 是函数自变量，相当于高级语言中函数定义的形式参量，有关定义函数的详细描述请看第 7 章。定义函数的高阶导数或多个参量的导数要用函数 Derivative。

下列为定义导数的一般形式：

f′[x]:= rhs　　　　　　　　　　　　　　　　定义 f 的一阶导数

Derivative[n][f][x]:= rhs　　　　　　　　　　定义 f 的 n 阶导数

Derivative[n1,n2,...][g][x1,x2,...]:= rhs

　　　　　　　　　　　　　　定义相对于 g 的多个参量的各阶导数

例：定义函数的一阶导数。

In[1]:= **f′[x_]:=h f[x]+g f[x]**

In[2]:= **D[f[x^2],x]**

Out[2]= $2\,x\,(g\,f[x^2]+h\,f[x^2])$

例：定义函数 $g[x,y]$ 第二个参变量的二阶导数。

In[3]:= **Derivative[0,2][g][x_,y_]:=gy2[x,y]**

```
In[4]:= D[g[x,y],{y,3}]
Out[4]= g y 2^(0,1) [x,y]
```

3.3 不定积分和定积分

3.3.1 不定积分计算

函数 Integrate[f, x]计算不定积分 $\int f(x)\mathrm{d}x$，输出结果中省略积分常数。Integrate 假定 $f(x)$ 中任何不显含积分变量的对象与积分变量无关，都当常数处理，因而 Integrate 很像微分 D 的逆运算。Integrate[f, x, y]计算二重积分 $\int \mathrm{d}x \int f(x,y)\mathrm{d}y$，积分的顺序是从右自左，先对变量 y 做积分计算，再对变量 x 做积分计算。Integreate 主要计算只含有"初等函数"的被积函数。"初等函数"包括有理函数、指数函数、对数函数、三角函数和反三角函数。

我们知道，有时积分的结果表示形式并不唯一，Mathematica 内部有一系列的处理法则来决定使用哪一种表达形式。其中一条法则是：如果输入中不含复数，那么输出也不含复数。对于输出中的复数，系统常用对数函数和反正切函数表示。

不定积分一般形式：

Integrate[f, x]   计算不定积分 $\int f(x)\mathrm{d}x$

Integrate[f, x, y]   计算不定积分 $\int \mathrm{d}x \int f(x,y)\mathrm{d}y$

Integrate[f, x, y, z]   计算不定积分 $\int \mathrm{d}x \int \mathrm{d}y \int f(x,y,z)\mathrm{d}z$

例：计算积分 $\int 3ax^2\mathrm{d}x$ 。

```
In[1]:= Integrate[3a x^2,x]
Out[1]= a x^3
```

例：计算积分 $\int 3f'(x)f^2(x)\mathrm{d}x$ 。

In[2]:= **Integrate[3f'[x]f[x]^2,x]**

Out[2]= f [x]^3

例:计算二重积分 $\iint (3x^2 + 2y)\mathrm{d}x\mathrm{d}y$ 。

In[3]:= **Integrate[3x^2+2y,x,y]**

Out[3]= x y (x^2+y)

例:积分 $\int \sqrt{\tan x}\,\mathrm{d}x$ 的结果比较复杂。

In[4]:= **Integrate[Sqrt[Tan[x]],x]**

Out[4]= $\dfrac{1}{2\sqrt{2}}$ (-2 ArcTan[1-$\sqrt{2}\sqrt{\text{Tan}[x]}$]+2 ArcTan[1+$\sqrt{2}\sqrt{\text{Tan}[x]}$]

　　　　+Log[1-$\sqrt{2}\sqrt{\text{Tan}[x]}$+Tan[x]]-Log[1+$\sqrt{2}\sqrt{\text{Tan}[x]}$+Tan[x]])

例:积分 $\int \sqrt{\cos x}\,\mathrm{d}x$ 的结果是椭圆函数。

In[5]:= **Integrate[Sqrt[Cos[x]],x]**

Out[5]= 2 EllipticE$\left[\dfrac{x}{2},2\right]$

例:请观察输出结果。

In[6]:= **Integrate[Sin[a x]/x,{x,0,Infinity}]**

Out[6]= If[a∈Reals,$\dfrac{1}{2}$πSign[a],Integrate[Sin[a x]/x,{x,0,∞},

　　　　Assumptions→a∉Reals]]

例:明确给出附加条件 a 为实数,积分值也随之确定。

In[7]:= **Integrate[Sin[a x]/x,{x,0,Infinity},**
Assumptions → Im[a] == 0]

Out[7]= $\dfrac{1}{2}$π Sign[a]

3.3.2　不定积分的计算范围

Mathematica 计算积分的能力与计算对象、计算命令和版本都有关系。微分的理论基础是复合函数和链式法则,这两个性质的逻辑清晰,在计算机上易于实现,因此,在 Mathematica 中进行微分运算几乎畅通无阻。计算积分比计算导数困难得多,计算被积函数的原函数无一定的法则和步骤可循。要根据具体函数进行特殊处理,对系统而言,体现的是人工智能水平。

有理函数的积分较容易计算,其结果由有理函数、指数函数、对数函数和三角函数构成。能不能计算积分的关键在于能否算出分母多项式的实根。当它在实数域无法处理时,即 Mathematica 算不出结果的积分,对被积函数做些化简后仍按 Integrate 形式输出。

```
In[1]:= Integrate[Sin[Sin[x]],x]        (*原函数不是初等函数*)
Out[1]= Integrate[Sin[Sin[x]],x]
```
(*算不出结果按原输入命令输出*)

有时 Mathematica 积出被积函数的一部分,将剩余部分用 Integrate[g, x] 表示。

Mathematica 能算出积分手册上的大多数积分、简单函数的积分和一些特殊函数的积分。但是 Mathematica 可能算不出一道在你看来比较简单的不定积分题。

为此,系统提供如贝塞尔 BesselJ、Gamma 和 Beta 等二三十个数学物理特殊函数。这些特殊函数极大地扩充了 Mathematica 的积分范围,满足了工程计算中的需求。

例如:Gamma[z]函数定义的积分

$$\Gamma(z) = \int_0^\infty t^{z-1} e^{-t} dt$$

Beta[a, b]函数定义的积分

$$B(a, b) = \frac{\Gamma(a)\Gamma(b)}{\Gamma(a+b)} = \int_0^1 t^{a+1}(1-t)^{b-1} dt$$

用户还可以自定义函数或程序包来增强系统积分的功能。

3.3.3 定积分计算

计算定积分和计算不定积分是同一个 Integrate 函数,在计算定积分时,除了要给出变量外,还要给出积分的上下限。NIntegrate 也是计算定积分的函数,其使用方法和 Integrate 函数相同(表 3.3)。Integrate 按牛顿-莱布尼兹公式 $\int_a^b f(x) dx = F(b) - F(a)$ 计算定积分得到的是准确解,NIntegrate 用数值积分公式计算定积分得到的是近似数值解。计算多重定积分时,按照从右至左的次序计算积分。

表 3.3

积分函数	说　明
Integrate $[f,\{x,a,b\}]$	计算定积分 $\int_a^b f(x)\mathrm{d}x$ 的准确解
NIntegrate $[f,\{x,a,b\}]$	计算定积分 $\int_a^b f(x)\mathrm{d}x$ 的数值解
Integrate $[f,\{x,a,b\},\{y,c,d\}]$	计算定积分 $\int_a^b \mathrm{d}x\int_c^d f(x,y)\mathrm{d}y$ 的准确解
NIntegrate $[f,\{x,a,b\},\{y,c,d\}]$	计算定积分 $\int_a^b \mathrm{d}x\int_c^d f(x,y)\mathrm{d}y$ 的数值解

例：计算定积分 $\int_0^1 (\cos^2 x + \sin^3 x)\mathrm{d}x$ 。

In[1]:= **Integrate[Cos[x]^2+Sin[x]^3,{x,0,1}]**

Out[1]= $\dfrac{1}{12}$ (14-9 Cos[1]+Cos[3]+3 Sin[2])

In[2]:= **N[%]**

Out[2]= 0.906265

In[3]:= **NIntegrate[Cos[x]^2+Sin[x]^3,{x,0,1}]**

（＊用 NIntegrate 一步得到定积分的数值解＊）

Out[3]= 0.906265

例：计算定积分 $\int_0^a \mathrm{d}x\int_0^b (x + y)\mathrm{d}y$ 。

In[4]:= **Integrate[2x+2y,{x,0,a},{y,0,b}]**

Out[4]= a b(a+b)

In[5]:= **{Integrate[Sqrt[x],{x,3,9}],NIntegrate[Sqrt[x],
        {x,3,9}]}**

Out[5]= {-2(-9+$\sqrt{3}$), 14.5359}

例：请观察积分区间。

In[6]:= **Integrate[1/Sqrt[Abs[x]],{x,-1,0,1}]**

Out[6]= 4

例：给积分附加条件。

In[7]:= **Integrate[x^a,{x,0,b},Assumptions → a>0]**

Out[7]= $\dfrac{b^{1+a}}{1+a}$

In[8]:= **Integrate[x^a,{x,0,b},Assumptions → a<0]**

Out[8]= If[a>-1, $\dfrac{b^{1+a}}{1+a}$, Integrate[x^a,{x,0,b},

Assumptions→a≤-1]]

例:求曲线段 $y(x)=x^{\frac{3}{2}}-1(0\leqslant x\leqslant 1)$ 的弧长。

In[9]:= **y[x_]:=Sqrt[x^3]-1; Integrate[Sqrt[1+D[y[x],x]^2],
      {x,0,1}]**

Out[9]= $\dfrac{1}{27}(-8+13\sqrt{13})$

当积分区域由不等式给出时,有时直接调用 Boole 写入不等式区域,积分变量的范围也不难设定。计算积分是否成功取决于系统处理不等式的能力。

例:计算 $\displaystyle\iint\limits_{x^2+y^2\leqslant 1} x^2\mathrm{d}x\mathrm{d}y$ 。

In[10]:= **Integrate[x^2 Boole[x^2+y^2 1],{x,-1,1},{y,-1,1}]**

Out[10]= $\dfrac{\pi}{4}$

例:计算 $\displaystyle\iint\limits_{x^2+y^2\leqslant 1} (x^2+5xy+7y^4)\mathrm{d}y\mathrm{d}x$ 。

In[11]:= **Integrate[(x^2+5x y+7y^4)Boole[x^2+y^2<1],
      {x,-Infinity,Infinity},{y,-Infinity,Infinity}]**

Out[11]= $\dfrac{9\pi}{8}$

例:计算 $\displaystyle\iiint\limits_{x^4-x^2+y^2\leqslant -z^2} \mathrm{d}x\mathrm{d}y\mathrm{d}z$ 。

In[12]:= **ineqa= y^2-x^2+x^4 -z^2;**

In[13]:= **Integrate[Boole[ineqa],{x,-Infinity,Infinity},
      {y,-Infinity,Infinity},{z,-Infinity,Infinity}]**

Out[13]= $\dfrac{4\pi}{15}$

例：计算 $x^2 + y^2 + z^2 \geqslant 1$ 和 $x^2 + y^2 + z^2 \leqslant 2$ 所围体积。

In[14]:= **ineqb= y^2+x^2+z^2 ≥1 && y^2+x^2+z^2 ≤2;**

In[15]:= **Integrate[Boole[ineqb],{x,-Infinity,Infinity},**
      {y,-Infinity,Infinity},{z,-Infinity,Infinity}]

Out[15]= $\dfrac{4}{3}(-\pi + 2\sqrt{2}\pi)$

例：计算牟盒方盖的体积：$x^2 + y^2 \leqslant 1$ 和 $x^2 + z^2 \leqslant 1$ 所围体积（图 3.1）。

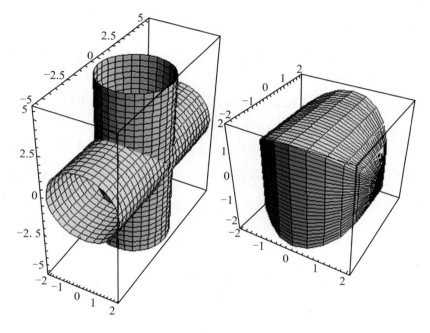

图 3.1

In[16]:= **ineqc= x^2+y^2<=1&& x^2+z^2<=1;**

In[17]:= **Integrate[Boole[ineqc],{x,-Infinity,Infinity},**
      {y,-Infinity,Infinity},{z,-Infinity,Infinity}]

Out[17]= $\dfrac{16}{3}$

3.3.4 定义积分

通过定义函数可以扩充 Mathematica 积分功能。在定义积分函数前，先去掉函数 Integrate 的保护属性。有关定义转换规则和函数属性的使用，请看第 7 章。

例如：将积分规则 $\int \sin[\sin(a+bx)]\mathrm{d}x = F[a,b]$ 扩充到函数 Integrate 中。

In[1]:= **Integrate[Sin[Sin[x]],x]**

Out[1]= $\int \mathrm{Sin}[\mathrm{Sin}[x]]\mathrm{d}x$

扩充前的 Integrate 算不出积分 $\int \sin(\sin x)\mathrm{d}x$ 。

In[2]:= **Unprotect[Integrate]**　　（＊去掉 Integrate 的保护属性＊）
Out[2]= {Integrate}

In[3]:= **Integrate[Sin[Sin[a_.+b_.x]],x]:=F[a,b];**

In[4]:= **Integrate[Sin[Sin[3+7x]],x]**
Out[4]= F[3,7]　　（＊扩充后的 Integrate 按自定义函数算出积分值＊）

In[5]:= **Protect[Integrate]**　　（＊恢复 Integrate 的保护属性＊）
Out[5]= {Integrate}

3.4　幂　级　数

3.4.1 幂级数展开

幂级数展开函数 Series 的一般形式：
Series $[\text{expr},\{x,x0,n\}]$　　　　将 expr 在 $x=x0$ 点展开到 n 阶的幂级数
Series $[\text{expr},\{x,x0,n\},\{y,y0,m\}]$

　　　　　　　　　　先对 y 展开到 m 阶，再对 x 展开 n 阶幂级数
在 Mathematica 中用 Series 在 $x=0$ 处展开，构造函数的 Taylor 级数。对于那些不存在标准幂级数的数学函数，即包括分数指数和负指数的级数，Mathematica 也能识别和生成相应的幂级数。Series 利用函数 D 来建立级数。当

对变量 x 作幂级数展开时，Mathematica 假定其他不显含 x 的变量与 x 无关。用 Series 展开后，展开项中含有截断误差项 $O[x]^n$。例如：

In[1]:= **Series[Sin[2x],{x,0,6}]**

Out[1]= $2\,x-\dfrac{4\,x^3}{3}+\dfrac{4\,x^5}{15}+O[x]^7$

In[2]:= **Series[f[x],{x,0,3}]**

Out[2]= $f[0]+f'[0]x+\dfrac{1}{2}f''[0]x^2+\dfrac{1}{6}f^{(3)}[0]x^3+O[x]^4$

In[3]:= **Series[Exp[Sqrt[x]],{x,Infinity,3}]** （* 在 $x=\infty$ 处展开 *）

Out[3]= $1+\dfrac{1}{x}+\dfrac{1}{2\,x^2}+\dfrac{1}{6\,x^3}+O\!\left[\dfrac{1}{x}\right]^4$

In[4]:= **Series[Exp[Sqrt[x]],{x,0,3}]** （* 对分数指数的函数展开 *）

Out[4]= $1+\sqrt{x}+\dfrac{x}{2}+\dfrac{x^{3/2}}{6}+\dfrac{x^2}{24}+\dfrac{x^{5/2}}{120}+\dfrac{x^3}{720}+O[x]^{7/2}$

In[5]:= **Series[(1+1/n)^n,{n,Infinity,5}]**

Out[5]= $e-\dfrac{e}{2\,n}+\dfrac{11\,e}{24\,n^2}-\dfrac{7\,e}{16\,n^3}+\dfrac{2447\,e}{5760\,n^4}-\dfrac{959\,e}{2304\,n^5}+O\!\left[\dfrac{1}{n}\right]^6$

例：图 3.2 所示 e^x 和它的 1 至 4 阶幂级数展开。

In[6]:= **TT=Table[Normal[Series[Exp[x],{x,0,n}]],{n,1,4}];**
t1=Plot[TT,{x,-3,3}];t2=Plot[Exp[x],{x,-3,3},
PlotStyle→{Dashing[{0.01,0.02}],Black}];Show[t1,t2]

Out[7]=

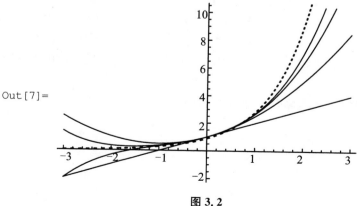

图 3. 2

Series 在处理多元函数幂级数时，同 Integrate 和 Sum 等类似，从最后一个变量到第一个变量逐个展开。

In[8]:= **Series[Cos[x]Cos[y],{x,0,3},{y,0,3}]**

Out[8]= $1-\dfrac{y^2}{2}+O[y]^4+(-\dfrac{1}{2}+\dfrac{y^2}{4}+O[y]^4)x^2+O[x]^4$

用求和函数 Sum 也能算出一些幂级数，例如：

In[9]:= **Sum[x^n/n!,{n,0,Infinity}]**

Out[9]= e^x

有些幂级数只能用特殊函数表示，例如：

In[10]:= **Sum[x^n/(n!^2),{n,0,Infinity}]**

Out[10]= BesselI$[0,2\sqrt{x}]$

In[11]:= **Sum[x^k/k!,{k,0,n}]**

Out[11]= $\dfrac{e^x\,\text{Gamma}(1+n,x)}{n!}$

In[12]:= **Sum[x^k/k!,{k}]**

Out[12]= $-1+\dfrac{e^x\,k\,\text{Gamma}[k,x]}{\text{Gamma}[1+k]}$

3.4.2 幂级数运算

◇ **幂级数的简单运算**

Mathematica 能对幂级数进行多种运算，当一个普通表达式和一个幂级数进行运算时，Mathematica 尽可能将表达式的各项并入幂级数中。Mathematica 保留幂级数的次数与初始幂级数的次数基本一致，正如数学运算中保留实数精度的方式。函数 Normal[幂级数]，去掉截断误差项 $O[x]^n$，将幂级数转化为一般表达式。例如：

In[1]:= **t=Series[Log[x+1],{x,0,4}]**

Out[1]= $x-\dfrac{x^2}{2}+\dfrac{x^3}{3}-\dfrac{x^4}{4}+O[x]^5$

In[2]:= **%^2**

Out[2]= $x^2-x^3+\dfrac{11\,x^4}{12}-\dfrac{5\,x^5}{6}+O[x]^6$

In[3]:= **D[%,x]**

Out[3]= $2\,x - 3\,x^2 + \dfrac{11\,x^3}{3} - \dfrac{25\,x^4}{6} + O[x]^5$

In[4]:= **Normal[%]**

Out[4]= $2\,x - 3\,x^2 + \dfrac{11\,x^3}{3} - \dfrac{25\,x^4}{6}$

In[5]:= **SeriesCoefficient[%%,2]** 　　　　　(＊给出 2 次项系数＊)

Out[5]= -3

◇　**幂级数的复合和反演**

对于已经展开的幂级数,如果要继续对它的每一项再做幂级数展开,称为幂级数复合。用"幂级数 1/. x→幂级数 2"完成幂级数复合运算。也可以直接对复合函数做幂级数展开。下面 In[3] 的工作与 In[1] 和 In[2] 的工作等价。

设 $y(x) = 1 + x + \dfrac{x^2}{2} + \dfrac{x^3}{6} + \dfrac{x^4}{24} + O[x]^5$,这时 y 是 x 的函数。如何计算反函数 $x(y)$ 的表达式? 请用函数 InverseSeries[幂级数,y]。

下列幂级数的复合和反演函数的一般形式和实例:

幂级数 1/. x → 幂级数 2　　　　　　　　　　　　　　幂级数复合

InverseSeries[幂级数,y]　　　　　　　　以变量 y 表示反演的幂级数

InverseSeries[幂级数]　　　　　　　　用原变量表示反演的幂级数

In[1]:= **t=Series[Sin[x],{x,0,5}]**

Out[1]= $x - \dfrac{x^3}{6} + \dfrac{x^5}{120} + O[x]^6$

In[2]:= **% /. x → Series[Sin[x],{x,0,5}]**

Out[2]= $x - \dfrac{x^3}{3} + \dfrac{x^5}{10} + O[x]^6$

In[3]:= **Series[Sin[Sin[x]],{x,0,5}]**

Out[3]= $x - \dfrac{x^3}{3} + \dfrac{x^5}{10} + O[x]^6$

In[4]:= **InverseSeries[t]**

Out[4]= $x + \dfrac{x^3}{6} + \dfrac{3\,x^5}{40} + O[x]^6$

In[5]:= **%/. x → t**

Out[5]= x+O[x]^6

In[6]:= **InverseSeries[t,y]**

Out[6]= y+$\dfrac{y^3}{6}$+$\dfrac{3\,y^5}{40}$+O[y]^6

3.4.3 留数计算

留数(或称残数)计算属于复变函数的内容。Limit $\left[\text{expr}, x \to x_0\right]$ 计算当 x 趋于 x_0 表达式 expr 的极限值。当极限值为无穷大时,则计算 expr 在 x_0 处的留数。留数(residue)是表达式 expr 在 x_0 处幂级数展开中 $(x-x_0)^{-1}$ 的系数。

Residue 的一般形式:

Residue$\left[\text{expr}, \left\{x, x_0\right\}\right]$ 计算表达式 expr 在 x_0 处的留数

例:分别计算 $\dfrac{\cos x}{x^3}$ 在 $x=0$ 的留数和 x 趋于 0 的极限。

In[1]:= **{Residue[Cos[x]/x^3,{x,0}],Limit[Cos[x]/x^3,x → 0]}**

Out[1]= $\{-\dfrac{1}{2}$, ∞ $\}$

也可用幂级数展开 x^{-1} 的系数得到留数值。

In[2]:= **Series[Cos[x]/x^3,{x,0,3}]**

Out[2]= $\dfrac{1}{x^3}$-$\dfrac{1}{2\,x}$+$\dfrac{x}{24}$-$\dfrac{x^3}{720}$+O[x]^4

函数在解析点处留数为 0。

In[3]:= **{Residue[Sin[x]/x,{x,0}], Limit[Sin[x]/x, x→0]}**

Out[3]= $\{0,1\}$

3.5 微 分 方 程

3.5.1 常微分方程

在 Mathematica 中,函数 DSolve 解常微分方程以及联立常微分方程组。在没

有给定方程的初值条件情况下,所得的解包括了自由的参数 $C[1]$,$C[2]$等。

　　与 Integrate 和 NIntegrate 的区别类似;用 DSolve 求解常微分方程的准确解,用 NDSolve 求解常微分方程的数值解,求解数值解时要给出求解区间$\{x,$ $xmin,xmax\}$。

　　在程序包 VariationalMethods 中还有分离变量法等求解微分方程的方法。

　　求解常微分方程和常微分方程组的一般形式:

DSolve $[eqns,y[x],x]$　　　　解 $y(x)$ 的微分方程或方程组 eqns,x 为变量

DSolve $[eqns,y,x]$　　　　　在纯函数的形式下求解,纯函数部分请看第 7 章

NDSolve $[eqns,y[x],\{x,xmin,xmax\}]$

在区间$\{xmin,xmax\}$上求解变量是 x 的常微分方程或联立常微分方程组 eqns

例:解微分方程 $y'(x)=ay(x)$。

In[1]:= **DSolve[y$'$[x]==a y[x],y[x],x]**

Out[1]= $\{\{y[x]\rightarrow e^{ax}C[1]\}\}$

例:解微分方程 $y'(x)=ay(x)$,边界条件: $y(0)=1$。

In[2]:= **DSolve[{y$'$[x]==a y[x],y[0]==1},y[x],x]**

Out[2]= $\{\{y[x]\rightarrow e^{ax}\}\}$

例:解联立常微分方程组: $\begin{cases} x(t)=-y'(t) \\ y(t)=-x'(t) \end{cases}$。

In[3]:= **DSolve[{x[t]==y$'$[t],y[t]==- x$'$[t]},{x[t],y[t]},t]**

Out[3]= $\{\{y[t]\rightarrow\dfrac{1}{2}e^{-t}(1+e^{2t})C[1]-\dfrac{1}{2}e^{-t}(-1+e^{2t})C[2],$

$\qquad x[t]\rightarrow-\dfrac{1}{2}e^{-t}(-1+e^{2t})C[1]+\dfrac{1}{2}e^{-t}(1+e^{2t})C[2]\}\}$

当用 DSolve 求 $y[x]$时,$y[x]$以替换规则形式: $y[x]\rightarrow$expr,在含有微分的表达式中不能替换 $y'[x]$;如果用 DSolve 求 y,直接可替换 $y'[x]$等项。

In[4]:= **DSolve[y$'$[x]==x+y[x],y,x]**

Out[4]= $\{\{y\rightarrow Function[\{x\},-1-x+e^{x}C[1]]\}\}$

In[5]:= **y$''$[x] +y[x] /.%**

Out[5]= $\{-1-x+2e^{x}C[1]]\}\}$

In[6]:= **DSolve[y$''''$[x]==y[x],y[x],x]**

```
Out[6]=  {{y(x)→eˣC[1]+e⁻ˣC[3]+C[2]Cos[x]+C[4]Sin[x]}}
```

In[7]:= **DSolve[y'[x]-x y[x]^2-y[x]=0,y[x],x]**

（＊解 Bernoulli 方程＊）

```
Out[7]=  {{y[x]→- ───────────── }}
                  eˣ
               -eˣ+eˣ x-C[1]
```

3.5.2 偏微分方程

DSolve 不仅能解单变量的常微分方程,也能解含多个变量的偏微分方程。
求解偏微分方程和偏微分方程组的一般形式:

DSolve$[\{eqn1,eqn2,\dots\},y[x1,x2,\dots],\{x1,x2,\dots\}]$

计算偏微分方程组的准确解

DSolve$[eqn,y[x1,x2,\dots],\{x1,x2,\dots\}]$　　解偏微分方程 $y(x1,x2,\cdots)$

DSolve$[eqn,y,\{x1,x2,\dots\}]$　　解偏微分方程的纯函数 y

NDSolve$[\{eqn1,eqn2,\dots\},y[x1,x2,\dots],\{x1,x2,\dots\}]$

计算偏微分方程组的数值解

例:求解偏微分方程 $\dfrac{\partial y(x_1,x_2)}{\partial x_1}+\dfrac{\partial y(x_1,x_2)}{\partial x_2}=\dfrac{1}{x_1 x_2}$。

In[1]:= **DSolve[D[y[x1,x2],x1]+D[y[x1,x2],x2]=1/(x1 x2),**
         y[x1,x2],{x1,x2}]

```
Out[1]=  {{y[x1,x2]→ ──────── (-Log[x1]+Log[x2]
                      x1-x2
                                  1

          +x1 c[1][-x1+x2]-x2 c[1][-x1+x2])}}
```

例:计算 $x_1\dfrac{\partial y(x_1,x_2)}{\partial x_1}+x_2\dfrac{\partial y(x_1,x_2)}{\partial x_2}=e^{x_1 x_2}$。

由于 y 和它的微分满足一个线性方程,所以它的通解是存在的,通解中含有特殊函数。

In[2]:= **DSolve[x1 D[y[x1,x2],x1]+x2 D[y[x1,X1],x2]**
         =Exp[x1 x2],y[x1,x2],{x1,x2}]

```
Out[2]=  {{y[x1,x2]→ ─ (ExpIntegralEi[x1 x2]+2C[1]⎡x2⎤)}}
                     1                              ⎣x1⎦
                     2
```

例:求解调合方程 $u_{xx}+u_{yy}=0$。

```
In[3]:= DSolve[D[u[x,y],{x,2}]+D[u[x,y],{y,2}]==0,
        u[x,y],{x,y}]
Out[3]= {{u[x,y]→C[1][i x+y]+C[2][-i x+y]}}
```

例：求解 Cauchy-Riemann 方程 $\begin{cases} u_x = v_y \\ u_y = -v_x \end{cases}$。

```
In[4]:= DSolve[{D[u[x,y],x]==D[v[x,y],y],D[u[x,y],y]
        ==-D[v[x,y],x]},{u[x,y],v[x,y]},{x,y}]
```
（＊输出较长，略＊）

3.5.3　矢量运算

在工程计算中，常需要对矢量作运算。矢量运算函数放在 VectorAnalysis 程序包中，运算前用运算符"≪"或 Needs 命令调入该程序包。

程序包 VectorAnalysis 中有 Div，Curl，Grad，DotProduct，CrossProduct，JacobianMatrix 等与向量和场论有关的计算命令。表 3.4 列出部分矢量运算函数及其使用说明。

表 3.4

函　数	说　明
Needs［"VectorAnalysis"］	调入向量运算包
SetCoordinates［system［names］］	设定坐标系 Cartesian、Cylindrical、Spherical 等
Div［f,coordsys］	按设定的坐标系计算散度
Div［f］	按直角坐标系计算散度
Curl［f,coordsys］	按设定的坐标系计算旋度
Curl［f］	按直角坐标系计算旋度
Grad［f］	按直角坐标系计算梯度
Laplacian［f］	计算标量 f 在缺省坐标系下的 $\nabla^2 f$
Biharmonic［f］	计算标量 f 在缺省坐标系下的 $\nabla^4 f$

调入向量运算程序包，即

```
In[1]:= Needs["VectorAnalysis`"]  （＊或用<<VectorAnalysis`＊）

In[2]:= Grad[r^2 Sin[theta]]
Out[2]= {0,0,0}
```

如果先设定球面坐标系，有

```
In[3]:= SetCoordinates[Spherical[r,theta,phi]]
Out[3]= Spherical[r,theta,phi]
```

再计算梯度,那么有

```
In[4]:= Grad[r^2 Sin[theta]]
                    (*或 D[r^2 Sin[theta],{{r,theta,phi}}]*)
Out[4]= {2 r Sin[theta], r Cos[theta], 0}
```

计算散度,即

```
In[5]:= Div[{x^2y,y,z},Cartesian[x,y,z]]
Out[5]= 2+2 x y
```

计算拉普拉斯算子,即

```
In[6]:= Laplacian[x+y^3,Cartesian[x,y,z]]
Out[6]= 6 y
```

3.6　积　分　变　换

3.6.1　Laplace 变换

函数 $f(t)$ 的 Laplace 变换为 $\int_0^\infty f(t)\mathrm{e}^{-st}\mathrm{d}t$ 。

函数 $F(s)$ 的 Laplace 反变换为 $\dfrac{1}{2\pi\mathrm{i}}\int_{\gamma-\mathrm{i}\infty}^{\gamma+\mathrm{i}\infty} F(s)\mathrm{e}^{st}\mathrm{d}s$ 。

　　Laplace 的数学形式与 Fourier 变换非常相似,但变换结果差别很大。因为它对原函数 $f(t)$ 的要求相对比较弱,而对于某些问题 Laplace 变换比 Fourier 变换适应面更广。Laplace 变换能将积分和微分运算转化为基本代数运算。
　　下列为 Laplace 变换函数常用形式:

LaplaceTransform [expr,t,s]　　　　　　　　expr 的 Laplace(拉普拉斯)变换

InverseLaplaceTransform [expr,t,s]　　　　　expr 的 Laplace 反变换

LaplaceTransform [expr,{t1,t2,...},{s1,s2,...}]

expr 的高维 Laplace 变换

InverseLaplaceTransform$[expr, \{s1, s2, \ldots\}, \{t1, t2, \ldots\}]$

$\qquad\qquad\qquad\qquad\qquad\qquad\qquad$expr 的高维 Laplace 反变换

例:对 $t^3\cos t$ 做 Laplace 变换,再做 Laplace 反变换。

In[1]:= **LaplaceTransform[t^3Cos[t],t,s]**

Out[1]= $\dfrac{6(1-6\ s^2+s^4)}{(1+s^2)^4}$

In[2]:= **InverseLaplaceTransform[%,s,t]**

Out[2]= $t^3\ Cos[t]$ $\qquad$ (*其至一些简单的变换也常会包含特殊的函数*)

In[3]:= **LaplaceTransform[1/(1+t^2),t,s]**

Out[3]= $CosIntegral[s]Sin[s]+\dfrac{1}{2}Cos[s](\pi-2SinIntegral[s])$

3.6.2 傅里叶(Fourier 变换)

◇ **傅里叶变换**

在 Mathematica 中,函数 $f(t)$ 的 Fourier 变换为 $\dfrac{1}{\sqrt{2\pi}}\displaystyle\int_{-\infty}^{\infty}f(t)e^{i\omega t}dt$,函数 $F(t)$ 的 Fourier 反变换为 $\dfrac{1}{\sqrt{2\pi}}\displaystyle\int_{-\infty}^{\infty}F(w)e^{-i\omega t}d\omega$ 。

下列傅里叶变换函数常用形式:

FourierTransform$[expr, t, \omega]$ $\qquad\qquad$ 给出 expr 的符号傅里叶变换

FourierTransform$[expr, \{t_1, t_2, \ldots\}, \{\omega_1, \omega_2, \ldots\}]$

$\qquad\qquad\qquad\qquad\qquad\qquad$ 给出 expr 的多维傅里叶变换

InverseFourierTransform$[expr, w, t]$ $\qquad$ expr 的傅里叶反变换

In[1]:= **FourierTransform[1/(1+t^2),t,ω]**

Out[1]= $e^{-Abs[\omega]}\sqrt{\dfrac{\pi}{2}}$

In[2]:= **InverseFourierTransform[%,ω,t]**

Out[2]= $\dfrac{1}{1+t^2}$

In[3]:= **FourierTransform[t²exp(-|t|),t,ω]**

Out[3]= $-\dfrac{2\sqrt{\dfrac{2}{\pi}}\ \omega(-3+\omega^2)}{(1+\omega^2)^3}$

在 不 同 的 应 用 领 域 对 Fourier 变 换 有 不 同 的 定 义 形 式，用 选 项 FourierParameters 可以指定其中一种（表 3.5）。

表 3.5

Fourier 变换形式	说　　明
FourierSinTransform[expr,t,w]	给出 expr 的符号傅里叶正弦变换
FourierCosTransform[expr,t,w]	给出 expr 的符号傅里叶余弦变换
InverseFourierSinTransform[expr,w,t]	符号傅里叶正弦反变换
InverseFourierCosTransform[expr,w,t]	符号傅里叶余弦反变换

◇　傅里叶级数

一般形式：

FourierSeries[expr,t,n]　　　给出关于 t 的 expr 的 n 阶傅里叶级数展开式

FourierSeries[expr,$\{t_1,t_2,...\}$,$\{n_1,n_2,...\}$]　　　给出一个多维傅里叶级数

对于 n 阶傅里叶级数展开式 $f(t)$ 缺省是 $\sum_{k=-n}^{n} c_k e^{ikt}$，其中 $c_k = \frac{1}{2\pi}\int_{-\pi}^{\pi} f(t) e^{-ikt} dt$。

例：求出关于 $\frac{t^3}{3}$ 的 3 阶傅里叶级数。

In[1]:= **FourierSeries[t^3/3,t,3]**

Out[1]= $\frac{1}{12}$ i e^{-2it} $(3-2\pi^2)$ + $\frac{1}{3}$ i e^{-it} $(-6+\pi^2)$ - $\frac{1}{3}$ i e^{it} $(-6+\pi^2)$

　　　　 + $\frac{1}{12}$ i e^{2it} $(-3+2\pi^2)$ + $\frac{1}{27}$ i e^{-3it} $(-2+\pi^2)$ - $\frac{1}{27}$ i e^{3it} $(-2+3\pi^2)$

In[2]:= **Plot[%,{t,-3Pi,3Pi}]**

Out[2]=

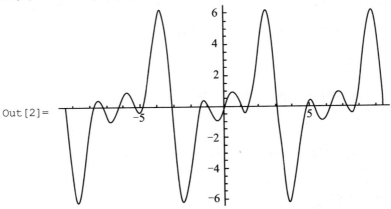

例:求出二元函数的$(2,2)$阶傅里叶级数。

In[3]:= **FourierSeries[x^3y,{x,y},{2,2}]**

Out[3]= $\frac{1}{8}e^{i(-2x-2y)}(3-2\pi^2)+\frac{1}{4}e^{i(2x-y)}(3-2\pi^2)+\frac{1}{4}e^{i(-2x+y)}(3-2\pi^2)$

$+\frac{1}{8}e^{i(2x+2y)}(3-2\pi^2)+e^{i(-x-y)}(6-\pi^2)+e^{i(x+y)}(6-\pi^2)$

$+e^{i(x-2y)}\left(3-\frac{\pi^2}{2}\right)+e^{i(-x+2y)}\left(3-\frac{\pi^2}{2}\right)+\frac{1}{2}e^{i(-x-2y)}(-6+\pi^2)$

$+e^{i(x-y)}(-6+\pi^2)+e^{i(-x+y)}(-6+\pi^2)+\frac{1}{2}e^{i(x+2y)}(-6+\pi^2)$

$+\frac{1}{8}e^{i(2x-2y)}(-3+2\pi^2)+\frac{1}{4}e^{i(-2x-y)}(-3+2\pi^2)$

$+\frac{1}{4}e^{i(2x+y)}(-3+2\pi^2)+\frac{1}{8}e^{i(-2x+2y)}(-3+2\pi^2)$

In[4]:= **Plot3D[%,{x,-Pi,Pi},{y,-Pi,Pi}]**

Out[4]=

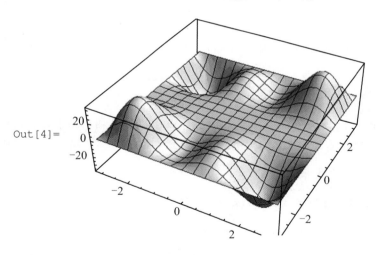

3.6.3　Z 变换

函数 $f(n)$ 的 Z 变换为 $\sum_{n=0}^{\infty}f(n)z^{-n}$ 。Z 变换后常得到复变量 z 的函数,因此称为 Z 变换。它是一种有效的离散的拉普拉斯形式。主要应用在数字信号处理、控制论和解微分方程等离散系统分析中。可以认为它产生某种类似于组合数学和数论中常用的生成函数。

$F(z)$ 的逆 Z 变换为 $\dfrac{1}{2\pi\mathrm{i}}\oint F(z)z^{n-1}\mathrm{d}z$ 。

Z 变换的一般形式：

ZTransform[expr, n, z]   给出 expr 的 Z 变换

InverseZTransform[expr, z, n]   给出 expr 的逆 Z 变换

In[1]:= **ZTransform[1/n!, n, z]**

Out[1]= $\tilde{a}^{\frac{1}{z}}$

In[2]:= **ZTransform[3^- n, n, z]**

Out[2]= $\dfrac{3z}{-1+3z}$

In[3]:= **InverseZTransform[%, z, n]**

Out[3]= 3^{-n}

3.6.4 卷积

Convolve 计算两个函数 $f(x)$ 和 $g(x)$ 的卷积

$$(f * g) = \int_{-\infty}^{\infty} f(x)g(y-x)\mathrm{d}x$$

一般形式：

Convolve[f, g, x, y]   计算表达式 f 和 g 关于 x 的卷积

Convolve[f, g, {x₁, x₂, …}, {y₁, y₂, …}]   给出多维卷积

例：一个典型的系统脉冲响应 h 。

In[1]:= **h= Exp[-x]UnitStep[x];**

In[2]:= **Convolve[h, UnitStep[x], x, y]**

Out[2]= (1-Cosh[y]+Sinh[y]) UnitStep[y]

In[3]:= **Plot[%, {y, 0, 10}, PlotRange→All]**

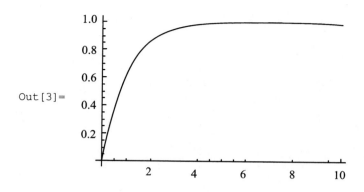

Out[3]=

习 题 3

1. 计算极限：

(1) $\lim\limits_{x \to 0} \dfrac{e^x - e^{-x}}{\sin x}$
(2) $\lim\limits_{x \to 1} \left(\dfrac{x}{x-1} - \dfrac{1}{\ln x} \right)$

(3) $\lim\limits_{x \to 0} \dfrac{1 - \cos x}{x^2}$
(4) $\lim\limits_{x \to \infty} \left(1 + \dfrac{1}{x^2} \right)^x$

(5) $\lim\limits_{x \to \infty} \left(\sqrt{n - \sqrt{n}} - \sqrt{n} \right)$

2. 求下列函数的微商：

(1) $y = a^x \ln x$
(2) $y = \dfrac{1 - \ln x}{1 + \ln x}$

(3) $y = \sqrt[3]{1 + \sqrt[3]{1 + \sqrt[3]{x}}}$
(4) $y = \arctan \dfrac{1 + x}{1 - x}$

(5) $e^x + e^{e^x}$
(6) $y = x^{x^x}$

(7) $y = (\sin x)^{\cos x}$
(8) $y = \ln \cos \arctan \dfrac{e^x - e^{-x}}{2}$

3. (1) 已知 $y = \sin x \sin 2x \sin 3x$，计算高阶导数 $y^{(20)}$；

(2) 已知 $y = \arctan x$，计算高阶导数 $y^{(20)}$；

(3) 已知 $y = \dfrac{1}{1 - x^2}$，计算 $y^{(60)}$；

(4) 已知 $y = \dfrac{1+x}{\sqrt{1-x}}$，计算 $y^{(60)}$。

4. 计算下列不定积分：

(1) $\displaystyle\int (2x-3)^{100}\,\mathrm{d}x$ (2) $\displaystyle\int \frac{x+1}{\sqrt{x}}\,\mathrm{d}x$

(3) $\displaystyle\int x^2 a^x\,\mathrm{d}x$ (4) $\displaystyle\int \frac{2x^2-5}{x^4-5x^2+6}\,\mathrm{d}x$

(5) $\displaystyle\int \ln\left(x+\sqrt{1+x^2}\right)\mathrm{d}x$ (6) $\displaystyle\int \frac{\mathrm{e}^{2x}+1}{\mathrm{e}^x+1}\,\mathrm{d}x$

(7) $\displaystyle\iint \arctan\frac{y}{x}\,\mathrm{d}x\,\mathrm{d}y$ (8) $\displaystyle\iiint xyz(1-x-y)\,\mathrm{d}x\,\mathrm{d}y\,\mathrm{d}z$

5. 计算下列定积分：

(1) $\displaystyle\int_0^1 \sin^2 x\,\cos^2 x\,\mathrm{d}x$ (2) $\displaystyle\int_0^{\ln 2} \sqrt{\mathrm{e}^x-1}\,\mathrm{d}x$

(3) $\displaystyle\int_0^1 \frac{\sqrt{\mathrm{e}^x}}{\sqrt{\mathrm{e}^x+\mathrm{e}^{-x}}}\,\mathrm{d}x$ (4) $\displaystyle\int_0^a \frac{x^2}{\sqrt{x^2+a^2}}\,\mathrm{d}x$

(5) $\displaystyle\int_0^\infty \frac{\prod\limits_{k=0}^{8}\sin\dfrac{x}{2k+1}}{x^9}\,\mathrm{d}x$ (6) $\displaystyle\int_0^1 \frac{\left(\dfrac{1}{2}\sqrt{4x+1}+1\right)}{x}\,\mathrm{d}x$

(7) $\displaystyle\int_1^2 \int_1^{1-x} (x^2+y^3)\,\mathrm{d}y\,\mathrm{d}x$ (8) $\displaystyle\int_0^1 \int_{x^2}^{x} xy^2\,\mathrm{d}x\,\mathrm{d}y$

(9) $\displaystyle\int_0^{2\pi}\mathrm{d}\varphi \int_0^a r^2\sin^2\varphi\,\mathrm{d}r$ (10) $\displaystyle\int_0^1\mathrm{d}x \int_0^x \mathrm{d}y \int_0^{x+y} xyz\,\mathrm{d}z$

(11) $\displaystyle\iint\limits_{x^2+y^2\leqslant 1} x^2 y^4\,\mathrm{d}x\,\mathrm{d}y$ (12) $\displaystyle\iint\limits_{x^2\leqslant y\leqslant\sqrt{x}} x\sqrt{y}\,\mathrm{d}x\,\mathrm{d}y$

6. 求悬链线 $y(x) = a\cosh\dfrac{x}{a}\,(a\leqslant x\leqslant a)$ 的弧长。

7. 求下列幂级数的 5 阶展开式：

(1) e^{x^2}，在 $x=0$ 处   (2) $\dfrac{x^2}{1-x}$，在 $x=0$ 处

(3) $\ln\sqrt{\dfrac{1+x}{1-x}}$，在 $x=0$ 处   (4) $(1+x)\mathrm{e}^{-x}$，在 $x=0$ 处

(5) $\cos x\cos y$，在 $\{0,0\}$ 处

8. 解下列常微分方程或常微分方程组：

(1) $xy'(x)+y(x)=y^2(x)$ (2) $\dfrac{\mathrm{d}y}{\mathrm{d}x}=y^2(x)-\dfrac{2}{x^2}$

(3) $(1 + y^2(x))\mathrm{d}x = x\mathrm{d}y$ (4) $y^{(4)}(x) = y(x)$

(5) $\begin{cases} y'(x) + y(x) = a\sin(x) \\ y(0) = 1 \end{cases}$ (6) $\begin{cases} \dfrac{\mathrm{d}y}{\mathrm{d}x} = y + x \\ y(0) = 1 \end{cases}$

(7) $\begin{cases} \dfrac{\mathrm{d}x}{\mathrm{d}t} + y = \cos t \\ \dfrac{\mathrm{d}y}{\mathrm{d}t} + x = \sin t \end{cases}$ (8) $\begin{cases} \dfrac{\mathrm{d}}{\mathrm{d}t}x(t) = 2x - y + z \\ \dfrac{\mathrm{d}}{\mathrm{d}t}y(t) = 2x + 2y - z \\ \dfrac{\mathrm{d}}{\mathrm{d}t}z(t) = x + 2y - z \end{cases}$

9. 求解一阶偏微分方程：

(1) $(y + z)u_x + (z + x)u_y + (x + y)u_z = 0$

(2) $(x^2 + y^2)u_x + 6xyu_y = 0$

(3) $(xy^3 - 2x^4)u_x + (3y^4 - x^3 y)u_y = 9u(x^3 - y^3)$

(4) $x^2 u_x - y^2 u_y = u$

第4章 线性代数

4.1 矩阵的定义

在高级语言中和在不严格区分的意义下，列表与矩阵是同一数据类型。在文字处理或数据库中常被称为表格，在数学中被称为矩阵。Mathematica 将向量和矩阵都看作是一类特殊形式的列表，所有标准的表操作函数都可用于向量和矩阵操作。在本章中，我们对向量和矩阵不加以区分。除了可以使用制表函数 Table、Range 创建矩阵外，我们还可以使用 Array、DiagonalMatrix、IdentityMatrix 等函数建立矩阵。

4.1.1 定义矩阵的函数

在第 1 章中，我们用 Table 函数建立列表，现在我们用 Table 函数定义向量或矩阵：

$$\text{Table}[f, \{i, a, b, d\}]$$

或

$$\text{Table}[f, \{i, ai, bi, di\}, \{j, aj, bj, dj\}, \ldots]$$

其中 f 为矩阵元素的通项公式，是循环变量 $i, j, \cdots$ 的表达式，a 为循环初值，b 为循环终值上界，d 为循环步长。当 a 或 d 缺省时，其值为 1。如果只有 1 个循环变量，Table 定义了一个向量，形式为

$$\text{Table}[通项公式, \{循环变量, 循环初值, 终值上界, 循环步长\}]$$

如果恰有 2 个循环变量，则 Table 定义了一个矩阵；如果有 3 个循环变量或更多，则 Table 定义了一个张量。Table 在定义矩阵的同时也可以对每个元素赋值。

与 Table 函数利用"表达式"定义矩阵不同，Array 函数利用"函数"定义矩阵。Array 或 Table 表示循环范围的形式略有不同。请在下面的示例中注意比较（表 4.1）。

表 4.1

函　　数	说　　明
Array[f,n]	列表 $\{f[1],f[2],\cdots,f[n]\}$
Array[f,n,a]	列表 $\{f[a],f[a+1],\cdots,f[a+n-1]\}$
Array[f,{m,n}]	定义 m 行 n 列的矩阵，矩阵元素 $f[i,j]$
Array[f,{n1,n2,...}]	矩阵 $\{f[i1,i2,\cdots]\}$，$i1=1,\cdots,n1;i2=1,\cdots,$ $n2;\cdots$
Array[f,{n1,n2,...},{a1,a2,...}]	矩阵 $\{f[i1+a1-1,i2+a2-1,\cdots]\}$，$i1=1,\cdots,n1;i2=1,\cdots,n2;\cdots$

例：矩阵的定义。

```
In[1]:= A1=Table[a,{2},{2}]
Out[1]= {{a,a},{a,a}}

In[2]:= A2=Array[a,{2,2}]
Out[2]= {{a[1,1],a[1,2]},{a[2,1],a[2,2]}}

In[3]:= a[i_,j_]:=1/(i+j-1);A1
Out[3]= {{a,a},{a,a}}                              (*函数矩阵*)

In[4]:= A2
Out[4]= {{1,1/2},{1/2,1/3}}

In[5]:= Array[s,{2,2}]                              (*s 函数*)
Out[5]= {{s[1,1],s[1,2]},{s[2,1],s[2,2]}}

In[6]:= Array[Sin[#1^#2]&,{3,3},{2,0}]    (*使用自定义函数*)
Out[6]= {{1,Sin[2],Sin[2]²},{1,Sin[3],Sin[3]²},
         {1,Sin[4],Sin[4]²}}
```

例：定义向量。

```
In[7]:= Array[b,4,-2]
```

Out[7]= {b[-2],b[-1],b[0],b[1]}

In[8]:= **Range[0.2,1.6,0.5]**

Out[8]= {0.2,0.7,1.2}

In[9]:= **Array[b,{2},{2}]**   (*与 Table 语句比较*)

Out[9]= {b[2],b[3]}

In[10]:= **Array[f,{3},{m}]**

Out[10]= {f[m],f[1+m],f[2+m]}

例:定义上三角矩阵

In[11]:= **Table[If[i<=j,c[i,j],0],{i,3},{j,3}]**

Out[11]= {{c[1,1],c[1,2],c[1,3]},{0,c[2,2],c[2,3]},
　　　　　{0,0,c[3,3]}}

In[12]:= **MatrixForm[%]**   (*用矩阵形式表示*)

Out[12]//MatrixForm=

$$\begin{pmatrix} c[1,1] & c[1,2] & c[1,3] \\ 0 & c[2,2] & c[2,3] \\ 0 & 0 & c[3,3] \end{pmatrix}$$

In[13]:= **Table[Random[Integer],{3},{3}]**   (*随机 0-1 矩阵*)

Out[13]= {{1,1,0},{1,1,1},{0,1,1}}

例:函数作用到矩阵的每一个元素。

In[14]:= **A= {{1,4},{9,16}}; Sqrt[A]**

Out[14]= {{1,2},{3,4}}

In[15]:= **Max[A]**   (*所有元素的最大值*)

Out[15]= 16

　　为了符合线性代数中的习惯,我们在上例中用大写字母 A 定义一个矩阵,并给每个矩阵赋值。其实,大小写字母都可以作为变量名的标志符。注意不要使用具有特定含义的单个字母 C、D、E、I、K、N、O 作为变量名。

　　还有一些 Mathematica 函数定义特殊矩阵,例如:带状矩阵、对角矩阵、单位矩阵、Hankel 矩阵、Hilbert 矩阵、Toeplitz 矩阵、旋转矩阵、稀疏矩阵等。定义形式和示例如表 4.2 所示。

表 4.2

函　　数	说　　明
Band[{i,j}]	稀疏矩阵的过 (i,j) 位置的对角线
DiagonalMatrix[list]	以 list 为对角元素的对角矩阵
IdentityMatrix[n]	n 阶单位矩阵
ConstantArray[cc,{m,n}]	元素为常数 cc 的 m 行 n 列矩阵
HankelMatrix[n]	n 阶 Hankel 方阵 $a_{ij}=i+j-1$
HankelMatrix[c]	Hankel 方阵 $a_{ij}=c_{i+j-1}, i+j \leqslant n+1$
HilbertMatrix[{m,n}]	m 行 n 列 Hilbert 矩阵 $a_{ij}=\dfrac{1}{i+j-1}$
HilbertMatrix[n]	n 阶 Hilbert 方阵 $a_{ij}=\dfrac{1}{i+j-1}$
ToeplitzMatrix[n]	n 阶 Toeplitz 方阵 $a_{ij}=|i-j|+1$
ToeplitzMatrix[c]	Toeplitz 方阵 $a_{ij}=c_{|i-j|+1}$
RotationMatrix[θ]	平面上逆时针旋转 θ 所对应的 2 阶方阵
RotationMatrix[θ,v]	空间中绕 v 逆时针旋转 θ 所对应的 3 阶方阵
SparseArray[rules,dims,val]	由 rules 定义的具有维数 dims 的稀疏矩阵，未指明的矩阵元素取值 val
SparseArray[{{i1,j1}→v1, {i2,j2}→v2,...},{m,n}]	按下标位置定义稀疏矩阵元素

例：定义特殊矩阵。

In[16]:= **DiagonalMatrix[{a,b,c}]//MatrixForm**

Out[16]//MatrixForm=

$$\begin{pmatrix} a & 0 & 0 \\ 0 & b & 0 \\ 0 & 0 & c \end{pmatrix}$$

In[17]:= **IdentityMatrix[3]//MatrixForm**

Out[17]//MatrixForm=

$$\begin{pmatrix} 1 & 0 & 0 \\ 0 & 1 & 0 \\ 0 & 0 & 1 \end{pmatrix}$$

In[18]:= **HilbertMatrix[{3,4}]//MatrixForm**

Out[18]//MatrixForm=

$$\begin{pmatrix} 1 & \frac{1}{2} & \frac{1}{3} & \frac{1}{4} \\ \frac{1}{2} & \frac{1}{3} & \frac{1}{4} & \frac{1}{5} \\ \frac{1}{3} & \frac{1}{4} & \frac{1}{5} & \frac{1}{6} \end{pmatrix}$$

In[19]:= **HankelMatrix[4]//MatrixForm**

Out[19]//MatrixForm=

$$\begin{pmatrix} 1 & 2 & 3 & 4 \\ 2 & 3 & 4 & 0 \\ 3 & 4 & 0 & 0 \\ 4 & 0 & 0 & 0 \end{pmatrix}$$

In[20]:= **HankelMatrix[{a,b,c,d}]//MatrixForm**

Out[20]//MatrixForm=

$$\begin{pmatrix} a & b & c & d \\ b & c & d & 0 \\ c & d & 0 & 0 \\ d & 0 & 0 & 0 \end{pmatrix}$$

In[21]:= **ToeplitzMatrix[4]//MatrixForm**

Out[21]//MatrixForm=

$$\begin{pmatrix} 1 & 2 & 3 & 4 \\ 2 & 1 & 2 & 3 \\ 3 & 2 & 1 & 2 \\ 4 & 3 & 2 & 1 \end{pmatrix}$$

In[22]:= **ToeplitzMatrix[{a,b,c,d}]//MatrixForm**

Out[22]//MatrixForm=

$$\begin{pmatrix} a & b & c & d \\ b & a & b & c \\ c & b & a & b \\ d & c & b & a \end{pmatrix}$$

In[23]:= **RotationMatrix[θ]//MatrixForm**

Out[23]//MatrixForm=

$$\begin{pmatrix} \cos[\theta] & -\sin[\theta] \\ \sin[\theta] & \cos[\theta] \end{pmatrix}$$

In[24]:= **RotationMatrix[θ,{1,1,1}]//MatrixForm**

Out[24]//MatrixForm=

$$\begin{pmatrix} \frac{1}{3}(1+2\text{Cos}[\theta]) & \frac{1}{3}(1-\text{Cos}[\theta]-\sqrt{3}\text{Sin}[\theta]) & \frac{1}{3}(1-\text{Cos}[\theta]+\sqrt{3}\text{Sin}[\theta]) \\ \frac{1}{3}(1-\text{Cos}[\theta]+\sqrt{3}\text{Sin}[\theta]) & \frac{1}{3}(1+2\text{Cos}[\theta]) & \frac{1}{3}(1-\text{Cos}[\theta]-\sqrt{3}\text{Sin}[\theta]) \\ \frac{1}{3}(1-\text{Cos}[\theta]-\sqrt{3}\text{Sin}[\theta]) & \frac{1}{3}(1-\text{Cos}[\theta]+\sqrt{3}\text{Sin}[\theta]) & \frac{1}{3}(1+2\text{Cos}[\theta]) \end{pmatrix}$$

例：定义稀疏矩阵。

In[25]:= **SparseArray[{{2,3}→1,{3,2}→2,{3,4}]**

Out[25]= SparseArray[<2>,{3,4}]

In[26]:= **Normal[%]**　　　　　　　（＊将稀疏矩阵转化为向量形式＊）

Out[26]= {{0,0,0,0},{0,0,11,0},{0,22,0,0}}

In[27]:= **SparseArray[{{i_,i_}→a,{i_,j_}/;j==i+1→1},{3,3}]**
　　　　　　　　　　　　　　　　　（＊Jordan 矩阵 $J_3(a)$＊）

Out[27]= SparseArray[<5>,{3,3}]

In[28]:= **MatrixForm[%]**　　　　　（＊将稀疏矩阵转化为矩阵形式＊）

Out[28]//MatrixForm=

$$\begin{pmatrix} a & 1 & 0 \\ 0 & a & 1 \\ 0 & 0 & a \end{pmatrix}$$

In[29]:= **SparseArray[{Band[{1,1}]→a,Band[{2,1}]→b,**
Band[{1,2}]→c},{5,6}]//MatrixForm　　　（＊三对角阵＊）

Out[29]//MatrixForm=

$$\begin{pmatrix} a & c & 0 & 0 & 0 & 0 \\ b & a & c & 0 & 0 & 0 \\ 0 & b & a & c & 0 & 0 \\ 0 & 0 & b & a & c & 0 \\ 0 & 0 & 0 & b & a & c \end{pmatrix}$$

4.1.2　矩阵的输入和输出

在上节中,我们通过函数来创建矩阵。实际上,我们还可以通过 Mathematica 的菜单项"插入→表格/矩阵→新建"来插入一个矩阵,如图 4.1、图 4.2 所示。

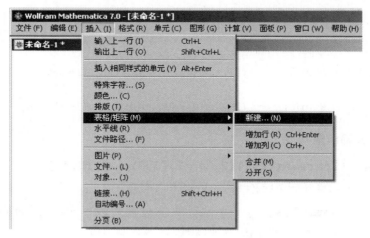

图 4. 1

图 4. 2

然后我们直接修改矩阵的元素。或者,我们还可以利用 Import 函数将文件中的数据按照一定的格式读入矩阵。

$$Import[文件名,格式]$$

与 Import 函数相对应的 Export 函数则可以将一个矩阵按照一定的格式写入文件。

$$Export[文件名,表达式,格式]$$

无论是通过函数创建的矩阵,还是通过菜单插入的矩阵,当我们查看它的时候,一般看到的都是列表的形式{…}。MatrixForm 函数和 TableForm 函数则可以将变量显示为矩阵形式和表格形式。例如:

```
In[1]:= a=(1 2
           3 4)                          (*通过菜单插入*)
Out[1]= {{1,2},{3,4}}

In[2]:= MatrixForm[a]                     (*数学中的矩阵形式*)
Out[2]//MatrixForm=
       (1 2
        3 4)

In[3]:= TableForm[a]                      (*没有括号的表格形式*)
Out[3]//TableForm=
       1  2
       3  4
```

MatrixForm 函数可以显示稀疏矩阵,TableForm 函数则不可以。

```
In[4]:= a=SparseArray[{{i_,i_}→1,{i_,j_}/;j==i+1→1},{3,3}]
Out[4]= SparseArray[<5>,{3,3}]

In[5]:= MatrixForm[a]
Out[5]//MatrixForm=
       (1 1 0
        0 1 1
        0 0 1)

In[6]:= TableForm[a]
Out[6]//TableForm=
       SparseArray[<5>,{3,3}]
```

4.1.3 矩阵分量的操作

矩阵的分量是指矩阵的某个元素、某行元素、某列元素或某个子矩阵。由于矩阵是一个特殊的表,对矩阵分量的操作可以通过对表的操作进行。Part、Take、Drop、Rest、Most、Select、Cases、Pick、Position、Append、Prepend、Insert、Delete、Join、Union、Intersection、Complement、Sort、Reverse、RotateRight、PadLeft、PadRight、RotateLeft、Flatten、Partition、Subsets 等表的操作函数都同样适用于矩阵。

例如:语句 $A = \text{Array}[a, \{3, 3\}]$ 定义了一个 3 阶矩阵,A 为矩阵名,$A[[i]]$ 表示矩阵 A 的第 i 行,A 的第 i 行第 j 列元素为 $A[[i]][[j]]$ 或 $A[[i, j]]$,语句 $A[[\{i, j\}]] = A[[\{j, i\}]]$ 交换 A 的第 i 行和第 j 行。

Part 函数和 Take 函数是常用的对矩阵分量进行操作的函数,如表 4.3 所示。

表 4.3

函　　数	说　　明
$A[[i, j]]$ 或 Part$[A, i, j]$	A 的 i 行 j 列元素或子矩阵,i、j 为指标或指标集
Take$[A, i, j]$	A 的子矩阵,i、j 代表指标集

Part$[A, i, j]$ 语句中的 i、j 可以是一个整数(i 表示第 i 个位置,$-i$ 表示倒数第 i 个位置),也可以是一个指标集 $\{i_1, \cdots, i_k\}$ 或 All。当 i、j 都是整数时,Part 语句返回矩阵元素;当 i、j 恰有一个是整数时,Part 语句返回矩阵某行或某列的子向量;当 i、j 都是列表时,Part 语句返回子矩阵。$A[[i, j]]$ 语句等价于 Part$[A, i, j]$ 语句。

Take$[A, i, j]$ 语句中的 i、j 可以是一个整数(i 表示取前 i 个位置,$-i$ 表示取后 i 个位置),或有形式 $\{m, n, s\}$(表示以步长 s 取从 m 到 n 的位置;当 s 缺省时,$s = 1$;当 n 缺省时,$n = m$)。Take 语句总是返回子矩阵。

例:矩阵分量的操作。

```
In[1]:= A=IdentityMatrix[3]; A//MatrixForm
```
```
Out[1]//MatrixForm=
```

$$\begin{pmatrix} 1 & 0 & 0 \\ 0 & 1 & 0 \\ 0 & 0 & 1 \end{pmatrix}$$

```
In[2]:= A[[1,2]]=2; A//MatrixForm          (*对矩阵元素赋值*)
Out[2]//MatrixForm=
```

$$\begin{pmatrix} 1 & 2 & 0 \\ 0 & 1 & 0 \\ 0 & 0 & 1 \end{pmatrix}$$

```
In[3]:= A[[All,3]]={3,4,5}; A//MatrixForm   (*对矩阵的列赋值*)
Out[3]//MatrixForm=
```

$$\begin{pmatrix} 1 & 2 & 3 \\ 0 & 1 & 4 \\ 0 & 0 & 5 \end{pmatrix}$$

```
In[4]:= A[[{2,1},{3,2}]]//MatrixForm              (*子矩阵*)
Out[4]//MatrixForm=
```

$$\begin{pmatrix} 4 & 1 \\ 3 & 2 \end{pmatrix}$$

```
In[5]:= Take[A,{2,1,-1},{3,2,-1}]//MatrixForm
                                          (*与上语句比较*)
Out[5]//MatrixForm=
```

$$\begin{pmatrix} 4 & 1 \\ 3 & 2 \end{pmatrix}$$

```
In[6]:= Take[A,{2},{3}]                       (*一阶子矩阵*)
Out[6]= {{4}}

In[7]:= Take[A,2,3]                    (*1-2行1-3列子矩阵*)
Out[7]= {{1,2,3},{0,1,4}}
```

有了矩阵行和列的表示方式,可以很容易地对矩阵做初等变换。例如,将第1列的-2倍加到第2列上,将第1列的-3倍和第2列的-4倍加到第3列上。

```
In[8]:= A[[All,2]]-=2A[[All,1]];
        A[[All,3]]+=-3A[[All,1]]-4A[[All,2]];
        A//MatrixForm

Out[9]//MatrixForm=
```

$$\begin{pmatrix} 1 & 0 & 0 \\ 0 & 1 & 0 \\ 0 & 0 & 5 \end{pmatrix}$$

4.1.4 矩阵判别函数

在定义函数或程序设计中,有时我们需要对输入变量的类型加以检验。例如:我们希望自定义的函数 $f[x\_]$ 能够针对 x 是标量、向量、方阵、瘦长矩阵、扁平矩阵的情形分别做出处理,而对其他情形立即返回。下面的函数就能够帮助我们达到目的(表 4.4)。

表 4.4

函　　数	说　　明
ArrayQ[expr]	检验 expr 是否为完整的数组/稀疏数组
ArrayDepth[expr]	expr 的数组重数
Dimensions[expr]	给出 expr 的维数列表
Dimensions[expr,n]	expr 的前 n 重维数
Length[expr]	检验 expr 中元素的个数
MatrixQ[expr]	检验 expr 是否为矩阵或稀疏矩阵
VectorQ[expr]	检验 expr 是否为向量或稀疏向量

例:矩阵判别函数。

```
In[1]:= a=1;{ArrayDepth[a],Dimensions[a],ArrayQ[a],
        MatrixQ[a],VectorQ[a]}

Out[1]= {0,False,False,False}

In[2]:= a={1};{ArrayDepth[a],Dimensions[a],ArrayQ[a],
        MatrixQ[a],VectorQ[a]}

Out[2]= {1,{1},True,False,True}

In[3]:= a={{1}};{ArrayDepth[a],Dimensions[a],ArrayQ[a],
        MatrixQ[a],VectorQ[a]}

Out[3]= {2,{1,1},True,True,False}
```

```
In[4]:= a={{{1}}};{ArrayDepth[a],Dimensions[a],ArrayQ[a],
        MatrixQ[a],VectorQ[a]}
Out[4]= {3,{1,1,1},True,False,False}

In[5]:= a=Table[IdentityMatrix[1],{2},{3}];{ArrayDepth[a],
        Dimensions[a],ArrayQ[a],MatrixQ[a],VectorQ[a]}
Out[5]= {4,{2,3,1,1},True,False,False}
```

例：检测矩阵维数。

```
In[1]:= B=Array[{{1,2},{3,4}}]; Length[B]
Out[1]= 2

In[2]:= A={{1,2,3},{3,4,5},{5,6}}; Length/@A
Out[2]= {3,3,2}
```

4.2　矩阵的基本运算

矩阵运算是线性代数的基本内容之一。基本的矩阵运算有矩阵的加法、减法、数乘、乘法、方幂、转置、行列式、逆矩阵、秩、迹、范数等。在 Mathematica 中只需一个运算符或调用一个函数即可完成上述运算。所有矩阵函数既适用于一般矩阵，也适用于稀疏矩阵。

4.2.1　矩阵的算术运算

在 Mathematica 中，矩阵的加减法有两种情况。一种情况是两个同阶矩阵相加减，其意义仍然是对应的矩阵元素相加减；另一种情况是矩阵和数（标量）相加减，其意义是矩阵的每个元素和这个数相加减。在 Mathematica 中仍用"＋"作为矩阵加法的运算符，用"－"作为矩阵减法的运算符。例如：$A + B$、$A - B$。

在 Mathematica 中，矩阵和数相乘与线性代数中矩阵数乘的意义和表示形式完全相同。例如：$2A$、$A * 2$。注意 $A2$ 是个变量名，不同于 $A\ 2$。

在 Mathematica 中，矩阵的乘法用"."表示。例如：当 A 和 B 是同阶方阵时，$A.B$ 表示矩阵乘法。特别要注意 $A * B$、A/B 表示对应的矩阵元素相乘、相除，

$A\hat{}n$ 表示矩阵的每个元素作 n 次幂。

矩阵函数如表 4.5 所示。

表 4.5

函　　数	说　　明
x + y 或 Plus[x,y]	矩阵或向量加法
x − y 或 Subtract[x,y]	矩阵或向量减法
− x 或 Minus[x]	负矩阵或负向量
x * y 或 Times[x,y]	对应元素相乘
x/y 或 Divide[x,y]	对应元素相除
x^n 或 Power[x,n]	每个元素方幂
x.y 或 Dot[x,y]	矩阵乘法或向量的内积
Cross[x,y]	向量的外积
MatrixPower[A,n]	方阵 A 的方幂
MatrixExp[A]	方阵 A 的指数函数 $\sum_{n=0}^{\infty}\dfrac{1}{n!}A^n$
Transpose[A]	矩阵 A 的转置
ConjugateTranspose[A]	复矩阵 A 的共轭转置

例：矩阵和向量的算术运算。

```
In[1]:= a=(1 2
           3 4); b=(5
                    6); MatrixForm/@{a+b,a*b,b/a}
```

$$Out[1]=\left\{\begin{pmatrix}6&7\\9&10\end{pmatrix},\begin{pmatrix}5&10\\18&24\end{pmatrix},\begin{pmatrix}5&\frac{5}{2}\\2&\frac{3}{2}\end{pmatrix}\right\}$$ （＊对应元素加减乘除＊）

```
In[2]:= MatrixForm/@{a.b,b.a}
```

$$Out[2]=\left\{\begin{pmatrix}17\\39\end{pmatrix},\begin{pmatrix}23\\34\end{pmatrix}\right\}$$ （＊矩阵乘法 $A\beta$，$\beta^{\mathrm{T}}A$＊）

```
In[3]:= MatrixForm/@{MatrixPower[a,2],Transpose[a]}
```

$$Out[3]=\left\{\begin{pmatrix}7&10\\15&22\end{pmatrix},\begin{pmatrix}1&3\\2&4\end{pmatrix}\right\}$$

```
In[4]:=  a={1,2,3}; b={4,5,6};{a.b,Cross[a,b]}
Out[4]= {32,{-3,6,-3}}                              （＊内积、外积＊）
```

4.2.2　行列式和逆矩阵

与矩阵的加、减法或乘法相比，计算行列式或逆矩阵的难度和工作量都大很多。为此，Mathematica 对行列式函数 Det 和逆矩阵函数 Inverse 进行了专门的优化。下面给出了有关函数的用法和示例（表 4.6）。

表 4.6

函　　数	说　　明
Det[A]	方阵 A 的行列式
Det[A, Modulus→m]	方阵 A 的行列式 mod m
Inverse[A]	方阵 A 的逆矩阵
Inverse[A, Modulus→m]	方阵 A 的逆矩阵 mod m
Minors[A]	方阵 A 的余子式
Minors[A, k]	方阵 A 的所有 k 阶子矩阵的行列式
PseudoInverse[A]	矩阵 A 的广义逆
PseudoInverse[A, Tolerance→t]	在广义逆计算中，视特别小的奇异值为 0

对于 n 阶方阵 A，Minors[A]也是一个 n 阶方阵。它在(i,j)位置上的元素是 A 关于$(n-i+1,n-j+1)$位置的余子式。Minors[A, k]则是一个 $\dfrac{n!}{k!(n-k)!}$ 阶的方阵。Minors[A]等价于 Minors[A, n-1]。

例：行列式和逆矩阵的计算。

```
In[1]:= Det[HilbertMatrix[10]]
```

$$Out[1]= \frac{1}{46206893947914691316295628839036278726983680000000000}$$

```
In[2]:= Det[HilbertMatrix[1000],Modulus→2003]
Out[2]= 384

In[3]:= Inverse[HilbertMatrix[5]]//MatrixForm
Out[3]//MatrixForm=
```

$$\begin{pmatrix} 25 & -300 & 1050 & -1400 & 630 \\ 300 & 4800 & -18900 & 26880 & -12600 \\ 1050 & -18900 & 79380 & -117600 & 56700 \\ -1400 & 26880 & -117600 & 179200 & -88200 \\ 630 & -12600 & 56700 & -88200 & 44100 \end{pmatrix}$$

In[4]:= **a=SparseArray[{{i_,j_}/;(Abs[i-j]==1)→(i-j)},{4,4}]**

Out[4]= SparseArray[<6>,(4,4)]

In[5]:= **Det[a]**

Out[5]= 1

In[6]:= **Minors[a]**

Out[6]= {{0,-1,0,-1},{1,0,0,0},{0,0,0,-1},{1,0,1,0}}

对于长方形矩阵 A 来说，它没有行列式。方程组 $AX = I$ 和 $XA = I$ 中至少有一个无解，因此 A 也不存在通常意义下的逆矩阵。但是 A 有广义逆 A^+（Moore-Penrose 逆），可通过奇异值分解 $A = U.D.V$ 定义

$A^+ =$ ConjugateTranspose[V].Inverse[D].ConjugateTranspose[U]

A^+ 使 $I - AA^+$ 各元素模的平方和以及 $I - A^+A$ 各元素模的平方和都达到最小。

在 Mathematica 中，计算矩阵的广义逆的函数为 PseudoInverse[]。对于浮点型矩阵 A，可用 Tolerance 选项控制计算的精度。PseudoInverse[A,Tolerance→t]表示将 A 的小于 $t *$ Norm[A]的奇异值视为 0。当 t 缺省时，A 的精度控制计算的精度。对于非浮点型矩阵 A，Tolerance 选项不起作用。

例：广义逆的计算。

In[1]:= **PseudoInverse[{{1,0}}]//MatrixForm**

Out[1]//MatrixForm=

$$\begin{pmatrix} 1 \\ 0 \end{pmatrix}$$

In[2]:= **PseudoInverse[{{1,2},{1,2}}]//MatrixForm**

Out[2]//MatrixForm=

$$\begin{pmatrix} \dfrac{1}{10} & \dfrac{1}{10} \\ \dfrac{1}{5} & \dfrac{1}{5} \end{pmatrix}$$

```
In[3]:= a=Table[1/(i+j-1),{i,4},{j,4}];
        PseudoInverse[a,Tolerance→10000]//MatrixForm
```

Out[3]//MatrixForm=

$$
\begin{pmatrix}
16 & -120 & 240 & -140 \\
-10 & 1200 & -2700 & 1680 \\
240 & -2700 & 6480 & -4200 \\
-140 & 1680 & -4200 & 2800
\end{pmatrix}
$$

（*A 的逆矩阵*）

```
In[4]:= PseudoInverse[N[a],Tolerance→1/10000]//MatrixForm
```

Out[4]//MatrixForm=

$$
\begin{pmatrix}
7.18687 & -20.7656 & 1.082 & 15.3376 \\
-20.7656 & 82.6366 & -9.82227 & -69.0761 \\
1.082 & -9.82227 & 3.09536 & 11.097 \\
15.3376 & -69.0761 & 11.097 & 62.0659
\end{pmatrix}
$$

（*与 A^{-1} 差别巨大*）

4.2.3　特征值和特征向量

在线性代数中,通常可以经过下列步骤来计算一个 n 阶复方阵 A 的所有特征值和属于每个特征值的特征向量:

(1) 计算 A 的特征多项式 $\varphi(\lambda) = \det(\lambda I - A)$。

(2) $\varphi(\lambda)$ 的 n 个复根 $\lambda_1, \cdots, \lambda_n$ 就是 A 的所有特征值。

(3) 对每个 $k = 1, 2, \cdots, n$,求解线性方程组 $(\lambda_k I - A)x = 0$。方程组的非零解的全体组成 A 的属于特征值 λ_k 的特征向量。

在 Mathematica 中,以上步骤分别对应如下语句:

(1) f = Det[x * IdentityMatrix[n] − A]。

(2) Solve[f==0,x]或 z = x/.{ToRules[Roots[f==0,x]]}。

(3) NullSpace[z[[k]] * IdentityMatrix[n] − A]。

可以只用一个语句 Eigensystem[A]同时计算出 A 的所有特征值和特征向量;或者用 Eigenvalues[A]语句计算出 A 的所有特征值;或者用 Eigenvectors[A]语句计算出 A 的所有特征向量。

当 A 的元素是整数、有理数或含有符号的时候,以上 Mathematica 语句计算出的特征值和特征向量都是准确的符号解;当 A 的元素是浮点数时,计算出的特征值和特征向量都是近似的浮点数形式。

下面给出有关函数的用法和示例(表 4.7)。

表 4.7

函　　数	说　　明
CharacteristicPolynomial[A, x]	方阵 A 的特征多项式 $\det(A - xI)$
Eigensystem[A]	方阵 A 的特征值列表和特征向量列表
Eigensystem[A, k]	Take[Eigensystem[A], k]
Eigenvalues[A]	方阵 A 的特征值列表
Eigenvalues[A, k]	Take[Eigenvalues[A], k]
Eigenvectors[A]	方阵 A 的特征向量列表
Eigenvectors[A, k]	Take[Eigenvectors[A], k]
SingularValueList[A]	浮点型矩阵 A 的奇异值列表

例：计算矩阵的特征值和特征向量。

In[1]:= **A=** $\begin{pmatrix} 1 & 1 & 1 & 1 \\ 0 & -1 & 1 & 1 \\ 0 & 0 & 2 & 1 \\ 0 & 0 & 0 & 2 \end{pmatrix}$ **; Eigensystem[A]**

Out[1]= {{2,2,-1,1},{{4,1,3,0},{0,0,0,0},{-1,2,0,0},
{1,0,0,0}}}

Eigensystem 函数的返回值具有格式{{},{}}，按{{特征值},{特征向量}}形式排列，以零向量补齐特征向量的个数。

In[2]:= **Eigenvalues[A]**
Out[2]= {2,2,-1,1}

In[3]:= **Eigenvectors[A]**
Out[3]= {{4,1,3,0},{0,0,0,0},{-1,2,0,0},{1,0,0,0}}

Eigensystem[A]等价于{Eigenvalues[A], Eigenvectors[A]}。

$$In[4]:= \ \mathbf{A=} \begin{pmatrix} \mathbf{0} & \mathbf{0} & \mathbf{1} \\ \mathbf{1} & \mathbf{0} & \mathbf{1} \\ \mathbf{0} & \mathbf{1} & \mathbf{0} \end{pmatrix}; \ \mathbf{Eigensystem[A]}$$

```
Out[4]= {{Root[-1-#1+#1³ &,1],
        Root[-1-#1+#1³ &,3], Root[-1-#1+#1³ &,2]},
        {{-1+Root[-1-#1+#1³ &,1]²,Root[-1-#1+#1³ &,1],1},
        {-1+Root[-1-#1+#1³ &,3]²,Root[-1-#1+#1³ &,3],1},
        {-1+Root[-1-#1+#1³ &,2]²,Root[-1-#1+#1³ &,2],1}}}
```

上式输出一个 A 的特征值和特征向量的准确表达式。可用 $N[Eigensystem[A]]$ 或 $Eigensystem[N[A]]$ 求得特征值和特征向量的浮点数形式。由于矩阵的特征向量不是唯一的,这两种方式的计算结果有所不同。

```
In[5]:= N[%]
Out[5]= {{1.32472,-0.662359+0.56228i,-0.662359-0.56228i},
        {{0.754878,1.32472,1.},
        {-0.877439-0.744862i,-0.662359+0.56228i,1.},
        {-0.877439+0.744862i,-0.662359-0.56228i,1.}}}
```

```
In[6]:= Eigensystem[N[A]]
Out[6]= {{1.32472,-0.662359+0.56228i,-0.662359-0.56228i},
        {{0.413999,0.726517,0.548432},{0.655866+0.i,
        0.0803837-0.488529i,-0.434418+0.36878i},
        {0.655866+0.i,0.0803837+0.488529i,
        -0.434418-0.36878i}}}
```

SingularValueList 函数只接受浮点型矩阵作为输入(整数矩阵也不例外),并且返回 $\overline{A}^{\mathrm{T}}A$ 的非零特征值的平方根,按从大到小的顺序排列。

```
In[7]:= SingularValueList[N[A]]
Out[7]= {1.61803,1.,0.618034}
```

4.2.4　矩阵的秩、迹、范数

本节介绍一些其他的常用矩阵函数,如秩、迹、范数等(表 4.8)。

表 4.8

函　　数	说　　明
MatrixRank[A]	矩阵 A 的秩
MatrixRank[A, Modulus→m]	矩阵 $A \bmod m$ 的秩
MatrixRank[A, Tolerance→t]	矩阵 A 的近似秩
Norm[A, p]	矩阵 A 的范数, $p = 1, 2, \text{Infinity}$, 缺省值为 2
Norm[v, p]	向量 v 的范数, $p \geqslant 1$ 或 $p = \text{Infinity}$, 缺省值为 2
Total[v]	向量 v 的元素和, $v_1 + \cdots + v_n$
Tr[A]	矩阵 A 的迹(对角元素和), $a_{11} + \cdots + a_{nn}$
Tr[A, f]	矩阵 A 的广义迹, $f[a_{11}, \cdots, a_{nn}]$

例:计算矩阵的秩、迹、范数等。

In[1]:= $A = \begin{pmatrix} x & x+1 & x+2 & x+3 \\ y & y+1 & y+2 & y+3 \\ z & z+1 & z+2 & z+3 \end{pmatrix}$;

{MatrixRank[A], Tr[A], Total[A]}

Out[1]= {2, 3+x+y+z, {x+y+z, 3+x+y+z, 6+x+y+z, 9+x+y+z}}

当 A 的元素是整数、有理数或含有符号的时候, MatrixRank 函数利用 Gauss 消元法计算 A 的秩; 当 A 的元素是浮点数时, MatrixRank 函数利用 A 的奇异值分解计算 A 的秩。 MatrixRank[A, Tolerance→t] 表示将 A 的小于 $t * \text{Norm}[A]$ 的奇异值视为 0。当 t 缺省时, 按 A 的精度控制计算的精度。对于非浮点型矩阵 A, Tolerance 选项不起作用。

In[2]:= **MatrixRank**$\begin{bmatrix} 10 & 0 & 0 \\ 0 & 1 & 0 \\ 0 & 0 & 0.1 \end{bmatrix}$**, Tolerance→0.05]**

Out[2]= 2

Norm[A, 1] 计算矩阵 A 取绝对值后的最大列和, Norm[A, Infinity] 计算矩阵 A 取绝对值后最大行和。 Norm[v, p] 则计算任意向量 v 的 p-范数 $(v_1^p + \cdots + v_n^p)^{1/p}$。

例:计算向量的范数。

In[3]:= **Norm[{2,3,4}]**　　　　　　　　　　(*2 范数*)

Out[3]= $\sqrt{29}$

In[4]:= **Norm[{2,3,4},Infinity]**　　　　　　　　　　（＊∞范数＊）

Out[4]= 4

In[5]:= **Norm[{x,y,z},p]**　　　　　　　　　　　　（＊p 范数＊）

Out[5]= $(\text{Abs }[x]^p + \text{Abs }[y]^p + \text{Abs }[z]^p)^{1/p}$

例：计算矩阵的范数。

In[6]:= **A=$\begin{pmatrix} x & x+1 & x+2 & x+3 \\ y & y+1 & y+2 & y+3 \\ z & z+1 & z+2 & z+3 \end{pmatrix}$; Norm[A,1]**

Out[6]= Max[Abs[x]+Abs[y]+Abs[z],Abs[1+x]+Abs[1+y]
　　　　+Abs[1+z],Abs[2+x]+Abs[2+y]+Abs[2+z],
　　　　Abs[3+x]+Abs[3+y]+Abs[3+z]]

In[7]:= **Norm[A,Infinity]**

Out[7]= Max[Abs[x]+Abs[1+x]+Abs[2+x]+Abs[3+x],
　　　　Abs[y]+Abs[1+y]+Abs[2+y]+Abs[3+y],
　　　　Abs[z]+Abs[1+z]+Abs[2+z]+Abs[3+z]]

In[8]:= **Norm[A/.{x→1,y→1,z→1}]**　　（＊x＝y＝z＝1 时，A 的范数＊）

Out[8]= $3\sqrt{10}$

例：找出矩阵 S 的最大元素、最小元素以及第二列中的最大元素。

In[9]:= **S=$\begin{pmatrix} 1 & 0 & 6 \\ 2 & 3 & 0 \\ 0 & 4 & 5 \end{pmatrix}$; {Max[S],Min[S],Max[S[[All,2]]]}**

Out[9]= {6,0,4}

例：计算矩阵 S 的行向量之和、列向量之和以及全部元素的立方和。

In[10]:= **{Total[S],S.{1,1,1},Total[[S³,2]]}**

Out[10]= {{3,7,11},{7,5,9},441}

例：计算矩阵 S 的对角元乘积，取矩阵对角元列表。

In[11]:= **{Tr[S,Times],Tr[S,List]}**

Out[11]= {15,{1,3,5}}

4.3　矩阵的高级运算

线性方程组、线性空间、线性变换是线性代数的三大主要内容。在本节中我们将介绍 Mathematica 处理这些问题的有关函数的用法。

4.3.1　线性方程组的求解

当方阵 A 的行列式不为零时,线性方程组 $AX = B$ 有唯一解 $X = A^{-1}B$。当 A 的行列式为零或者 A 不是方阵的时候,线性方程组可能无解或有无穷多解。当线性方程组有无穷多解的时候,由基础解系向量的线性组合加上一个特解组成线性方程组的全部解。

在 Mathematica 中,LinearSolve[A,B]求解线性方程组 $AX = B$ 的一个特解,NullSpace[A]给出线性方程组 $AX = 0$ 的一个基础解系。这样,LinearSolve 函数和 NullSpace 函数联手解出线性方程组 $AX = B$ 的全部解(表 4.9)。

表 4.9

函　　　数	说　　　明
LinearSolve[A,B]	求方程组 $AX = B$ 的一个特解 X
LinearSolve[A,B,Modulus→m]	求方程组 $AX = B \bmod m$ 的一个特解 X
LinearSolve[A,B,ZeroTest→f]	在求特解过程中,用 $f[A[[i,j]]]$ 检验 $A[[i,j]]$是否为零
NullSpace[A]	求齐次方程组 $AX = 0$ 的一个基础解系
NullSpace[A,Modulus→m]	求齐次方程组 $AX = 0 \bmod m$ 的一个基础解系
NullSpace[A,ZeroTest→f]	在求基础解系过程中,用 $f[A[[i,j]]]$ 检验 $A[[i,j]]$是否为零

当 A 的元素是整数、有理数或含有符号的时候,LinearSolve 函数和 NullSpace 函数利用 Gauss 消元法求解线性方程组;当 A 的元素是浮点数时,LinearSolve 函数利用数值算法,而 NullSpace 函数则利用 A 的奇异值分解,求解

线性方程组。

例:求解齐次线性方程组 $\begin{cases} x_1 + x_2 + x_3 + x_4 = 0 \\ x_1 - x_3 + x_4 = 0 \\ 3x_1 + x_2 - x_3 + 3x_4 = 0 \\ 3x_1 + 2x_2 + x_3 + 3x_4 = 0 \end{cases}$。

In[1]:= **NullSpace[** $\begin{pmatrix} 1 & 1 & 1 & 1 \\ 1 & 0 & -1 & 1 \\ 3 & 1 & -1 & 3 \\ 3 & 2 & 1 & 3 \end{pmatrix}$ **]**

Out[1]= {{-1,0,0,1},{1,-2,1,0}}   (*方程组有两个基础解*)

答:线性方程组的通解为 $\{s-t, -2s, s, t\}$,s、t 为任意参数。

例:求解非齐次线性方程组 $\begin{cases} x_1 - 3x_2 - x_3 + x_4 = 1 \\ 3x_1 - x_2 - 3x_3 + 4x_4 = 4 \\ x_1 + 5x_2 - 9x_3 - 8x_4 = 6 \end{cases}$。

In[2]:= **A=** $\begin{pmatrix} 1 & -3 & -1 & 1 \\ 3 & -1 & -3 & 4 \\ 1 & 5 & -9 & -8 \end{pmatrix}$ **; B=** $\begin{pmatrix} 1 \\ 4 \\ 6 \end{pmatrix}$ **; LinearSolve[A,B]**

Out[2]= $\left\{ \dfrac{7}{8}, \dfrac{1}{8}, -\dfrac{1}{2}, 0 \right\}$ (*一个特解*)

In[3]:= **NullSpace[A]**

Out[3]= {{-21,-1,-10,8}}   (*一个基础解*)

答:线性方程组的通解为 $\left\{ \dfrac{7}{8} - 21t, \dfrac{1}{8} - t, -\dfrac{1}{2} - 10t, 8t \right\}$,$t$ 为任意参数。

我们在第 2 章中介绍了求解一般代数方程的 Solve 函数等,也同样可以用于求解线性方程组,此处不再赘言。对于逻辑表达式形式的线性方程组,Mathematica 提供了 CoefficientArrays 函数,用于提取线性方程组的系数矩阵和常数项。其用法为

CoefficientArrays[方程组,{变量列表}]

例如:

In[4]:= **eqns={3x+2y-z==1,2x-3y+4z==19,x+2y+3z==9};**

{b,m}= CoefficientArrays[eqns,{x,y,z}]

```
Out[4]= {SparseArray[<3>,{3}],SparseArray[<9>,{3,3}]}
```

```
In[5]:= LinearSolve[m,-b]
```

```
Out[5]= {2,-1,3}
```

```
In[6]:= {x,y,z}/.Solve[eqns,{x,y,z}]
```

```
Out[6]= {2,-1,3}
```

4.3.2　线性空间的运算

一个有限维线性空间 V 通常可以表示为某个向量空间 F^n 的子空间,可以用它的一组生成元 $a_1,\cdots,a_m$ 表示。于是,V 对应于矩阵 $A=\{a_1,\cdots,a_m\}$,V 的维数等于 A 的秩。如何求 V 的一组基呢? Mathematica 的 RowReduce 函数就给出了 V 的一组基,返回一个阶梯形的上三角矩阵。当 A 是整数或有理数矩阵的时候,由 $a_1,\cdots,a_m$ 生成的格 V 的一组基也可以通过 LatticeReduce 函数求得(表 4.10)。

表 4.10

函　　　数	说　　　明
RowReduce[A]	求 A 的行向量生成的线性空间的基
RowReduce[A, Modulus→m]	在求特解过程中,矩阵运算 mod m
RowReduce[A, ZeroTest→f]	在求特解过程中,用 $f[A[[i,j]]]$ 检验 $A[[i,j]]$ 是否为零
LatticeReduce[A]	求 A 的行向量生成的格的基

例:设 W_1、W_2 分别是线性方程组
$$\begin{cases} x_1 + x_2 + x_3 - x_4 - x_5 = 0 \\ x_2 + 2x_3 + x_5 = 0 \end{cases}$$

和
$$\begin{cases} x_1 + 2x_2 + 7x_3 + 5x_4 - 4x_5 = 0 \\ x_2 + 4x_3 + 3x_4 - x_5 = 0 \end{cases}$$

的解空间。分别求 W_1、W_2、$W_1 \bigcap W_2$、$W_1 \bigcup W_2$ 的一组基。

```
In[1]:= a1= {1,1,1,-1,-1}; a2= {0,1,2,0,1};
        w1= NullSpace[{a1,a2}]
```

```
Out[1]= {{2,-1,0,0,1},{1,0,0,1,0},{1,-2,1,0,0}}    (*W₁的基*)
```

```
In[2]:= a3= {1,2,7,5,-4}; a4= {0,1,4,3,-1};
        w2= NullSpace[{a3,a4}]
Out[2]= {{2,1,0,0,1},{1,-3,0,1,0},{1,-4,1,0,0}}    (*W₂的基*)

In[3]:= NullSpace[{a1,a2,a3,a4}]
Out[3]= {{3,-3,1,0,1},{-1,6,-3,2,0}}              (*W₁∩W₂的基*)

In[4]:= RowReduce[Union[w1,w2]]
Out[4]= {{1,0,0,0,1/2},{0,1,0,0,0},{0,0,1,0,-1/2},
        {0,0,0,1,-1/2},{0,0,0,0,0},{0,0,0,0,0}}   (*W₁∪W₂的基*)
```

在实线性空间 V 上定义内积 f，V 变成了欧氏空间。如何求 V 的一组标准正交基呢？Mathematica 的 Orthogonalize 函数可以计算一组数组向量的标准正交化，或者一组函数在某个内积下的标准正交化（表 4.11）。

表 4.11

函　　数	说　　明
Orthogonalize[A,f]	对矩阵 A 的行向量作标准正交化
Normalize[v,f]	将向量单位化
Projection[u,v,f]	求向量 u 在 v 方向上的投影分量

注：当 f 缺省时，使用标准复内积和 L_2 范数。

例：向量的标准正交化。

```
In[5]:= Normalize[{a,b,c}]
```
$$Out[5]= \left\{ \frac{a}{\sqrt{a^2+b^2+c^2}}, \frac{b}{\sqrt{a^2+b^2+c^2}}, \frac{c}{\sqrt{a^2+b^2+c^2}} \right\}$$

```
In[6]:= Projection[{x,y,z},{a,b,c},Dot]
```
$$Out[6]= \left\{ \frac{a(ax+by+cz)}{a^2+b^2+c^2}, \frac{b(ax+by+cz)}{a^2+b^2+c^2}, \frac{c(ax+by+cz)}{a^2+b^2+c^2} \right\}$$

```
In[7]:= Orthogonalize[{{1,1,1},{-1,0,1},{-1,1,0}}]
```
$$Out[7]= \left\{ \left\{ \frac{1}{\sqrt{3}}, \frac{1}{\sqrt{3}}, \frac{1}{\sqrt{3}} \right\}, \left\{ -\frac{1}{\sqrt{2}}, 0, \frac{1}{\sqrt{2}} \right\}, \left\{ -\frac{1}{\sqrt{6}}, \sqrt{\frac{2}{3}}, -\frac{1}{\sqrt{6}} \right\} \right\}$$

```
In[8]:= %.Transpose[%]                    (*验证是否正交阵*)
Out[8]= {{1,0,0},{0,1,0},{0,0,1}}
```

例：在区间 $[0,1]$ 上定义连续函数的内积 $(f,g) = \int_0^1 xf(x)g(x)\mathrm{d}x$ ，以下语句给出多项式空间 $\{a_0 + a_1 x + a_2 x^2\}$ 的一组标准正交基。

In[9]:= **F[f_,g_]:=Integrate[x*f*g,{x,0,1}];**
　　　　Orthogonalize[{1,x,x^2},F]

Out[9]= $\left\{ \sqrt{2},6\left(-\dfrac{3}{2}+x\right),10\sqrt{6}\left(-\dfrac{1}{2}-\dfrac{6}{5}\left(-\dfrac{2}{3}+x\right)+x^2\right)\right\}$

In[10]:= **Projection[f[x],g[x],F]**

Out[10]= $\dfrac{g[x]\int_0^1 xf[x]g[x]\mathrm{d}x}{\int_0^1 xg[x]^2\mathrm{d}x}$

4.3.3　矩阵的乘积分解

矩阵的乘积分解是十分重要的矩阵运算。在各种矩阵函数和算法中都会或多或少地利用到矩阵的乘积分解，例如：矩阵方幂的计算、矩阵秩的计算、线性和非线性方程的求解、微分方程和递归方程的求解，等等。

本节矩阵分解内容可放在第 5 章数值计算内容中。常用的矩阵分解函数如表 4.12 所示。

表 4.12

函　　数	说　　明
CholeskyDecomposition[A]	对正定 Hermitian 方阵 A 返回上三角方阵 U 使 $A = U^H U$
HessenbergDecomposition[A]	对浮点型方阵 A 返回 $\{P,H\}$ 使 $A = PHP^{-1}$ ；P 是酉方阵，H 是 Hessenberg 方阵
JordanDecomposition[A]	对方阵 A 返回 $\{P,J\}$ 使 $A = PJP^{-1}$ ；J 是 Jordan 标准形
LUDecomposition[A]	对方阵 A 返回 $\{\mathrm{lu},p,c\}$ 使 $A = P.L.U$ ；L 是单位下三角，U 是上三角，L 和 U 由 lu 表示，置换方阵 P 由 p 表示，$c \approx A$ 的条件数
QRDecomposition[A]	返回 $\{Q,R\}$ 使 $A = Q^H R$ ；Q 的行向量两两正交，R 是上三角

续表

函　　数	说　　明
QRDecomposition[A, Pivoting→True]	对浮点型方阵 A 返回 $\{Q, R, P\}$ 使 $A = Q^H R P^{-1}$；Q 是行向量正交，R 是上三角，P 是置换方阵
SchurDecomposition[A]	对浮点型方阵 A 返回 $\{Q, T\}$ 使 $A = QTQ^{-1}$；Q 是酉方阵，T 是上三角。
SchurDecomposition[A, Pivoting→True]	对浮点型方阵 A 返回 $\{Q, T, P\}$ 使 $A = PQTQ^{-1}P^{-1}$；P 是置换方阵和对角阵的乘积，Q 是酉方阵，T 是上三角
SingularValueDecomposition[A]	对浮点型方阵 A 返回 $\{U, S, V\}$ 使 $A = USV^{-1}$；U 和 V 是酉方阵，S 是元素 $\geqslant 0$ 的对角阵
SingularValueDecomposition[A, Tolerance→t]	对浮点型方阵 A 做奇异值分解，视小于 $t * \mathrm{Norm}[A]$ 的奇异值为 0

◇　**Cholesky 分解**

CholeskyDecomposition[A]将正定方阵 A 写成 $U^T U$ 的形式，A 可以是实对称阵、Hermitian 阵或者含有变元，但 A 必须是正定方阵。例如：

```
In[1]:= A=Table[1/(i+j-1),{i,3},{j,3}];
        CholeskyDecomposition[A]//MatrixForm
```
Out[1]//MatrixForm=

$$\begin{pmatrix} 1 & \dfrac{1}{2} & \dfrac{1}{3} \\ 0 & \dfrac{1}{2\sqrt{3}} & \dfrac{1}{2\sqrt{3}} \\ 0 & 0 & \dfrac{1}{6\sqrt{5}} \end{pmatrix}$$

```
In[2]:= CholeskyDecomposition[{{1,a},{a,b}}]//MatrixForm
```
Out[2]//MatrixForm=

$$\begin{pmatrix} 1 & a \\ 0 & \sqrt{b-a\,\mathrm{Conjugate}[a]} \end{pmatrix}$$

◇ Hessenberg 分解

形如 $H = \begin{pmatrix} h_{11} & h_{12} & \cdots & h_{1n} \\ h_{21} & h_{22} & \cdots & h_{2n} \\ & \ddots & \ddots & \vdots \\ O & & h_{n-1,n} & h_{nn} \end{pmatrix}$ 的方阵称为 Hessenberg 方阵。

HessenbergDecomposition 函数将浮点型方阵 A 相似于 Hessenberg 方阵。A 可以是实方阵或复方阵,但不可以是整数方阵或含有变元。例如:

```
In[3]:= A=Table[1.0/(i+j-1),{i,3},{j,3}];
        MatrixForm/@HessenbergDecomposition[A]
```

$$\text{Out[3]} = \left\{ \begin{pmatrix} 1. & 0. & 0. \\ 0. & -0.83205 & -0.5547 \\ 0. & -0.5547 & 0.83205 \end{pmatrix}, \begin{pmatrix} 1. & -0.600925 & 5.55112\times10^{-17} \\ -0.600925 & 0.523077 & -0.0346154 \\ 0. & -0.0346154 & 0.0102564 \end{pmatrix} \right\}$$

◇ Jordan 分解

JordanDecomposition[A]计算 A 的 Jordan 标准形及过渡矩阵。A 可以是任意类型的方阵。例如:

```
In[4]:= MatrixForm/@JordanDecomposition[{{0,1},{- a,0}}]
```

$$\text{Out[4]} = \left\{ \begin{pmatrix} \frac{i}{\sqrt{a}} & -\frac{i}{\sqrt{a}} \\ 1 & 1 \end{pmatrix}, \begin{pmatrix} -i\sqrt{a} & 0 \\ 0 & i\sqrt{a} \end{pmatrix} \right\}$$

◇ LU 分解

LU 分解是一种求解线性方程组的直接方法,它基于选主元的 Gauss 消元法,尤其适用于相同系数矩阵的多个线性方程组。LUDecomposition 函数适用于任意可逆方阵。例如:

```
In[5]:= A=(1 2 3 / 4 5 6 / 7 8 10);MatrixForm/@LUDecomposition[A]
```

$$\text{Out[5]} = \left\{ \begin{pmatrix} 1 & 2 & 3 \\ 4 & -3 & -6 \\ 7 & 2 & 1 \end{pmatrix}, \begin{pmatrix} 1 \\ 2 \\ 3 \end{pmatrix}, 1 \right\}$$

$$\text{In[6]:= } L=\begin{pmatrix} 1 & 0 & 0 \\ 4 & 1 & 0 \\ 7 & 2 & 1 \end{pmatrix};U=\begin{pmatrix} 1 & 2 & 3 \\ 0 & -3 & -6 \\ 0 & 0 & 1 \end{pmatrix};P=\begin{pmatrix} 1 & 0 & 0 \\ 0 & 1 & 0 \\ 0 & 0 & 1 \end{pmatrix};$$

P.L.U//MatrixForm

Out[6]//MatrixForm=

$$\begin{pmatrix} 1 & 2 & 3 \\ 4 & 5 & 6 \\ 7 & 8 & 10 \end{pmatrix}$$

当 A 是浮点型矩阵时,注意 LUDecomposition[A]输出的 L、U 的格式有所不同。

$$\text{In[7]:= } A=\begin{pmatrix} 1. & 2. & 3. \\ 4. & 5. & 6. \\ 7. & 8. & 10. \end{pmatrix};\text{MatrixForm/@LUDecomposition[A]}$$

Out[7]= $\left\{ \begin{pmatrix} 7 & 0.142857 & 0.571428 \\ 8 & 0.857143 & 0.5 \\ 10 & 1.57143 & -0.5 \end{pmatrix}, \begin{pmatrix} 3 \\ 1 \\ 2 \end{pmatrix}, 158.333 \right\}$

In[8]:= **Norm[A,Infinity]* Norm[Inverse[A],Infinity]**

Out[8]= 158.333

$$\text{In[9]:= } L=\begin{pmatrix} 1 & 0 & 0 \\ 0.142857 & 1 & 0 \\ 0.571428 & 0.5 & 1 \end{pmatrix};U=\begin{pmatrix} 7 & 8 & 10 \\ 0 & 0.857143 & 1.57143 \\ 0 & 0 & -0.5 \end{pmatrix};$$

$$P=\begin{pmatrix} 0 & 0 & 1 \\ 1 & 0 & 0 \\ 0 & 1 & 0 \end{pmatrix};\text{P.L.U//MatrixForm}$$

Out[9]//MatrixForm=

$$\begin{pmatrix} 1 & 2 & 3 \\ 4 & 5 & 6 \\ 7 & 8 & 10 \end{pmatrix}$$

◇　**QR 分解**

QR 分解也是一种求解线性方程组的直接方法,尤其适用于病态系数矩阵的线性方程组。它的稳定性和精确度均优于 LU 分解,只是在运算复杂度上略高一些。

QRDecomposition［A］利用 Householder 变换对任意类型的矩阵 A 的列向量做标准正交化，返回一组标准正交基 Q 和 A 的列向量在此基下的坐标 R。

当 A 是浮点型矩阵时，QRDecomposition［A，Pivoting→True］在正交化过程中将向量按长度降序排列，从而提高计算的稳定性。例如：

In[10]:= $A=\begin{pmatrix} 1 & 2 & 3 \\ 4 & 5 & 6 \\ 7 & 8 & 9 \end{pmatrix}$;

{Q,R,P}=QRDecomposition[A];MatrixForm/@{Q,R,P}

Out[10]= $\left\{ \begin{pmatrix} \frac{1}{\sqrt{66}} & 2\sqrt{\frac{2}{33}} & \frac{7}{\sqrt{66}} \\ \frac{3}{\sqrt{11}} & \frac{1}{\sqrt{11}} & -\frac{1}{\sqrt{11}} \end{pmatrix}, \begin{pmatrix} \sqrt{66} & 13\sqrt{\frac{6}{11}} & 4\sqrt{\frac{6}{11}}+\sqrt{66} \\ 2 & \frac{3}{\sqrt{11}} & \frac{6}{\sqrt{11}} \end{pmatrix}, \right.$

$\left. \begin{pmatrix} 1 & 0 & 0 \\ 0 & 1 & 0 \\ 0 & 0 & 1 \end{pmatrix} \right\}$

In[11]:= Simplify[Transpose[Q].R]//MatrixForm

Out[11]//MatrixForm=

$\begin{pmatrix} 1 & 2 & 3 \\ 4 & 5 & 6 \\ 7 & 8 & 9 \end{pmatrix}$

In[12]:= {Q,R,P}=QRDecomposition[N[A],Pivoting→True];

MatrixForm/@(Q,R,P);

Out[12]= $\left\{ \begin{pmatrix} -0.267261 & -0.534522 & -0.801784 \\ 0.872872 & 0.218218 & -0.436436 \\ 0.408248 & -0.816497 & 0.408248 \end{pmatrix}, \right.$

$\left. \begin{pmatrix} -11.225 & -8.01784 & -9.6214 \\ 0 & -1.30931 & -0.654654 \\ 0 & 0 & 2.69966\times10^{-17} \end{pmatrix}, \begin{pmatrix} 0 & 1 & 0 \\ 0 & 0 & 1 \\ 1 & 0 & 0 \end{pmatrix} \right\}$

In[13]:= Transpose[Q].R.Transpose[P]//MatrixForm

Out[13]//MatrixForm=

$$\begin{pmatrix} 1. & 2. & 3. \\ 4. & 5. & 6. \\ 7. & 8. & 9. \end{pmatrix}$$

◇　**Schur 分解**

SchurDecomposition 函数利用 QR 迭代法,将浮点型方阵 A 酉相似于上三角方阵或正交相似于准上三角方阵。A 可以是实方阵或复方阵,但不可以是整数方阵或含有变元。

当 A 的条件数特别大时,SchurDecomposition[A, Pivoting→True] 允许选取 A 的行、列向量的主元,希望借此降低条件数,提高计算的稳定性和精度。例如:

In[14]:= **A=** $\begin{pmatrix} 1. & 10. & 100. \\ 0.1 & 1. & 10. \\ 0.01 & 0.1 & 1. \end{pmatrix}$ **;{Q,T}=SchurDecomposition[A];**

MatrixForm/@{Q,T}

Out[14]= $\left\{ \begin{pmatrix} -0.99874 & 0.0501861 & 0. \\ 0.049937 & 0.993783 & -0.0995037 \\ 0.0049937 & 0.0993783 & 0.995037 \end{pmatrix}, \right.$

$\left. \begin{pmatrix} 0. & -19.8002 & -97.8877 \\ 0. & 3. & 14.8313 \\ 0. & 0. & -7.44847\times10^{-17} \end{pmatrix} \right\}$

In[15]:= **Norm[Q.T.Transpose[Q]-A]**

Out[15]= 1.44312×10^{-14}

In[16]:= **{Q,T,P}=SchurDecomposition[A,Pivoting→True];**

MatrixForm/@{Q,T,P}

Out[16]= $\left\{ \begin{pmatrix} -0.890024 & 0.455915 & 0. \\ 0.356009 & 0.694992 & -0.624695 \\ 0.284808 & 0.555993 & 0.780869 \end{pmatrix}, \right.$

$\begin{pmatrix} 0. & -0.927672 & -0.185771 \\ 0. & 3. & 0.600766 \\ 0. & 0. & -3.93294\times10^{-17} \end{pmatrix}, \left. \begin{pmatrix} 64. & 0. & 0. \\ 0. & 8. & 0. \\ 0. & 0. & 1. \end{pmatrix} \right\}$

In[17]:= **Norm[P.Q.T.Transpose[Q].Inverse[P]-A]**

(*效果不明显*)

Out[17]= 1.44403×10^{-14}

◇ **奇异值分解**

SingularValueDecomposition 函数利用 QR 迭代法和 Givens 旋转法,将浮点型矩阵 A 酉相抵(或正交相抵)于对角阵 S。S 的对角元素都 $\geqslant 0$,非零对角元称为 A 的奇异值。最大奇异值和最小奇异值的比就是 A 的条件数。A 的条件数对线性方程组 $AX = B$ 解的精度有很大影响,同时也影响一些关于 A 的迭代算法的收敛速度。

下面是奇异值的一种几何解释:设 A 是一个 $m \times n$ 矩阵,A 对应一个 n 维空间到 m 维空间的线性变换 $x \to Ax$,将 n 维空间中的单位球映射到 m 维空间中的椭球。椭球的半轴长就是 A 的奇异值。若 A 在某种程度上是奇异的,这种奇异性将会反映在椭球的形状中。

A 可以是实矩阵或复矩阵,但不可以是整数矩阵或含有变元。例如:

```
In[18]:= {U,S,V}=SingularValueDecomposition[Table[1.0,{2},
        {3}]];
        MatrixForm/@{U,S,V}
```

$$Out[18]= \left\{ \begin{pmatrix} -0.707107 & 0.707107 \\ -0.707107 & -0.707107 \end{pmatrix}, \begin{pmatrix} 2.44949 & 0. & 0. \\ 0. & 0. & 0. \end{pmatrix}, \right.$$

$$\left. \begin{pmatrix} -0.57735 & 0.816497 & 6.40885 \times 10^{-17} \\ -0.57735 & -0.408248 & -0.707107 \\ -0.57735 & -0.408248 & 0.707107 \end{pmatrix} \right\}$$

```
In[19]:= U.S.Transpose[V]
```

Out[19]//MatrixForm=

$$\begin{pmatrix} 1. & 1. & 1. \\ 1. & 1. & 1. \end{pmatrix}$$

习 题 4

1. 计算行列式:

(1) $\begin{vmatrix} 1 & 2 & 3 & 4 \\ 2 & 3 & 4 & 1 \\ 3 & 4 & 1 & 2 \\ 4 & 1 & 2 & 3 \end{vmatrix}$ (2) $\begin{vmatrix} 1+a & 1 & 1 & 1 \\ 1 & 1-a & 1 & 1 \\ 1 & 1 & 1+b & 1 \\ 1 & 1 & 1 & 1-b \end{vmatrix}$

(3) $\begin{vmatrix} a & x & \cdots & x \\ y & a & \ddots & \vdots \\ \vdots & \ddots & \ddots & x \\ y & \cdots & y & a \end{vmatrix}_{n \times n}$ (4) $\begin{vmatrix} 1^{n-2} & 2^{n-2} & \cdots & n^{n-2} \\ 2^{n-2} & 3^{n-2} & \cdots & (n+1)^{n-2} \\ \vdots & \vdots & \ddots & \vdots \\ n^{n-2} & (n+1)^{n-2} & \cdots & (2n-1)^{n-2} \end{vmatrix}_{n \times n}$

2. 计算多项式 $p(x) = \begin{vmatrix} 2x & x & 1 & 2 \\ 1 & x & -2 & -1 \\ 3 & 2 & x & -1 \\ 1 & 1 & 0 & x \end{vmatrix}$。

3. 设 $A = \begin{pmatrix} 1 & 0 & -1 \\ 0 & 2 & 3 \end{pmatrix}$, $B = \begin{pmatrix} 2 & -1 & 4 \\ 1 & 0 & -2 \\ 0 & 3 & 1 \end{pmatrix}$, $C = \begin{pmatrix} 0 & 2 \\ -1 & 0 \\ 3 & 1 \end{pmatrix}$, 计算 AB, AC,

CA, B^2。

4. 判断下列向量组是否线性相关。

(1) $a_1 = \begin{bmatrix} 1 \\ -2 \\ 1 \end{bmatrix}, a_2 = \begin{bmatrix} 0 \\ 3 \\ -1 \end{bmatrix}, a_3 = \begin{bmatrix} 2 \\ -1 \\ 3 \end{bmatrix}$;

(2) $a_1 = \begin{bmatrix} -2 \\ 1 \\ 1 \end{bmatrix}, a_2 = \begin{bmatrix} 1 \\ -1 \\ 1 \end{bmatrix}, a_3 = \begin{bmatrix} -5 \\ 3 \\ 1 \end{bmatrix}$。

5. 计算向量 $\beta = (1,1,1,1)$ 在基 $\alpha_1 = (1,-1,1,-1)$, $\alpha_2 = (0,1,-1,1)$, $\alpha_3 = (001,-1)$, $\alpha_4 = (0,0,0,1)$ 下的坐标。

6. 在由不超过 3 次的实系数多项式组成的实线性空间 $P_4[x]$ 中，求从基 $\alpha_1 = 1, \alpha_2 = x, \alpha_3 = x^2, \alpha_4 = x^3$ 到基 $\beta_1 = 1, \beta_2 = x-\lambda, \beta_3 = (x-\lambda)^2, \beta_4 = (x-\lambda)^3$ 的坐标变换矩阵。

7. 求实线性空间 R^4 中从基 $\{\alpha_1, \alpha_2, \alpha_3, \alpha_4\}$ 到基 $\{\beta_1, \beta_2, \beta_3, \beta_4\}$ 的坐标变换矩阵,其中

$$\alpha_1 = \begin{pmatrix} 1 \\ 0 \\ 0 \\ 0 \end{pmatrix}, \alpha_2 = \begin{pmatrix} 0 \\ 1 \\ 0 \\ 0 \end{pmatrix}, \alpha_3 = \begin{pmatrix} 0 \\ 0 \\ 1 \\ 0 \end{pmatrix}, \alpha_4 = \begin{pmatrix} 0 \\ 0 \\ 0 \\ 1 \end{pmatrix}$$

$$\beta_1 = \begin{pmatrix} 1 \\ 1 \\ 1 \\ 1 \end{pmatrix}, \beta_2 = \begin{pmatrix} 1 \\ 1 \\ -1 \\ -1 \end{pmatrix}, \beta_3 = \begin{pmatrix} 1 \\ -1 \\ 1 \\ -1 \end{pmatrix}, \beta_4 = \begin{pmatrix} 1 \\ -1 \\ -1 \\ 1 \end{pmatrix}$$

8. 计算下列矩阵的秩：

(1) $\begin{pmatrix} 2 & 1 & -1 & 1 & 1 \\ 3 & -2 & 1 & -3 & 4 \\ 1 & 4 & -3 & 5 & -2 \end{pmatrix}$ (2) $\begin{pmatrix} 1 & 1 & -3 & -4 & 1 \\ 3 & -1 & 1 & 4 & 3 \\ 1 & 5 & -9 & -8 & 1 \end{pmatrix}$

9. 计算下列矩阵的逆矩阵：

(1) $\begin{pmatrix} 3 & 3 & -4 & -3 \\ 0 & 6 & 1 & 1 \\ 5 & 4 & 2 & 1 \\ 2 & 3 & 3 & 2 \end{pmatrix}$ (2) $\begin{pmatrix} 2 & 5 & 7 & 1 \\ 6 & 3 & 4 & 0 \\ 5 & -2 & -3 & 1 \\ 1 & 1 & -1 & -1 \end{pmatrix}$

(3) $\begin{pmatrix} x & 1 & 0 & 0 \\ 1 & x & \ddots & 0 \\ 0 & \ddots & \ddots & 1 \\ 0 & 0 & 1 & x \end{pmatrix}_{n \times n}$ (4) $\begin{pmatrix} 1 & 2 & \cdots & n \\ 0 & 1 & \ddots & \vdots \\ \vdots & \ddots & \ddots & 2 \\ 0 & \cdots & 0 & 1 \end{pmatrix}_{n \times n}$

10. 求解下列线性方程组：

(1) $\begin{pmatrix} 1 & -2 & 1 & 1 \\ 1 & -2 & 1 & -1 \\ 1 & -2 & 1 & 5 \end{pmatrix} \begin{pmatrix} x_1 \\ x_2 \\ x_3 \\ x_4 \end{pmatrix} = \begin{pmatrix} 1 \\ -1 \\ 5 \end{pmatrix}$

(2) $\begin{pmatrix} 1 & -2 & -1 & -2 \\ 4 & 1 & 2 & 1 \\ 2 & 5 & 4 & -1 \\ 1 & 1 & 1 & 1 \end{pmatrix} \begin{pmatrix} x_1 \\ x_2 \\ x_3 \\ x_4 \end{pmatrix} = \begin{pmatrix} 2 \\ 3 \\ 0 \\ \frac{1}{3} \end{pmatrix}$

11. 设 R^2 上的线性变换 $\mathscr{A}$ 在基 $\alpha_1 = (1, -1), \alpha_2 = (1, 1)$ 下的矩阵是 $\begin{pmatrix} 2 & 3 \\ 0 & 1 \end{pmatrix}$,

求 $\mathscr{A}$ 在基 $\beta_1 = (2,0), \beta_2 = (-1,1)$ 下的矩阵。

12. 计算下列复方阵的全部特征值和特征向量：

$$(1) \begin{pmatrix} 0 & a \\ -a & 0 \end{pmatrix} \qquad (2) \begin{pmatrix} 0 & 0 & 1 \\ 0 & 1 & 0 \\ 1 & 0 & 0 \end{pmatrix} \qquad (3) \begin{pmatrix} 1 & 1 & 1 & 1 \\ 1 & 1 & -1 & -1 \\ 1 & -1 & 1 & -1 \\ 1 & 1 & -1 & 1 \end{pmatrix}$$

13. 判断下列实二次型是否定正：

(1) $Q(x_1, x_2, x_3) = 2x_1 x_2 + 2x_1 x_3 + 2x_2 x_3$；

(2) $Q(x_1, x_2, x_3) = x_1^2 + 2x_2^2 + 6x_3^2 + 2x_1 x_2 + 2x_1 x_3 + 6x_2 x_3$。

14. 计算下列矩阵 A 的 Jordan 标准形 J，并写出过渡矩阵 P 使 $A = PJP^{-1}$。

$$(1) \begin{bmatrix} 2 & -1 & 1 \\ 2 & 2 & -1 \\ 1 & 2 & -1 \end{bmatrix} \qquad (2) \begin{bmatrix} 3 & -4 & 0 & 2 \\ 4 & -5 & -2 & 4 \\ 0 & 0 & 3 & -2 \\ 0 & 0 & 2 & -1 \end{bmatrix}$$

第 5 章　数值计算方法

5.1　插　　值

◇　**插值多项式函数 InterpolatingPolynomial**

给定 $n+1$ 个插值点 $(x_i, f(x_i)), i = 0, 1, 2, \cdots, n$。构造次数至多 n 次的多项式 $P(x)$，并满足 $P(x_i) = f(x_i), i = 1, 2, \cdots, n$。称 $P(x)$ 为函数 $f(x)$ 的插值多项式。在数值计算方法中常用拉格朗日法、牛顿法或样条函数构造插值多项式。

插值多项式函数的一般形式：

$$\textbf{InterpolatingPolynomial}\,\big[\textbf{data，var}\big]$$

构造插值点数据为 data，变量为 var 的插值多项式。

例：给出下列函数表，构造插值多项式并计算 $f(2.3)$。

x	1.0	2.0	3.0	4.0	4.5	5.0
$f(x)$	6.0	4.0	7.0	1.0	9.0	3.0

In[1]:= **data={{1.,6},{2,4},{3,7},{4,1},{4.5,9},{5,3}};**

In[2]:= **p[x_]=InterpolatingPolynomial[data,x]**

Out[2]= 3+(-0.75+(-0.625+(-1.04167+(-0.27381-3.13095(-4.5+
　　　　x))(-2+x))(-3+x))(-1.+x))(-5+x)

In[3]:= **p[2.3]**

Out[3]= 9.53476

In[4]:= **t1=Plot[p[x],{x,0.5,5.2}];**   （＊看看插值函数图＊）
t2=ListPlot[data,PlotStyle → PointSize[0.02]];
Show[t1,t2]

Out[6]=

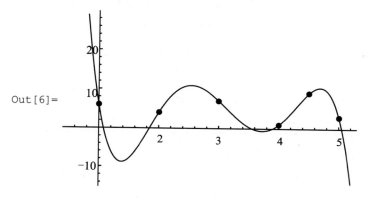

通过选项设置，直接看到 4 阶插值的效果。

In[7]:= **ListLinePlot[data,Epilog→{PointSize[Medium],Red,**
Point[data]},InterpolationOrder→4]

Out[7]=

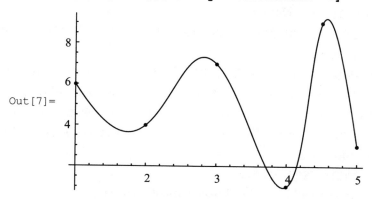

　　插值点数据以点列的形式排列，所有点列组成一个表。平面点列元素存放点的 x 轴和 y 轴坐标值。相当于数学上的$\{x_i,f(x_i)\}$或$\{x_i,y_i\}$，数据中还可以包括插值点处的导数值，数据列$\{\{\{x_0\},f_0,\mathrm{d}f_0\},\{\{x_1\},f_1,\mathrm{d}f_1\},\cdots\}$给出 x_i 点的函数值f_i 和一阶导数值 $\mathrm{d}f_i$。三维插值点用$\{x_i,y_i,z_i\}$表示。函数值 f_i 可以是实数、复数或任何符号表达式。

　　表 5.1 列出几种数据的表示方式。

表 5.1

数据的表示方式	说　明
$\{\{x0,f0\},\{x1,f1\},...,\{xn,fn\}\}$	x_i 为 x 轴坐标值；f_i 为 y 轴坐标值
$\{f0,f1,...,fn\}$	当 $x_i = i$ 时，可省略 x_i
$\{\{\{x0\},f0,df0,ddf0,...\},...\}$	给出 x_i 点的函数值 f_i，一阶导数值 df_i，二阶导数值 ddf_i，…
$\{\{x0,y0,z0\},\{x1,y1,z1\},...\}$	给出三维空间点列
$\{\{\{x_1,y_1,...\},f_1\},\{\{x_2,y_2,...\},f_2\},...\}$	给出多维空间数据

例：按下列给定数据构造插值多项式：

$$(0,f(0),f'(0)) = \{1,-3.3,-2.2\}, (1,f(1),f'(1)) = \{1,-4.5,0.8\}$$

```
In[8]:= d={{{0},-3.3,-2.2},{{1},-4.5,0.8}};
        InterpolatingPolynomial[d,x]
```

```
Out[9]= -4.5+(-1+x) (0.8 + (-1+x) (2. +1. x))
```

◇　**样条插值函数 Interpolation**

多数情况下，我们构造插值函数的目的重在计算 $f(x)$ 的一些函数值，并不在意插值函数的具体表现形式。

Interpolation 函数采用样条插值方法，构造并返回 InterpolatingFunction 对象，它是指定阶数的插值多项式的近似函数，系统并不给出插值近似函数的显示形式，用户可用它计算在插值区间上的函数值。它可以同其他纯函数一样使用。函数值 $f(x_i)$ 可以是实数、复数或任何符号表达式。并支持 Method 选项。"Spline"，"Hermite"都是 Method 的选项值。

Interpolation 插值函数的一般形式：

Interpolation [data，InterpolationOrder→n]

构造以 data 为插值点数据，按 InterpolationOrder 设定多项式的次数的插值多项式。插值点数据表示方式与 InterpolatingPolynomial 函数所用数据相同（如表 5.1 所示）；用 InterpolationOrder 设置插值多项式的次数 n，缺省值为 3。Interpolation 生成一个插值函数和插值范围，如 Out[2] 中"InterpolatingFunction [{1,5},< >]"所示，由 {1,5} 表明插值范围，用户只能计算在插值范围内的近似的函数值，即只能做插值点在插值区域内的内插计算，而不能做插值点在插值区域外的外插计算。

In[1]:= **data={{1,16},{2,12},{4,8},{5,9}};**

用 Interpolation 命令构造插值函数 $g(x)$。

In[2]:= **g=Interpolation[data,InterpolationOrder→2]**

Out[2]= InterpolatingFunction[{1,5},< >]

In[3]:= **g[1.2]**

Out[3]= 15.0933

In[4]:= **h=Interpolation[data,InterpolationOrder→3]**

Out[4]= InterpolatingFunction[{1,5},< >]

In[5]:= **h[1.2]** (*计算 x=1.2 处函数的近似值*)

Out[5]= 15.1307

请上机比较不同次数的插值效果。

$$Plot[\{g[x],h[x]\},\{x,1,5\}]$$

例:给定 4 个插值点,构造的插值多项式函数的次数至多为 3 次。

In[6]:= **g=Interpolation[data,InterpolationOrder→4]**

Interpolation:: inhr: Requested order is too high; order hasbeen reduced to 3.

Out[6]= InterpolatingFunction[{1,5},< >]

例:取 $f(x)=x^5-3x^2+1$ 的函数值和一阶导数值构造三次样条插值,用插值函数计算 $x=0.27$ 的函数值,并观察插值误差。

In[7]:= **f[x_]=x^5-3x^2+1;**
tt= Table[Evaluate[{{x},f[x],D[f[x],x]}],{x,0,2,0.3}]

Out[8]= {{{0.},1.,0.},{{0.3},0.73243,-1.7595},
{{0.6},-0.00224,-2.952},{{0.9},-0.83951,-2.1195},
{{1.2},-0.83168,3.168},{{1.5},1.84375,16.3125},
{{1.8},10.1757,41.688}}

In[9]:= **p=Interpolation[tt]**

Out[9]= InterpolatingFunction[{{0.,1.8}},< >]

In[10]:= **{p[0.27],f[0.27]}**

Out[10]= {0.782678,0.782735}

观察插值误差：

In[11]:= **Plot[Abs[f[x]-p[x]],{x,0,1.8}]**

Out[11]=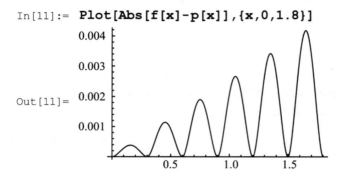

例：设置样条插值选项。

In[12]:= **g[x_]=x^5-3Cos[x]+1;**
ta=Table[{k,g[k]},{k,0,2,0.2}];
qa=Interpolation[ta,Method→"Spline"]

Out[14]= InterpolatingFunction[{{0.,1.8}},< >]

In[15]:= **qb=Interpolation[ta]**

Out[15]= InterpolatingFunction[{{0.,2.}},< >]

In[16]:= **{Plot[{qa[x]-g[x]},{x,0,2}],**
Plot[{qb[x]-g[x]},{x,0,2}]}

Out[16]=

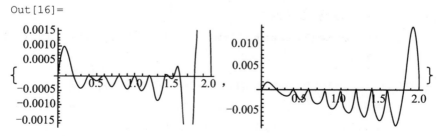

InterpolatingFunction 对象也能表示微分方程的近似解。例如：

In[17]:= **sol=y/.First[NDSolve[{y''[x]==y[x],y[0]==1,y'[0]==0},**
y,{x,0,10}]]

```
Out[17]= InterpolatingFunction[{{0.,10.}},< >]
```

In[18]:= **sol[2.7]**

```
Out[18]= 7.47347
```

◇ **构造逼近函数 FunctionInterpolation**

在计算一些复杂函数时,用函数 FunctionInterpolation 可对复杂函数构造相对简单的逼近函数简化计算。FunctionInterpolation 生成插值形式函数 InterpolatingFunction。

一般形式:

$$\text{FunctionInterpolation}\big[expr,\{x,x_{\min},x_{\max}\}\big]$$

在区间$[x_{\min},x_{\max}]$构造 expr 的逼近函数

$$\text{FunctionInterpolation}\big[expr,\{x,x_{\min},x_{\max}\},\{y,y_{\min},y_{\max}\},\cdots\big]$$

在区间$[x_{\min},x_{\max}]$,$[y_{\min},y_{\max}]$,$\cdots$上构造 expr 的高维逼近函数

In[1]:= **f=FunctionInterpolation[Exp[-Sin[x]^2 Cos[x]],**
{x,0,7}]

```
Out[1]= InterpolatingFunction[{{0.,7.}},< >]
```

In[2]:= **f[0.37]**

```
Out[2]= 0.885223
```

请看原函数和近似函数之间的绝对误差精度,几乎都是10^{-6}数量级。

In[3]:= **Plot[Exp[-Sin[x]^2 Cos[x]]-f[x],{x,0,7}]**

Out[3]=

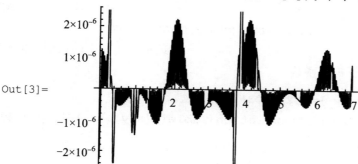

In[4]:= **h=FunctionInterpolation[x^3+y^5,{x,0,0.5},**
{y,0,0.5}]

```
Out[4]= InterpolatingFunction[{{0.,0.5},{0.,0.5}},"< >"]
```

In[5]:= **{0.25^3+0.25^5,h[0.25,0.25]}**

Out[5]= {0.0166016,0.0166016}

请观察原函数和近似函数之间的误差图形。

In[6]:= **Plot3D[x^3+y^3-h[x,y],{x,0,0.5},{y,0,0.5},**
       PlotRange →{0,0.2}]

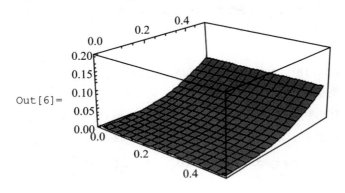

Out[6]=

◇　**构造多元插值函数**

在定义的网格域{{xmin,xmax},{ymin,ymax}}内,函数值以等间距的形式生成数组 array,ListInterpolation 按数组 array 的数值构造近似插值函数,也可以直接给出数组 array 的数值。

一般形式:

ListInterpolation[array]　　　　　　　　由数组 array 构造近似插值函数

ListInterpolation[array,{{xmin,xmax},{ymin,ymax}}]

　　　　　　　　　　　　　　　构造指定区域上的近似插值函数

例:由三维数据拟合函数。

In[1]:= **f[x_,y_]=1.2/(x^3+y^2);**
       g = ListInterpolation[Table[f[x,y],{x,10},{y,15}]]

Out[2]= InterpolatingFunction[{{1.,10.},{1.,15.}},"< >"]

用户可试试:

ListInterpolation[Table[f[x,y],{x,10},{y,15}],Method→"Spline"]

例:观察一点插值误差。

In[3]:= **{g[7.2,8.7],f[7.2,8.7],g[7.2,8.7]-f[7.2,8.7]}**

Out[3]= {0.00267216,0.00267297,-8.17992×10⁻⁷}

例：观察区域插值误差。

In[4]:= **Plot3D[Abs[f[x,y]-g[x,y]],{x,1,10},{y,1,15}]**

Out[4]=

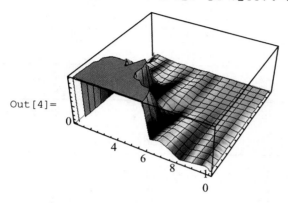

5.2　曲　线　拟　合

5.2.1　线性拟合

线性拟合函数 Fit 的一般形式：

$$\textbf{Fit}[\text{data}, \text{funs}, \text{vars}]$$

以 vars 为变量，以 funs 为基函数，用数据 data，按最小二乘法构造拟合函数。数据的表示方法同插值函数中的数据相同，都是使用点列形式。多项式是拟合函数的一种常用形式，Fit 函数也能构造其他形式的多维拟合函数，Fit 主要计算在列表 funs 中基函数的线性组合。

表 5.2 列了几种常用的拟合函数形式：

表 5.2

拟 合 函 数	说　明
Fit[data,{1,x},x]	用数据 data 构造线性拟合函数：$a + bx$
Fit[data,{1,x,x^2},x]	构造二次拟合函数：$a + bx + cx^2$
Fit[data,Table[x^i,{i,0,n}],x]	n 次多项式拟合
Fit[data,{1,x,y},{x,y}]	构造双线性拟合函数：$a + bx + cy$
Exp[Fit[Log[data],{1,x},x]]	拟合曲线为 e^{a+bx}

例：设某次实验数据如下：

X	1.36	1.49	1.73	1.81	1.95	2.16
Y	14.09	15.09	16.84	17.38	18.44	19.95

试按最小二乘法用一次多项式、二次多项式拟合以上数据。

```
In[1]:= data={{1.36,14.09},{1.49,15.09},{1.73,16.84},
        {1.81,17.38},{1.95,18.44},{2.16,19.95}};
```

```
In[2]:= Fit[data,{1,x},x]
```
Out[2]= 4.17841+7.30662 x

```
In[3]:= Fit[data,{1,x,x^2},x]
```
Out[3]= 3.78051+7.77224 x-0.133012 x^2

例：对素数分别做线性拟合、二次拟合。

```
In[4]:= g=Table[Prime[x],{x,20}];
        Fit[g,{1,x},x]
```

Out[5]= -7.67368+3.77368 x

```
In[6]:= Fit[g,{1,x,x^2},x]
```
Out[6]= -1.92368+2.2055 x+0.0746753 x^2

例：取函数 $z = 1 - 3x + 5xy$ 的部分数值构造以 $\{1,x,y,xy\}$ 为基的拟合函数。

```
In[7]:= Flatten[Table[{x,y,1-3x+5x y},{x,0,1,0.4},
        {y,0,1,0.4}],1]
```
Out[7]= {{0,0,1},{0,0.4,1},{0,0.8,1},{0.4,0,-0.2},

```
                  {0.4,0.4,0.6},{0.4,0.8,1.4},{0.8,0,-1.4},
                  {0.8,0.4,0.2},{0.8,0.8,1.8}}}
```

In[8]:=　**Fit[%,{1,x,y,xy},{x,y}]**

Out[8]=　$1.-3.x-4.68451\times10^{-15}\ y+5.x\ y$

In[9]:=　**Chop[%]**

Out[9]=　$1.-3.x+5.x\ y$

5.2.2　最佳拟合

　　FindFit 是用给定数据计算特定函数的最佳拟合参数。有时参量带有约束条件。对线性拟合，FindFit 求出全局优化拟合，对非线性拟合，FindFit 通常求出局部优化拟合。FindFit 主要用作非线性最小二乘拟合。

　　一般形式：

$$\text{FindFit}\ [\text{data,expr,pars,vars}]$$

求出变量为 vars 的参数 pars 的值，使 expr 给出数据 data 的最佳拟合

$$\text{FindFit}\ [\text{data},\{\text{expr,cons}\},\text{pars,vars}]$$

在带参量的约束条件 cons 下，求最佳拟合。

　　例：用数据 data 拟合经验函数 $f(x)=a\mathrm{e}^{bx}$。

In[1]:=　**data={15.2,20.6,27.3,36.7,49.2,65.6,87.6};**

　　　　　model=a Exp[b x];

　　　　　f=FindFit[data,model,{a,b},x]

Out[3]=　$\{a\rightarrow11.4776,b\rightarrow0.290456\}$

In[4]:=　**g[x_]:=model/.f**

Out[4]=　$11.4776\ \mathrm{e}^{0.290456x}$

In[5]:=　**dd=Table[{k,data[[k]]},{k,1,7}];**

　　　　　Plot[model/.f,{x,0,7},Epilog→{PointSize[Medium],

　　　　　Point[dd]}]

Out[6]=
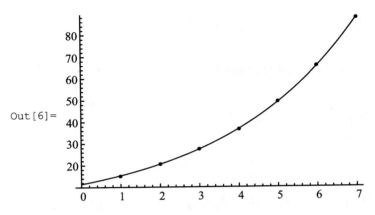

例:根据余差判断模型的拟合效果。

In[7]:= **residuals=data-Table[g[i],{i,1,7}];**
tt=Range[7]

Out[7]= **{1,2,3,4,5,6,7}**

In[8]:= **ListPlot[residuals,Filling→Axis,DataRange→**
{Min[tt],Max[tt]},PlotRange→{{0,7},All}]

Out[8]=
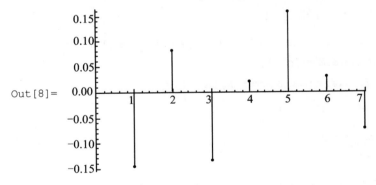

5.2.3 Bézier 和样条函数

　　Bézier 曲线和样条函数在计算几何和工业设计应用中都有重要作用和意义，Mathematica 7 中给了它们充分的展示，包括数学函数 BezierFunction、BSplineFunction 和曲线图形元素 BezierCurve、BSplineCurve(表 5.3)。

表 5.3

样 条 函 数	说　明
BezierFunction[{pt₁,pt₂,...}]	由控制点 pt_i 定义的一个 Bézier 曲线函数
BezierFunction[array]	表示关于表面或高维流形的一个 Bézier 函数
BSplineFunction[{pt₁,pt₂,...}]	由控制点 pt_i 定义的一个 B 样条函数
BSplineSurface[array]	由数据 array 生成 B 样条曲面
样条图形元素函数	**说　明**
BezierCurve[{pt₁,pt₂,...}]	由控制点数据生成 Bézier 曲线图形元素
BSplineCurve	由控制点数据生成 B 样条曲线图形元素
样条基函数类型	**说　明**
BernsteinBasis[d,n,x]	表示关于 x 的 d 次第 n 个 Bernstein 基函数,位于 0 和 1 之间等于 $\binom{d}{n} x^n (1-x)^{d-n}$,其他位置等于 0
BSplineBasis[d,x]	给出关于 x 的 d 阶零次均匀的 B 样条基函数
BSplineBasis[d,n,x]	给出 d 阶 n^{th} 次均匀 B 样条基函数

例:由点列生成 Bézier 曲线。

In[1]:= **pts={{0,0},{1,2},{2,1.5},{3,3},{4,1}};**

In[2]:= **f=BezierFunction[pts]**

Out[2]= BezierFunction[{{0.,1.}},< >]

In[3]:= **f[0.7]**

Out[3]= {2.8,2.023}

In[4]:= **Show[Graphics[{PointSize[0.02],Point[pts],Line [pts]},Axes→True],ParametricPlot[f[t],{t,0,1}]]**

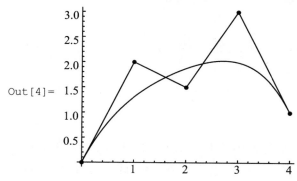

Out[4]=

In[5]:= `Graphics[{BezierCurve[pts],Blue,Line[pts],PointSize[0.02],Point[pts]}]`

Out[5]=

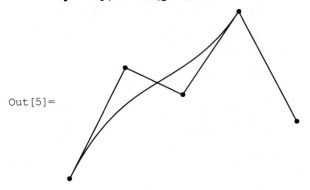

例：用 Bézier 曲线逼近 $\sin(x)$，有很好的逼近效果。

In[6]:= `data=Table[{i,Sin[2Pi i]},{i,0,1,.1}];`
`ListPlot[data,Epilog→{Red,BezierCurve[data]}]`

Out[7]=

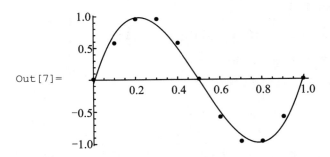

5.3 数 值 积 分

5.3.1 数值积分 NIntegrate

在第 3 章定积分计算中我们用过函数 Integrate 和 NIntegrate，看起来像一对函数。前者是用牛顿-莱布尼兹公式计算积分的精确解，即符号计算；后者是用近似的数值积分求解，即数值计算。在 Mathematica 中还有一系列这样的函数，如表5.4 所示。

表 5.4

精确解函数	数值解函数（位置）	计　　算
Sum	NSum	和
Product	NProduct	积
Integrate	NIntegrate	积分
Solve	NSolve	求解方程组
DSolve	NDSolve	求解微分方程组
Limit	NLimit（Numerical Calculus Package）	极限
D	ND（Numerical Calculus Package）	导数
Series	NSeries（Numerical Calculus Package）	级数
Residue	NResidue（Numerical Calculus Package）	留数
FourierTransform	NFourierTransform（Fourier Series Package）	Fourier 变换

在计算中应尽可能地进行准确的符号计算，最后再做近似的数值计算，这样可以尽量减少数值计算中各类误差的干扰。

例：计算 $\int_{-1}^{1} \dfrac{1}{\sqrt{|x|}}\mathrm{d}x$，对于被积函数的奇点 0，可在积分区域上列出。

In[1]:= **NIntegrate[1/Sqrt[Abs[x]],{x,-1,0,1}]**

Out[1]= 4.

例：计算复平面上的线积分，积分曲线从 -1 起到 $-I,1,I$ 再回到 -1 的闭曲线。

In[2]:= **NIntegrate[1/x,{x,-1,-I,1,I,-1}]**

Out[2]= 0.+6.28319i　　　　　（*由柯西公式得准确解是 2πi*）

在 NIntegrate 中还能设置一些选项，用 WorkingPrecision → n 指定 NIntegrate 的计算精度；用 AccuracyGoal 给出最终结果的准确度；用 GaussPoints →n 设定第一次取积分样点的数目，系统的默认值是 Automatic。表 5.5 的几个选项具有通用性，它们不仅为 NIntegrate 服务，也为 NSum、NProduct、NSolve 和 NDSolve 等函数所选用。

表 5.5

选 项 名	默 认 值	意 义
AccuracyGoal	Infinity	计算结果的准确度
PrecisionGoal	Automatic	计算结果的精确度
WorkingPrecision	$ MachinePrecision	内部计算中使用的小数位
Compile	True	函数是否被编译

上列选项主要用在控制计算结果的精度上。在 NIntegrate 中不设任何选项时，计算结果的精度取用机器精度（实型数的精度）。用 WorkingPrecision 指定内部计算的精度后，计算结果的精度也低于 WorkingPrecision 的精度，系统指定的设置 PrecisionGoal→Automatic 等于 WorkingPrecision 的精度减去 10 个小数点。

例：计算曲线所围面积。

```
In[3]:= x[t_]:= Cos[t]+1/11Cos[9t];
        y[t_]:= Sin[t]+1/11Sin[9t];
        ParametricPlot[{x[t],y[t]},{t,0,2Pi}]
```

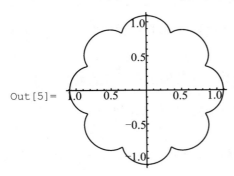

Out[5]=

```
In[6]:= NIntegrate[x[t]D[y[t],t],{t,0,2Pi}]
```
Out[6]= 3.37526

```
In[7]:= NIntegrate[Exp[-t^2],{t,0,12},WorkingPrecision→50]
        2/Sqrt[Pi]
```

Out[7]= 1.0000000000000000000000000000000000000000000000000

```
In[8]:= NIntegrate[Exp[-t^2],{t,0,12},WorkingPrecision→80]
        2/Sqrt[Pi]
```

```
Out[8]= 0.99999999999999999999999999999999999999999999999999
        9999999999999864373883079409579
```

如果用户要自己编程计算数值积分,系统也提供了任何区间上 Newton-Cote's 数值积分的系数。

例:列出在 $\{0,1\}$ 区间上 3 个积分节点和积分系数 (x_i, α_i), $i = 0, 1, 2$。要先在程序包中调出命令。数值积分计算公式为 $\int_0^1 f(x)\mathrm{d}x = \sum_{i=0}^{2} \alpha_i f(x_i)$ 。

```
In[1]:= <<NumericalDifferentialEquationAnalysis`;
```

```
In[2]:= NewtonCotesWeights[3,0,1]
```

$$Out[2]= \left\{ \left\{ 0, \frac{1}{6} \right\}, \quad \left\{ \frac{1}{2}, \frac{2}{3} \right\}, \quad \left\{ 1, \frac{1}{6} \right\} \right\}$$

```
In[3]:= NewtonCotesWeights[5,1,2]
Out[3]= {{1,7/90},{5/4,16/45},{3/2,2/15},{7/4,16/45},{2,7/90}}
```

5.3.2　高斯积分

高斯型求积公式是一类高精度数值积分函数,当取 n 个基点时,可达 $2n-1$ 阶代数精度。计算积分时,只要用近似计算公式中横轴值 x_i 和权值 w_i 做代数和。高斯积分的难度是计算 x_i 和 w_i, x_i 是积分区间 $[a, b]$ 上正交多项式的根。可以用程序包 Numerical Differential Equation Analysis 的 GaussianQuadratureWeights 函数直接得到 x_i 和 w_i 的数值。

表 5.6

高斯积分函数	说明(在 $[a, b]$ 区间上)
GaussianQuadratureWeights[n,a,b]	按机器精度给出 n 点的横轴值和权值 (x_i, w_i)
GaussianQuadratureError[n,f,a,b]	按机器精度给出积分误差
GaussianQuadratureWeights[n,a,b, prec]	按精度 prec 给出 n 点的横轴值和权值 (x_i, w_i)
GaussianQuadratureError[n,f,a,b,prec]	按精度 prec 给出积分误差

```
In[1]:= <<NumericalDifferentialEquationAnalysis`
```

按机器精度给出在区间 $[-1,1]$ 上, 2 个点的积分节点和积分系数 (x_i, w_i)。

In[2]:= **xw=GaussianQuadratureWeights[2,-1,1]**

Out[2]= {{-0.57735,1.},{0.57735,1.}}

比较下列两种计算积分 $\int_{-1}^{1} x\sin x\,dx$ 的结果, 可以看到取 4 个点的高斯积分误差已经很小了。

In[3]:= **Integrate[x Sin[x],{x,-1,1}]//N**

Out[3]= 0.602337

In[4]:= **g[x_]:=x Sin[x]**
     Sum[xw[[k,2]]g[xw[[k,1]]],{k,1,Length[xw]}]

Out[4]= 0.630242

In[5]:= **xw=GaussianQuadratureWeights[4,-1,1]**

Out[5]= {{-0.861136,0.347855},{-0.339981,0.652145},
     {0.339981,0.652145},{0.861136,0.347855}}

In[6]:= **Sum[xw[[k,2]]g[xw[[k,1]]],{k,1,Length[xw]}]**

Out[6]= 0.60234

也可用函数 GaussianQuadratureError 直接计算误差。

In[7]:= **GaussianQuadratureError[3,g[x],-1,1]**

Out[7]= -0.0000634921 (x Sin[x])[6]

例: 取在区间 $[-3,7]$ 上的高斯积分系数。

In[8]:= **GaussianQuadratureWeights[5,-3,7]**

Out[8]= {{-2.5309,1.18463},{-0.692347,2.39314},{2,2.84444},
     {4.69235,2.39314},{6.5309,1.18463}}

5.4 非线性方程求根

Solve 和 FindRoot 都能求方程的根, Solve 主要计算多项式方程组的根,

FindRoot 计算给定初始值附近非线性方程或方程组的一个数值解。表 5.7 是 FindRoot 的求解形式及其意义。

表 5.7

FindRoot 函数	说　明
FindRoot[f,{x,x0}]	在 x_0 附近，计算方程 f 的一个数值解
FindRoot[f,{x,{x0,x1}}]	以 x_0 和 x_1 为初始值，计算方程 $f(x)=0$ 的一个根
FindRoot[f,{x,xstart,xmin,xmax}]	以 xstart 为初始值，在 xmin, xmax 范围内计算方程的一个数值解
FindRoot[lhs==rhs,{x,x0}]	搜索方程 lhs = rhs 的一个数值解
FindRoot[{fa,fb,...},{x,x0},{y,y0},...]	计算联立非线性方程组的数值解

例：计算 $\sin x = 0$ 在 $x = 6$ 附近的根。

```
In[1]:= FindRoot[Sin[x]==0,{x,6}]
Out[1]= {x→6.28319}
```

FindRoot 总是从给定初始点开始逐步逼近方程的一个解，即使方程有几个解也总是返回初始点附近的根。如果要用 FindRoot 计算方程的复根，必须用复数作为初始值。

```
In[2]:= FindRoot[Sin[x]==2,{x,I}]
Out[2]= {x→1.5708+1.31696I}
```

如果方程中的函数是简单函数，则 FindRoot 用 Newton 迭代法求解方程的根：$x_n = x_{n-1} - \dfrac{f(x_{n-1})}{f'(x_{n-1})}$。

在给定初始值的单根附近牛顿迭代法总是收敛的：牛顿迭代法要求 $f'(x) \neq 0$，计算中碰到 $f'(x) = 0$，则迭代终止，为了避免这种情况发生，可选择随机数作为初始值。

```
In[3]:= FindRoot[x^2-1==0,{x,0}]
        FindRoot::jsing:Encountered a singular Jacobian at the
        point {x}={0.}. Try perturbing the initial point(s).
Out[3]= {x→0.}
```

因 $f'(0) = 0$,算式产生奇异,牛顿迭代法不能进行运算。

In[4]:= **FindRoot[x^2-1==0,{x,Random[ ]}]**

Out[4]= $\{x \rightarrow 1.\}$ 　　　　　（*用随机数作为初始值找到解*）

如果方程中函数不是简单函数,Mathematica 不能直接得到导数的显式表示,只能计算导数的近似值。此时 FindRoot 用割线法求得方程解,割线法要求用户给出两个初始值。

In[5]:= **FindRoot[Zeta[0.5-t]==0,{t,12,13}]**

Out[5]= $\{t \rightarrow 12.5\}$

In[6]:= **Plot[{Exp[x-2],Sqrt[Sin[x]]},{x,-1,2}]**

Out[6]=
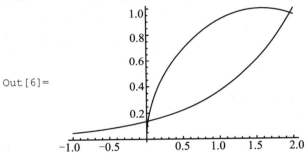

In[7]:= **FindRoot[{Exp[x-2]==y,y^2==Sin[x]},{{x,0},{y,0}}]**

Out[7]= $\{x \rightarrow 0.0190272, y \rightarrow 0.137935\}$

In[8]:= **FindRoot[{Exp[x-2]==y,y^2==Sin[x]},{{x,2},{y,1}}]**

Out[8]= $\{x \rightarrow 1.96094, y \rightarrow 0.961693\}$

如果 a 是多项式函数 f 在区间 I 上的唯一根,则称区间 I 为一个隔离区间。找到多项式的所有隔离区间,就意味着找到了它的所有根。

表 5.8

计算根的数目函数	说　　明
CountRoots[poly, x]	给出 x 的多项式 poly 的实根的数目
CountRoots[poly, {x, a, b}]	给出多项式 poly 在区间 $[a, b]$ 内根的数目

In[1]:= **f= (x^2-3) (x^3-4) (x^4+5); CountRoots[f,{x,-1,2.5}]**

Out[1]= 2

```
In[2]:= CountRoots[(x^4+1)x^3,{x,-I,2I}]
Out[2]= 3
```

5.5　函　数　极　值

FindMinimum 计算函数在某点附近的极小值。

例：计算 $f(x)=\mathrm{e}^{-x^2}\sin(6x)$ 的极小值。不妨先看一看函数的轮廓。

```
In[1]:= Plot[Exp[-x^2]Sin[6x],{x,-2,2}]
```

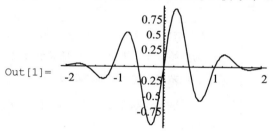

```
In[2]:= data=FindMinimum[Exp[-x^2]Sin[6x],{x,-1}]
Out[2]= {-0.196797,{x->-1.24351}}
```

当 $x=-1.24351$ 时，函数 $f(x)=\mathrm{e}^{-x^2}\sin(6x)$ 在 $x=-1$ 邻近处的极小值是 -0.196797。取出极小值，

```
In[3]:= data[[1]]
Out[3]= -0.196797
```

取出极值点，

```
In[4]:= data[[2,1,2]]
Out[4]= -1.24351
```

与 FindRoot 一样，计算函数极小值也要给出初始值或初始值的区间。FindMinimum 的返回值是初始值附近的极小值。FindMinimum 工作时从所给的初始值开始，沿着函数下降最快的路径寻找极小值。FindMinimum 不仅可计算单变量函数的极小值，还能计算多变量函数的极小值。如果变量的初始值是以列表

形式给出的,变量值则采用相同维数的列表。

例:求极值时附加约束条件。

```
In[5]:= FindMinimum[{x+y,x+2y  5&&x  0&&y  0&&y  Integers},
        {x,y}]
Out[5]= {3.,{x→1.,y→2}}
```

FindMinimum 的一般形式是:

$$FindMinimum[f,\{v,x0\}]$$

求解函数 f 关于变量 v 的,在给定初始值 x_0 附近的极小值。

表 5.9 列出了函数的极小值的常用形式。

表 5.9

函　　　数	说　　　明
FindMinimum[f,x]	以 x 为变量计算 f 的一个局部极小值点
FindMinimum[f,{x,x0}]	以 x_0 为初始点计算 f 的一个局部极小值点
FindMinimum[f,{x,{x0,x1}}]	在 $[x_0,x_1]$ 范围内搜索局部最小值
FindMinimum[f,{x,{xs,x0,x1}}]	以 $x=x_s$ 为初始值,在 $[x_0,x_1]$ 区间计算 f 的极小值
FindMinimum[f,{x,x0},{y,y0}⋯]	以 $\{x_0,y_0,\cdots\}$ 为初始值,计算多变量函数的极小值

Min、Minimize、MinValue、FindMinValue 和 FindMinimum 都可计算极小值或最小值,Min 计算离散点列的最小值;Minimize 通常得出一个总体最小值,返回结果为 $\{f_{min},\{x\to x_{min},y\to y_{min},\cdots\}$;MinValue[f,x] 计算连续函数 f 关于 x 的最小值,MinValue 相当于求 First[Minimize[]],返回结果为 $\{f_{min}\}$;FindMinValue 等价于 First[FindMinimum[...]](表 5.10)。

类似地,Max、Maximize、MaxValue、FindMaxValue 和 FindMaximum 都可计算极大值或最大值,其意义和用法类似。

在 5.0 以后的版本里,用于线性规划的 ConstrainedMin 和 ConstrainedMax 已经被 Minimize、Maximize、NMinimize 和 NMaximize 取代。

表 5.10

函　　　数	说　　　明

函　　数	说　　明
Minimize[f,x]	计算以 x 为自变量的 f 的最小值
Minimize[f,{x,y,…}]	计算以 $x,y,\cdots$ 为自变量的 f 的最小值
Minimize[{f,cons},{x,y,…}]	按约束条件 cons 计算 f 的最小值
MinValue[f,x]	计算 f 关于 x 的最小值
MinValue[{f,cons},{x,y,…}]	计算约束条件 cons 下 f 的最小值
FindMinValue[f,x]	计算 f 一个局部最小值
FindMinValue[{f,cons},{x,y,…}]	在约束定义的区域内按一个点开始计算

例：求出一元函数的最小值。

In[1]:= **MinValue[3x^2-5x+7,x]**

Out[1]= $\dfrac{59}{12}$

例：求出在约束条件下两元函数的最小值。

In[2]:= **MinValue[{x^2-y^2,x^2+y^2 1},{x,y}]**

Out[2]= -1

例：多元函数的线性约束最小化。

In[3]:= **MinValue[{x+2y-3z,1 x+y+z 2&&1 x-y+z 2&&**
x-y-z==3},{x,y,z}]

Out[3]= $\dfrac{5}{2}$

In[4]:= **FindMinimum[{x+2y-3z,1 x+y+z 2&&1 x-y+z 2&&**
x-y-z==3},{x,y,z}]

Out[4]= {2.5,{x→2.,y→-0.5,z→-0.5}}

In[5]:= **{MaxValue[-3x^2-5x+7,x],NMaxValue[-3x^2-5x+7,x]}**

Out[5]= {$\dfrac{109}{12}$,9.08333}

In[6]:= **MaxValue[{x y,x^2+y^2<1&&x>0&&y>0},{x,y}]**

Out[6]= $\dfrac{1}{2}$

请比较 MaxValue 和 NMaxValue。

In[7]:= **MaxValue[{Sin[x] y,x^2+y^2<1&&x>0&&y >0},{x,y}]**

Out[7]= MaxValue[{y Sin[x],$x^2+y^2<1$&&x>0&&y>0},{x,y}]

In[8]:= **NMaxValue[{Sin[x] y,x^2+y^2<1&&x>0&&y>0},{x,y}]**

Out[8]= 0.461063

In[9]:= **FindMaximum[x^2Sin[x],{x,1}]**

Out[9]= {3.9453,{x→2.28893}}

In[10]:= **x/.Last[FindMaximum[x^2Sin[x],{x,1}]]**

Out[10]= 2.28893

例：求解线性规划问题。

In[11]:= **Minimize[{2x+3y-z,1 x+y+z 2&&1 x-y+z 2&&**
x-y-z==3},{x,y,z}]

Out[11]= $\left\{3,\left\{x\rightarrow 2,y\rightarrow-\frac{1}{2},z\rightarrow-\frac{1}{2}\right\}\right\}$

例：求单位周长三角形的最大面积。

In[12]:= **triangle=a>0&&b>0&&c>0&&a+b>c&&a+c>b&&**
b+c> a;s=1/2(a+b+c);

In[14]:= **Maximize[{Sqrt[s(s-a)(s-b)(s-c)],**
triangle&&a+b+c==1},{a,b,c}]

Out[14]= $\left\{\frac{1}{12\sqrt{3}},\left\{a\rightarrow\frac{1}{3},b\rightarrow\frac{1}{3},c\rightarrow\frac{1}{3}\right\}\right\}$

5.6 数据统计和分析

概率统计是一个非常重要和庞大的数学分支。Mathematica 将经典概率统计和现代大规模数据分析结合起来，具有了强大的数据处理能力，提供了高精度和高可靠性的统计结果。软件中相关的命令和函数也非常多，我们在此仅介绍其中部分命令和函数的常用功能。

5.6.1　随机数和随机变量的生成

Mathematica 中生成随机数和随机变量的函数主要有 RandomInteger、RandomReal、RandomComplex，其用法如表 5.11 所示。

表 5.11

函　　数	说　　明
RandomInteger[{m,n}]	生成 m 和 n 之间的随机整数
RandomInteger[n]	生成 1 和 n 之间的随机整数，n 的缺省值为 1
RandomInteger[range,n]	生成 n 个取值范围为 range 的随机整数
RandomInteger[range,{n1,n2,...}]	生成高维随机整数数组
RandomInteger[dist,...]	生成分布为 dist 的整数型随机变量
RandomReal[{x,y}]	生成 x 和 y 之间的随机实数
RandomReal[y]	生成 0 和 y 之间的随机实数，y 的缺省值为 1
RandomReal[range,n]	生成 n 个取值范围为 range 的随机实数
RandomReal[range,{n1,n2,...}]	生成高维随机实数数组
RandomReal[dist,...]	生成分布为 dist 的实数型随机变量
RandomComplex[{w,z}]	生成随机复数，取值范围为 w 和 z 定出的矩形
RandomComplex[z]	生成随机复数，取值范围为 0 和 z 定出的矩形，z 的缺省值为 $1+I$
RandomComplex[range,n]	生成 n 个取值范围为 range 的随机复数
RandomComplex[range,{n1,n2,...}]	生成高维随机复数数组

注：m，n 必须是整数，w，z 是复数。

除了以上 3 个函数之外，还有 RandomChoice、RandmSample、RandomPrime、BlockRandom 以及随机数的种子生成函数 SeedRandom。

例：生成 2 阶、3 阶随机正交阵。

```
In[1]:= s=2*Pi*RandomReal[];a={{Cos[s],-Sin[s]},
        {Sin[s],Cos[s]}};a//MatrixForm
Out[1]= //MatrixForm=
```

$$\begin{pmatrix} 0.762048 & -0.64752 \\ 0.64752 & 0.762048 \end{pmatrix}$$

In[2]:= **a=RandomReal[{-1,1},{3,3}]; a-=Transpose[a];**
i=IdentityMatrix[3];b=Inverse[i-a].(i+a);
b//MatrixForm

Out[2]//MatrixForm=

$$\begin{pmatrix} 0.959638 & -0.263099 & -0.0993688 \\ 0.14078 & 0.755256 & -0.640132 \\ 0.243467 & 0.600306 & 0.761811 \end{pmatrix}$$

例:模拟2维标准正态随机变量。

In[3]:= **ListPlot[RandomReal[NormalDistribution[],{1000,2}]]**

Out[3]=

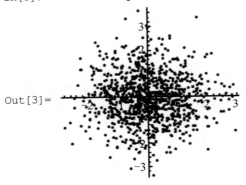

在上例中,我们用到了标准正态分布生成函数 NormalDistribution[ ]。Mathematica 中类似的随机分布生成函数还有许多,如表 5.12 所示。

表 5. 12

函　　　数	说　　　明
BernoulliDistribution[p]	两点分布
BinomialDistribution[n,p]	二项式分布
GeometricDistribution[p]	几何分布
PoissonDistribution[u]	Poisson 分布
BetaDistribution[a,b]	β 分布
CauchyDistribution[a,b]	Cauchy 分布
ChiSquareDistribution[n]	χ^2 分布
ExponentialDistribution[u]	指数分布
FRatioDistribution[n,m]	F 分布
GammaDistribution[a,b]	Γ 分布
NormalDistribution[u,s]	正态分布 $N[u,s^2]$
StudentTDistribution[n]	T 分布
UniformDistribution[{a,b}]	均匀分布

对于任意的随机分布 dist,我们可以使用 PDF[dist,x]命令和 CDF[dist,x]命令分别得到它的概率密度函数和概率分布函数。例如:

In[1]:= **PDF[NormalDistribution[a,b]]**

Out[1]= $\dfrac{e^{-\frac{(-a+\#1)^2}{2b^2}}}{b\sqrt{2\pi}}$ &

In[2]:= **Plot[PDF[NormalDistribution[],x],{x,-5,5}]**

Out[2]=

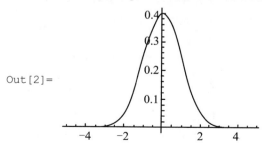

In[3]:= **CDF[ExponentialDistribution[a]]**

$$\text{Out[3]}= \begin{cases} 1-e^{-2\#1} & \#\& > 0 \\ 0 & \text{True} \end{cases}$$

In[4]:= **Plot[CDF[ExponentialDistribution[1],x],{x,-5,5}]**

Out[4]=

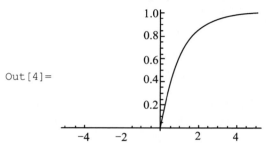

5.6.2 样本数据统计

Mathematica 中有许多具有统计功能的函数，常用的如表 5.13 所示。

表 5.13

函　　数	说　　明
Accumulate[list]	逐项求和
BinCounts[list, bins]	计数属于每个区间段的元素个数
BinLists[list, bins]	按照区间段将元素分组
Commonest[list]	出现次数最多的元素
Commonest[list, n]	出现次数最多的前 n 个元素
Count[list, pattern]	计数与 pattern 匹配的元素个数
Differences[list, n]	n 次差分，n 的缺省值为 1
Histogram[list]	绘直方图
ListConvolve[ker, list]	用 ker 对 list 作卷积
ListCorrelate[ker, list]	用 ker 对 list 作线性组合
Tally[list]	计数不同元素出现的次数
Total[list]	求和
Max[list]、Min[list]	最大值、最小值
Mean[list]或 Mean[dist]	均值
Median[list]	中位数
GeometricMean[list]	几何平均 $= (x_1 \cdots x_n)^{1/n}$
HarmonicMean[list]	调和平均 $= n/(x_1^{-1} + \cdots + x_n^{-1})$

续表

函　　数	说　　明
RootMeanSquare[list]	平方平均 $=\left(\dfrac{1}{n}(x_1^2+\cdots+x_n^2)\right)^{1/2}$
MeanDeviation[list]	平均偏差 $=\dfrac{1}{n}(\mid x_1-\overline{x}\mid+\cdots+\mid x_n-\overline{x}\mid)$
Quantile[list,q] 或 Quantile[dist,q]	分位数
StandardDeviation[list] 或　StandardDeviation[dist]	标准偏差 = 方差的平方根
Variance[list] 或 Variance[dist]	方差 $=\dfrac{1}{n-1}(x_1^2+\cdots+x_n^2-n\,\overline{x}^2)$
CentralMoment[list,r]	r 阶中心矩
ExpectedValue[f,dist,x]	$f(X)$ 的期望值
InverseCDF[dist,q]	置信限
CharacteristicFunction[dist,t]	特征多项式
Correlation[list1,list2]	相关系数
Covariance[list1,list2]	协方差

注:list 为一组样本数据,dist 为某个随机变量 X 的分布。

例:模拟离散随机过程 $X_{n+1}=X_n+N[0,1]$。

In[1]:= **x=Accumulate[RandomReal[NormalDistribution[],1000]];**
ListPlot[x]

Out[1]=

例:设随机变量 X 服从标准正态分布。求正数 a,使得 $\mid X\mid>a$ 的概率为 0.1。

解:由 $\mathrm{Prob}(\mid X\mid>a)=2\mathrm{Prob}(X>a)=2-2\mathrm{Prob}(X<a)$,可得 $\mathrm{Prob}(X<a)=0.95$,于是

In[2]:= **InverseCDF[NormalDistribution[],0.95]**

Out[2]= 1.64485

答:a= 1.64485。

例:统计学生考试成绩。

```
In[3]:= x= {50,17,13,60,53,46,42,60,83,34,42,41,87,50,40,51,
        64,40,47,69,67,26,79,63,63,75,77,69,47,50,67,79,54,
        87,42,39,50,34,73,50,79,83,44,45,52,61,83,44,85,71,
        46,46,61,85,79,57,85,74,76,53,34,86,95,44,64,14,28,
        29,85,25,85,42,53,56,72,44,59,63,71,90,54,64,51,92,
        46,81,64,84,70,65,80,12,83,75,45,56,68,78,31,56,62,
        75,70,38,83,73,68,88,61,66,55,44,65,61,66,91,56,58,
        89,67,57,60,76,59,63,66,70,51,54,70,64,61,59,41,53,
        46,36,64,90,84,23,33};            (*输入所有考试成绩*)
```

```
In[4]:= Length[x]
Out[4]= 142                              (*共 142 人参加考试*)
```

```
In[5]:= {Min[x],Max[x]}
Out[5]= {12,95}                          (*最低分 12,最高分 95*)
```

```
In[6]:= {Mean[x],StandardDeviation[x]}//N
Out[6]= {59.8521,18.4951}                (*平均分 60,标准差 18*)
```

```
In[7]:= BinCounts[x,{{0,60,85,100}}]/Length[x]//N
Out[7]= {0.464789,0.429577,0.105634}
                                         (*不及格率 46%,优良率 11%*)
```

```
In[8]:= Histogram[x,LabelingFunction→Above]
                                         (*显示各分数段人数*)
```

Out[8]=

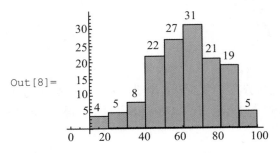

例:参数检验。

```
In[9]:= x={0.14,2.70,2.58,2.67,2.80,2.00,3.64,0.54,1.07,2.76,0.
        96,1.27,1.36,1.05,-0.10,1.02,2.04,0.86,1.11,1.43,
        2.84,3.32,0.76,1.53,1.33,2.79,3.06,1.38,2.13,3.33,
```

2.52,1.02,4.77,2.59,1.26,1.62,3.06,2.45,1.36,0.81,
1.80,2.77,2.66,1.21,0.98,1.74,1.69,2.10,3.07,2.02,
1.82,2.13,0.28,0.42,1.75,4.31,3.26,1.08,3.48,2.08,
2.21,1.79,3.73,2.95,0.89,2.00,3.68,1.97,0.51,2.64,
0.38,1.88,1.19,2.54,3.44,1.49,2.48,2.10,1.60,1.60,
2.15,1.79,0.33,1.18,2.08,1.81,2.46,0.69,2.18,2.20,
−0.65,1.89,0.77,1.78,2.32,2.19,0.59,1.49,2.70,1.70};

假设以上样本数据来自正态分布 $N[a, s^2]$，求 a 和 s^2 的置信度为 0.95 的置信区间。

解：设 b 为 x 的标准差，n 为数据个数，则 $\dfrac{\sqrt{n}}{b}(X - a)$ 服从 t_{n-1} 分布。于是得到 a 的置信区间 $[\mathrm{Mean}[x] - c, \mathrm{Mean}[x] + c]$，其中 $c = \dfrac{b}{\sqrt{n}} \mathrm{InverseCDF}[t_{n-1}, 0.975]$。同理可得 s^2 的置信区间 $\left[\dfrac{(n-1)b^2}{\mathrm{InverseCDF}[x_{n-1}^2, 0.975]}, \dfrac{(n-1)b^2}{\mathrm{InverseCDF}[x_{n-1}^2, 0.025]}\right]$。

```
In[10]:= {n,a,b}={Length[x],Mean[x],StandardDeviation[x]}
Out[10]= {100,1.892,0.988439}

In[11]:= c=InverseCDF[StudentTDistribution[99],0.975]*b/10;
         {a-c,a+c}                              (*a 的置信区间*)
Out[11]= {1.69587,2.08813}

In[12]:= q1=InverseCDF[ChiSquareDistribution[99],0.975];
         q2=InverseCDF[ChiSquareDistribution[99],0.025];
         99*b^2/{q1,q2}                         (*s² 的置信区间*)
Out[12]= {0.753175,1.31847}
```

故 a 的置信区间为 $[1.69587, 2.08813]$，s^2 的置信区间为 $[0.753175, 1.31847]$。

例：自回归分析。

```
In[13]:= x={-0.47,0.90,-1.22,-0.18,-0.65,0.60,0.89,0.18,
         3.06,-0.45,2.59,-0.36,0.56,1.21,-1.07,0.85,1.26,
         0.19,-0.31,-0.17,-0.55,0.75,-0.09,0.53,0.14,-0.36,
         0.21,0.13,-1.17,-1.08,-0.44,-1.58,-1.87,0.10,-1.86,
```

```
-1.02,-2.06,-0.34,-0.76,-1.26,-0.79,-0.50,-1.15,
-2.11,-1.27,-1.41,-0.25,-0.95,0.79,-1.10,-0.38,
-0.64,-0.41,-1.03,0.02,-0.91,0.86,-0.18,-0.81,
0.32,-1.30,1.44,0.92,-0.69,1.00,0.35,0.09,-0.15,
1.71,-0.40,1.77,0.31,1.35,1.19,1.09,1.38,0.86,1.51,
-0.28,1.88,1.00,0.89,1.19,0.06,2.04,0.54,1.03,0.07,
0.81,-0.30,-0.89,-0.53,0.69,-1.38,0.01,-1.06,-0.
64,0.32,-1.00,-0.19};
```

ListLinePlot[x]

Out[13]=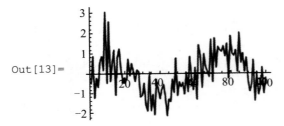

假设以上数据具有自回归模型 $x_i = c_1 x_{i-1} + \cdots + c_p x_{i-p} + N[0, s^2]$，求 p 和 $c_1, \cdots, c_p$。

解：对 $p = 1, 2, 3, 4, 5, \cdots$，我们逐一求出 $x_i = c_1 x_{i-1} + \cdots + c_p x_{i-p}$ 的最小二乘解及残差。

```
In[14]:= test[x_,p_]:= Module[{a,b,c,n},
         n=Length[x]; a=Table[x[[i+j-1]],{i,n-p},{j,p}];
         b=Take[x,{p+1,n}];c=LeastSquares[a,b];
         Prepend[c,RootMeanSquare[a.c-b]]
         ];
         Table[test[x,p],{p,5}]//TableForm
```

Out[14]/TableForm=

1.00613	0.216703				
0.843455	0.54451	0.103921			
0.790245	0.339191	0.503579	-0.0705007		
0.792044	0.021602	0.341904	0.499368	-0.0866576	
0.79325	0.0722302	0.030034	0.31169	0.499368	-0.091418

注意到，当 $p > 3$ 时，残差（输出的第一列）的变化非常不显著。故 $p = 3, s = 0.79$，自回归模型为 $x_i = -0.00705007x_{i-1} + 0.503579x_{i-2} + 0.339191x_{i-3} + N[0, 0.63]$。

5.7　微分方程数值解

求解常微分方程数值解的函数 NDSolve 的一般形式：

$$\textbf{NDSolve}[\textbf{eqns}, \textbf{y}, \{\textbf{x}, \textbf{xmin}, \textbf{xmax}\}]$$

对常微分方程或方程组 eqns，求函数 y 关于 x 在 [xmin, xmax] 范围内的数值解。

$$\textbf{NDSolve}[\{\textbf{eqn1}, \textbf{eqn2}, \dots\}, \{\textbf{y1}, \textbf{y2}, \dots\}, \{\textbf{x}, \textbf{xmin}, \textbf{xmax}\}]$$

对常微分方程组，求函数 $y1, y2, \cdots$ 关于 x 在 [xmin, xmax] 范围内的数值解。

$$\textbf{NDSolve}[\textbf{eqns}, \textbf{y}, \{\textbf{x}, \textbf{xmin}, \textbf{xmax}\}, \{\textbf{t}, \textbf{tmin}, \textbf{tmax}\}]$$

求偏微分方程数值解。

在求解微分方程数值解时，方程或方程组的初始条件也作为方程列出，并和方程放在一起。因此，要解 n 阶的常微分方程，必须同时给出 $n-1$ 个导数的初始值。初始条件和边界条件通常以 $y[x_0] == y_0, y'[x_0] == dy_0$ 等形式给出，周期边界条件可以用 $y[x_0] == y[x_1]$ 指定。NDSolve 中的微分方程可以包含复数。

NDSolve 以 InterpolatingFunction 目标生成函数 y 的解，并由此得到区间 [xmin, xmax] 上的任何一点 x 的 $y(x)$ 值。与 NIntegrate 函数类似，NDSolve 也可使用下列选项（表 5.14）。

表 5.14

选　项　名	默　认　值	意　　义
AccuracyGoal	Automatic	计算结果的准确度
PrecisionGoal	Automatic	计算结果的精确度
WorkingPrecision	$ MachinePrecision	内部计算中使用的小数位数
InterpolationPrecision	Automatic	插值函数带回的数值精度
MaxSteps	Automatic	x 的起始步长
StartingStepSize	Infinity	最大的步长量
Compile	True	积分式是否被编译

例：解初值问题：

$$\begin{cases} \dfrac{\mathrm{d}y}{\mathrm{d}x} = x + y^2 \\ y(0) = -2 \end{cases} \qquad (0 \leqslant x \leqslant 1)$$

```
In[1]:= tt=NDSolve[{y'[x]==x+y[x]^2, y[0]==-2},y,{x,0,1.0}]
Out[1]= {{y→InterpolatingFunction[{{0.,1.}},"< >"]}}
```

计算 $y(0)$ 和 $y(0.7)$ 的值。

```
In[2]:= {y[0]/.tt,y[0.7]/.tt}
Out[2]= {{-2.},{-0.666356}}
```

例:求解常微分方程

$$\begin{cases} y'''(x) + y''(x) + 7y'(x) + 10y(x) = 0 \\ y(0) = 6 \\ y'(0) = -20 \\ y''(0) = 20 \end{cases} \qquad (x \in [0,2])$$

```
In[3]:= ss=NDSolve[{y'''[x]+y''[x]+7y'[x]+10 y[x]==0,
         y[0]==6,y'[0]==-20,y''[0]==20},y,{x,0,2}]
Out[3]= {{y→InterpolatingFunction[{0.,2.},< >]}}
```

```
In[4]:= f=y/.First[%]                    (*取出近似函数的头部*)
Out[4]= InterpolatingFunction[{0.,2.},< >]
```

```
In[5]:= f[1.36]
Out[5]= 5.09536
```

例:求解常微分方程组

$$\begin{cases} x'(t) = -y(t) - x(t)^2 \\ y'(t) = 2x(t) - y(t) \qquad t \in [0,10] \\ x(0) = y(0) = 1 \end{cases}$$

计算 $x(1.2), y(1.2)$ 的值。

```
In[7]:= sol=NDSolve[{x'[t]==-y[t]-x[t]^2,y'[t]==2x[t]-y[t],
         x[0]==y[0]==1},{x,y},{t,10}]
Out[7]= {{x→InterpolatingFunction[{{0.,10.}},"< >"],
         y→InterpolatingFunction[{{0.,10.}},"< >"]}}
```

```
In[8]:=  {p=x/.First[%],q=y/.Last[%]}
Out[8]=  {{x→InterpolatingFunction[{{0.,10.}},"< >"],
          y→InterpolatingFunction[{{0.,10.}},"< >"]}}
In[9]:=  {p[1.2],q[1.2]}                    (*计算{x(1.2),y(1.2)}*)
Out[9]=  {-0.301149, 0.432898}
```

例:画出 $y[t]$ 函数图。

```
In[10]:=  Plot[Evaluate[y[t] /. sol],{t,0,10}]
```

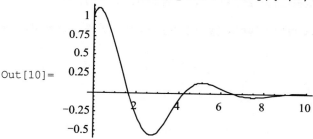

```
Out[10]=
```

例:画出解函数曲线图。

```
In[11]:=  ParametricPlot[Evaluate[{x[t],y[t]}/.sol],
          {t,0,10},PlotRange→All]
```

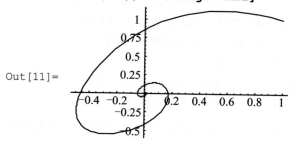

```
Out[11]=
```

在表示微分方程组时,并不需要对每个方程定义一个标识符。例如,给函数方程取 $y[i]$ 这样的名称更加方便。

```
In[12]:=  eqns=Join[Table[y[i]'[x]==y[i-1][x]-y[i][x],
          {i,2,4}],{y[1]´[x]==-y[1][x],y[5]´[x]==y[4][x],
          y[1][0]==1},Table[y[i][0]==0,{i,2,5}]]
Out[12]= {y[2]´[x]==y[1][x]-y[2][x],y[3]´[x]==y[2][x]-y[3][x],
          y[4]´[x]==y[3][x]-y[4][x],y[1]´[x]==-y[1][x],
```

```
                y[5]′[x]==y[4][x],y[1][0]==0,y[2][0]==0,
                y[3][0]==0,y[4][0]==0,y[5][0]==0}
```

In[13]:= **NDSolve[eqns,Table[y[i],{i,5}],{x,10}]**

Out[13]= {{y[1]→InterpolatingFunction[{{0.,10.}},"< >"],
          y[2]→InterpolatingFunction[{{0.,10.}},"< >"],
          y[3]→InterpolatingFunction[{{0.,10.}},"< >"],
          y[4]→InterpolatingFunction[{{0.,10.}},"< >"],
          y[5]→InterpolatingFunction[{{0.,10.}},"< >"]}}

In[14]:= **Plot[Evaluate[Table[y[i][x],{i,5}]/.%],{x,0,10}]**

Out[14]=

In[15]:= **NDSolve[{y′[x]==I/4y[x],y[0]==1},y,{x,1},**
         AccuracyGoal→20,PrecisionGoal→20,
         WorkingPrecision→25]

Out[15]= {{y→InterpolatingFunction
          [{{0,1.0000000000000000000000000}},< >]}}

例：用 Runge-Kutta 算法，求解微分方程（Huan 方程），并绘制解函数图形。

In[16]:= **NDSolve[{x″[t]+(2+Sin[x[t]])x[t]==0,x[0]==1,x′[0]==0},**
         x,{t,0,10},Method→"ExplicitRungeKutta"]

Out[16]= {{x→InterpolatingFunction[{{0.,10.}},< >]}}

In[17]:= **Plot[Evaluate[First[x[t]/.%]],{t,0,10}]**

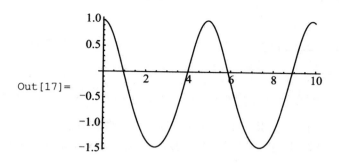

Out[17]=

5.8　离散傅里叶变换

Mathematica 可在复数域内进行 Fourier 变换和反 Fourier 变换。对于长度为 n 的表，表的元素 a_r 的 Fourier 变换 b_s 定义为 $\dfrac{1}{\sqrt{n}}\sum\limits_{i=1}^{n}a_r\mathrm{e}^{2\pi\mathrm{i}(r-1)(s-1)/n}$ ，注意零频率项在位置 1。Fourier 变换将数据的时间序列变成数据的频率分量。用 Fourier 逆变换可以重新得到时间序列。长度为 n 表的元素 b_s 的 Fourier 逆变换 a_r 为 $\dfrac{1}{\sqrt{n}}\sum\limits_{s=1}^{n}b_s\mathrm{e}^{-2\pi\mathrm{i}(r-1)(s-1)/n}$ 。

不论数据表的长度 n 是否为 2 的乘幂，Fourier 变换都可以给出计算结果。表 5.15 是傅里叶变换的常用形式。

表 5.15

函　　数	说　　明
Fourier[{a0,a1,...,an}]	生成复数列表的离散 Fourier 变换
InverseFourier[{b0,b1,...,bn}]	反 Fourier 变换
Fourier[{{a00,a01,...},{a10,a11,...}...}]	二维变换

```
In[1]:= data={-1,-1,-1,-1,1,1,1,1};          (*一组方形脉冲*)

In[2]:= ft=Fourier[data]
Out[2]= {2.82843+0.i,0.+0.i,0.+0.i,0.+0.i,0.+0.i,
```

```
                0.+0.i,0.+0.i,0.+0.i}
```

In[3]:= **InverseFourier[%]**   (*恢复原数据*)

Out[3]= { -1., -1., -1., -1.,1.,1., 1.,1.}

Fourier 变换的一个重要用途是计算卷积 $f(x) = \int f(y)K(y-x)\mathrm{d}y$，可由 f 和 K 的 Fourier 变换相乘而得。卷积可用于消除噪音和光滑数据等。

例：在 data 中增加一些随机噪音，进行卷积和反 Fourier 变换后消除了噪音。

In[4]:= **data=Table[N[BesselJ[1,10n/256]+0.2Random[]-1/2],**
       {n,256}];ListPlot[data]

Out[4]=

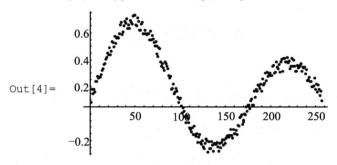

In[5]:= **kern=Table[N[Exp[-200(n/256)^2]],{n,256}];**
       conv=InverseFourier[Fourier[data]Fourier[kern]];
       ListPlot[Chop[conv]]

Out[5]=

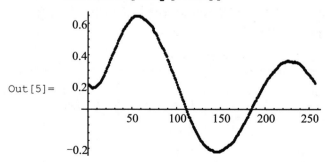

用 Chop 函数删除变换后的系数中的数值小项，得到原始数据的光滑结果。

5.9　线　性　规　划

线性规划问题就是求一个线性函数在线性约束条件下的最值问题,通常形如:

$$R:\begin{cases} a_{11}x_1 + a_{12}x_2 + \cdots + a_{1n}x_n \geq b_1 \\ a_{21}x_1 + a_{22}x_2 + \cdots + a_{2n}x_n \geq b_2 \\ \cdots \\ a_{m1}x_1 + a_{m2}x_2 + \cdots + a_{mn}x_n \geq b_m \\ x_1 \geq 0,\ x_2 \geq 0,\cdots,x_n \geq 0 \end{cases}$$

求 $\min\limits_{R}(c_1x_1 + c_2x_2 + \cdots + c_nx_n)$。

Mathematica 专门提供了 LinearProgramming 函数来解决此类问题,其一般形式:

$$\text{LinearProgramming}[c, A, b, lu, dom]$$

其中 c 是向量 $\{c_1, c_2, \cdots, c_n\}$;$A$ 是约束矩阵 (a_{ij});b 可以是向量 $\{b_1, b_2, \cdots, b_m\}$,表示约束 $Ax \geq b$,也可以形如 $\{\{b_1, s_1\}, \{b_2, s_2\}, \cdots, \{b_m, s_m\}\}$,其中 s_i 取 $1, 0, -1$。当 $s_i = 1$ 时表示约束 $a_i. x \geq b_i$;当 $s_i = 0$ 时表示约束 $a_i. x = b_i$;当 $s_i = -1$ 时表示约束 $a_i. x \leq b_i$。lu 可以是向量 $\{l_1, l_2, \cdots, l_n\}$,表示 $x_i \geq l_i$;lu 也可以形如 $\{\{l_1, u_1\}, \{l_2, u_2\}, \cdots, \{l_n, u_n\}\}$,表示约束 $l_i \leq x_i \leq u_i$。当 lu 缺省时,表示约束 $x_i \geq 0$。dom 表示解所在的范围,如实数 Reals 或整数 Integers;dom 也可以是向量 $\{dom_1, dom_2, \cdots, dom_n\}$,对每个 x_i 分别提出要求。dom 的缺省值为 Reals。LinearProgramming 函数返回一个满足约束条件的向量 $x = \{x_1, x_2, \cdots, x_n\}$,使得 $c. x$ 达到最小值,请看以下实例。

例:在约束条件 $\begin{cases} x + 2y \geq 2 \\ 2x - 3y \geq -6 \\ x, y \geq 0 \end{cases}$ 下,求 $\min(2x + y)$。

解:直接套用 LinearProgramming 命令,

```
In[1]:= LinearProgramming[{2,1},{{1,2},{2,-3}},{2,-6}]
Out[1]= {0,1}
```

当 $x = 0, y = 1$ 时,$2x + y$ 取最小值 1。

例:在约束条件 $\begin{cases} 4x_1 + 3x_2 + 6x_3 \leqslant 120 \\ 2x_1 + 4x_2 + 5x_3 \leqslant 100 \\ x_1, x_2, x_3 \geqslant 0 \end{cases}$ 下,求 $\max(4x_1 + 5x_2 + 3x_3)$。

解:原问题等价于求 $\min(-4x_1 - 5x_2 - 3x_3)$。

```
In[2]:= a={{4,3,6},{2,4,5}}; b={120,100}; c={4,5,3};
        {x=LinearProgramming[-c,-a,-b],c.x}
Out[2]= {{18,16,0},152}
```

当 $x_1 = 18, x_2 = 16, x_3 = 0$ 时,$4x_1 + 5x_2 + 3x_3$ 取最大值 152。

例:某房地产公司计划在 10 亩(1 亩＝1/15 公顷)土地上建造两种别墅以及一定数量的经济适用房。每所大别墅占地 0.75 亩,利润 120 万元;每所小别墅占地 0.45 亩,利润 60 万元;每所经济适用房占地 0.1 亩,利润 10 万元。假设政策规定经济适用房的建筑面积必须占总建筑面积的 1/10 以上,并且经调查发现有意购买小别墅的人要比有意购买大别墅的人多。问房地产公司如何建房使得利润最大?

解:设 3 种房屋数量分别为 x, y, z,于是得线性规划问题:

$$R : \begin{cases} 0.75x + 0.45y + 0.1z \leqslant 10 \\ 0.75x + 0.45y \leqslant 0.9z \\ y \geqslant x \\ x, y, z \text{ 为非负整数} \end{cases}$$

求 $\max_{R}(120x + 60y + 10z)$。

```
In[3]:= a={{0.75,0.45,0.1},{0.75,0.45,-0.9},{1,-1,0}};
        b={10,0,0}; c={120,60,10};
        {x=LinearProgramming[-c,-a,-b,0,Integers],c.x}
Out[3]= {{7,8,11},1430}
```

故建 7 所大别墅、8 所小别墅、11 所经济适用房可达到最大利润 1430 万元。

习　题　5

1. 对以下插值点,作出拉格朗日(Lagrange)插值多项式。

(1) $(-1,3),(0,0.5),(0.5,0),(1,1)$,计算 $f(0.25),f(0.75)$。

(2) $(-1,1.5),(0,0),(0.5,0),(1,0.5)$,计算 $f(-0.25),f(0.25)$。

2. 给出离散数据:

x_i	-1.00	-0.50	0	0.25	0.75	1.00
y_i	0.22	0.80	2.0	2.5	3.8	4.2

试对以上数据分别作出线性、二次曲线拟合。

3. 给出离散数据:

x_i	19	23	30	35	40
y_i	19.00	28.50	47.00	68.20	90.00

试对以上数据作出形如 $a+bx^2$ 的拟合曲线。

4. 给出离散数据:

x_i	0	1	2	3	4
y_i	2.00	2.50	4.00	6.00	8.00

试对以上数据作出形如 $a\mathrm{e}^{bx}$ 的拟合曲线。

5. 证明数值积分公式

$$\int_{-1}^{1} f(x)\mathrm{d}x \approx \frac{5}{9}f\left(2-\sqrt{\frac{3}{5}}\right) + \frac{8}{9}f(2) + \frac{5}{9}f\left(2-\sqrt{\frac{3}{5}}\right)$$

具有 5 阶代数精度。

6. (1) 找出 $y=\sin x\cos x$ 在 $x=0.5$ 邻近的极小解;

(2) 找出 $z=\sin xy\mathrm{e}^{x^2}$ 在 $\{0.2,0.3\}$ 邻近的极小解。

7. 用 FindRoot 解下列三角函数方程:

(1) $\cos 3x + 2\cos x = 0$

(2) $\sin^4 x - \cos^4 x = \cos x + \sin x$

(3) $\sin\left(x+\frac{\pi}{4}\right)\sin\left(x-\frac{\pi}{12}\right) = \frac{1}{2}$

(4) $6\sin^2 x + 3\sin x\cos x - 5\cos^2 x = 2$

8. 解下列方程组 $AX=b$。

(1) $A = \begin{pmatrix} 3.0 & -2.0 & 5.3 & -2.1 & 1.0 \\ 1.0 & 4.0 & -6.0 & 4.5 & -6.0 \\ 3.0 & 6.0 & -7.3 & -9.0 & 3.4 \\ -2.0 & -3.0 & 1.0 & -4.0 & 6.0 \\ 1.0 & -4.0 & 6.5 & 1.0 & -3.0 \end{pmatrix}$, $b = \begin{pmatrix} 28.3 \\ -36.2 \\ 24.5 \\ 16.2 \\ 4.3 \end{pmatrix}$

(2) $\begin{pmatrix} 2 & -1 & 4 & -3 & 1 \\ -1 & 1 & 2 & 1 & 3 \\ 4 & 2 & 3 & 3 & -1 \\ -3 & 1 & 3 & 2 & 4 \\ 1 & 3 & 1 & 4 & 4 \end{pmatrix} \begin{pmatrix} x_1 \\ x_2 \\ x_3 \\ x_4 \\ x_5 \end{pmatrix} = \begin{pmatrix} 11 \\ 14 \\ 4 \\ 16 \\ 18 \end{pmatrix}$

9. 方程组

$$\begin{cases} 10x_1 & - x_2 & & & = 1 \\ - x_1 & + 10x_2 & - x_3 & & = 0 \\ & - x_2 & + 10x_3 & - x_4 & = 1 \\ & & - x_3 & + 10x_4 & = 2 \end{cases}$$

写出 Jacobi 迭代计算式,并对 $x^{(0)} = (0,0,0)^{\mathrm{T}}$ 迭代求出 $x^{(1)}, x^{(2)}, x^{(3)}$。

10. 计算方程 $x^3 + x^2 - 5x + 3 = 0$ 的实根数、正实根数,$[a, b] = [0, 5]$ 上实根数。

11. 求解下列线性规划问题。

(1) $\max z = 3x_1 + 2x_2$ s.t. $\begin{cases} -x_1 + 2x_2 \leqslant 4 \\ 3x_1 + 2x_2 \leqslant 14 \\ x_1 - x_2 \leqslant 3 \\ x_1, x_2 \geqslant 0 \end{cases}$

(2) $\min m = 2x + 3y + 4z$ s.t. $\begin{cases} x + 2y - z > 10 \\ x + y - z \geqslant 60 \\ y + 2z > 12 \\ x > 0, y > 0, z > 1 \end{cases}$

12. 求解下列微分方程并画出解函数。

(1) $\begin{cases} y''(x) + y(x) = \cos x \\ y(0) = 0 \\ y'(0) = 0 \end{cases}$ $(x \in [0, 20])$

$$(2)\begin{cases} \dfrac{\mathrm{d}u}{\mathrm{d}t} = 0.09u\left(1-\dfrac{u}{20}\right) - 0.45uv \\[2mm] \dfrac{\mathrm{d}v}{\mathrm{d}t} = 0.06v\left(1-\dfrac{v}{15}\right) - 0.001uv \\[2mm] u(0) = 1.6 \\[1mm] v(0) = 1.2 \end{cases}$$

（3）热方程

$$\frac{\partial u(t,x)}{\partial t} = \frac{\partial^2 u(t,x)}{\partial x^2}$$

$$u(0,x) = 0, \quad u(t,0) = \sin t, \quad u(t,5) = 0$$
$$t \in [0,10], \quad x \in [0,5]$$

（4）波动方程

$$\frac{\partial^2 u(t,x)}{\partial t^2} = \frac{\partial^2 u(t,x)}{\partial x^2}$$

$$u(0,x) = \mathrm{e}^{-x^2}, \quad u(t,-10) = u(t,10), \quad \left.\frac{\partial u(t,x)}{\partial t}\right|_{t=0} = 0$$
$$t \in [0,40], \quad x \in [-10,10]$$

第 6 章   在 Mathematica 中作图

6.1   二 维 图 形

6.1.1   一元函数作图

Plot 绘出单变量函数在指定区间上的图形。对于显式表示的数学函数,在直角坐标系中常用 Plot 画图;当函数用参数 $\{x(t), y(t)\}$ 形式表示时则用 ParametricPlot 画图,当函数用极坐标表示时则用 PolarPlot 画图。它们所完成的图形对象的类型都为 Graphics,即 Plot 与 Graphics 属性相同。要绘制隐函数图形,请看 6.6 节中 RegionPlot 和 RegionPlot3D。

Plot 命令的一般形式:

Plot[f,{x,xmin,xmax},选项]

在区间[xmin,xmax]上按选项定义值绘制单变量函数 $f(x)$ 的图形

Plot[{f1,f2,…},{x,xmin,xmax},选项]

在区间[xmin,xmax]上按选项定义同时绘制函数 $f1(x), f2(x), \cdots$ 的图形

例:画 $f(x) = \sin x \cos 2x$ 在区间[$-2\pi, 2\pi$]上的图形。

In[1]:= **Plot[Sin[x]Cos[2x],{x,-2 Pi,2 Pi}]**

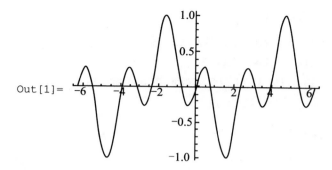

Out[1]=

例:在同一坐标系中画一组函数曲线。

In[2]:= **Plot[{Sin[x],Cos[x],Sin[2x],Cos[2x]},{x,0,2 Pi}]**

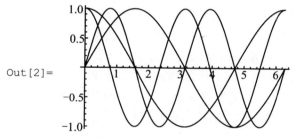

Out[2]=

例:要求绘图函数是显式函数。

In[3]:= **Plot[Integrate[Sin[x]Cos[2x],x],{x,0,1}]**

则输出一串错误信息,输出信息略。在 Plot[f,{x,a,b}]中,要求 f 是显式函数(或复合函数)表达式,以便 Plot 绘图时方便取到绘图点的值{x_i,$f(x_i)$},不能包括积分、求导等数学运算命令。当 f 不是显式表达式时,可用 Evaluate 对绘图函数取值。

In[4]:= **Plot[Evaluate[Integrate[Sin[x]Cos[2x],x]],{x,0,1}]**
(*或 g[x_]= Integrate[Sin[x]Cos[2x],x];Plot[g[x],{x,0,1}]*)

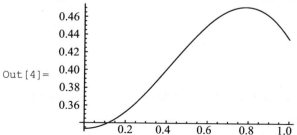

Out[4]=

例：函数名作为 Table 中的变量。

In[5]:= **Table[Plot[f[x],{x,0,5 Pi/4},**
Epilog→Text[Style[f[x],15],
Scaled[{1,1}],{1,1}]],{f,{Sin,Cos,Exp}}]

Out[5]=

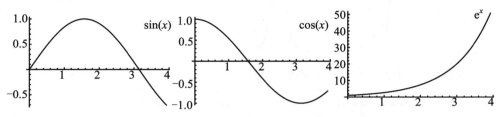

Mathematica 允许用户绘图时对绘制图形的细节提出各种要求，用户通过设置选项实现绘制图形的细节。例如：取消坐标轴，给图形加框线等要求。Plot 中包含 20 多个选项，每个选项都有系统定义的默认值，因此用户调用选项可缺省，每个选项都有一个确定的名字，以"选项名→选项值"的形式放在 Plot 中最右边位置，如 In[3]所示。一次可设置多个选项，选项依次排列，以逗号相隔。当在 Plot 中不设置选项时，例如 In[1]，这时使用系统设置的各选项的默认值。

例：给 x、y 坐标轴分别加标记"x"，"f(x)"，设置背景色为浅红色。

In[6]:= **Plot[(x^2-x)Sin[x],{x,2,16},AxesLabel→{"x","f(x)"},**
Background → LightRed]

Out[6]=

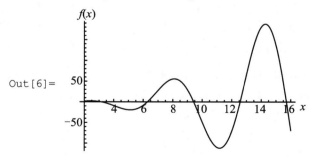

例：给图形加上框线和网格。

In[7]:= **Plot[x Sin[x],{x,0,3},Frame→True,GridLines→Automatic]**

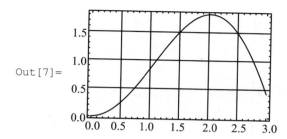

Out[7]=

例：填充曲线到坐标轴之间的区域。

In[8]:= **Plot[Table[Sin[n/2x],{n,2,4}],{x,0,4 Pi},Filling→Axis]**

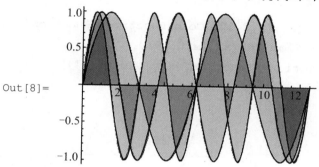

Out[8]=

例：填实两条曲线之间的区域。

In[9]:= **Plot[{Sin[x]+x,Sin[x]+x/2.3},{x,0,10},**
Filling→{1→{2}}]

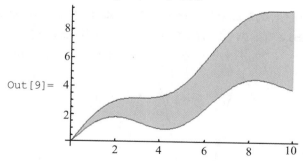

Out[9]=

例：填实第 2 条曲线到第 3 条曲线之间的区域。

In[10]:= **Plot[{x Sin[1/x],Abs[x],-Abs[x]},{x,-0.3,0.3},**
Filling→{2→{3}}]

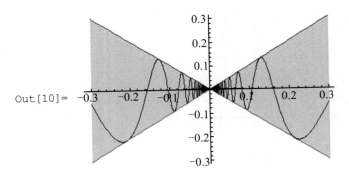

Out[10]=

例：请上机观察颜色设置的效果。

In[11]:= {Plot[Sin[x],{x,0,10},ColorFunction→Function[{x,y},
Hue[x]]],Plot[Cos[x],{x,0,10},
ColorFunction→Function[{x,y},Hue[y]]]}

Out[11]=

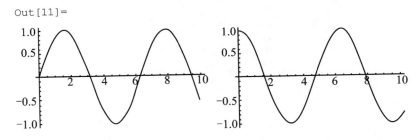

例：在曲线上标点。

In[12]:= Plot[Sin[x],{x,0,5 Pi},Epilog→{PointSize[Large],Red,
Point[Table[{k Pi,Sin[k Pi]},{k,0,5,0.25}]]}]

(*PointSize:Large Medium Small Tiny*)

Out[12]=

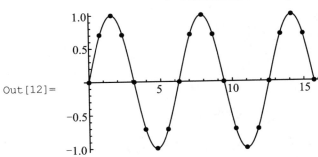

In[13]:= **Plot[Cos[x+10^20],{x,0,2 Pi},WorkingPrecision→20]**

Out[13]=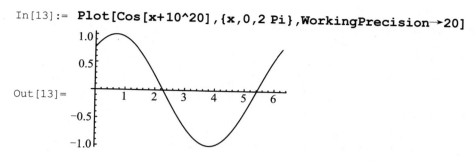

如果不设选项 WorkingPrecision→20，Plot 无法处理 10^20 这样数量级的数。请上机查看 Plot[Cos[x+10^20],{x,0,2Pi}]的绘图效果。

表 6.1 列出了部分选项及其意义：

表 6.1

选　项　名	默　认　值	意　　义
AspectRatio	1/GoldenRatio	高宽比
Axes	True	是否绘制轴
ClippingStyle	None	是否绘制剪切的曲线
ColorFunction	Automatic	确定曲线颜色的方法
ColorFunctionScaling	True	是否用函数 ColorFunction 做比例转换
EvaluationMonitor	None	在每次函数计算时需要计算的表达式
Exclusions	Automatic	x 排除的点
ExclusionsStyle	None	排除点的绘制样式
Filling	None	每条曲线下填充
FillingStyle	Automatic	填充的样式
MaxRecursion	Automatic	递归剖分的最大层数
Mesh	None	指定网格间距
MeshFunctions	{♯1&}	自定义函数绘制网格
MeshShading	None	如何在网格点间绘制阴影区域
MeshStyle	Automatic	网格的样式
Method	Automatic	选择特定的绘制曲线方式
PerformanceGoal	$ PerformanceGoal	优化执行的方面
PlotPoints	Automatic	样本点的最初数量
PlotRange	{Full,Automatic}	指定每个方向的绘图范围

选 项 名	默 认 值	意 义
PlotRangeClipping	True	是否在绘制范围内剪切
PlotStyle	Automatic	指定每个曲线的样式
RegionFunction	（True &）	用逻辑函数定义绘图区域
WorkingPrecision	MachinePrecision	内部计算使用的精度

例：经常用到的曲线样式选项 PlotStyle 示例。

```
In[14]:= Plot[{Exp[x],Log[x],x},{x,-3,3},
        PlotStyle→{Red,Thick,Dashed},
        PlotRange→3,AspectRatio→Automatic]
```

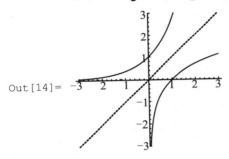

Out[14]=

运行 Options[Plot]可以看到 Plot 所有选项及其默认值。请上机观察下列选项在绘制图形中的作用。

Plot[Sin[x],{x,0,12},AxesStyle→{Directive[Thick,Dashed,Red],Blue}]

Plot[Sin[x],{x,0,2Pi},Mesh→Full]

Plot[Sin[x],{x,0,2Pi},Mesh→All]

Plot[Sin[x],{x,0,2Pi},Mesh→20]

Table[Plot[Sin[x],{x,0,2Pi},PlotStyle→ps],

    {ps,{Red,Thick,Dashed,Directive[Red,Thick]}}]

6.1.2　二维参数作图

Plot 擅长画在直角坐标系下的函数曲线，ParametricPlot 擅长画参数函数曲线。例如画单位圆的两种命令方式，显然后者比前者简单明了。

Plot[{-Sqrt[1-x^2],Sqrt[1-x^2]},{x,-1,1},AspectRatio→Automatic]

ParametricPlot[{Cos[t],Sin[t]},{t,0,2Pi}]

ParametricPlot 的一般形式是：

ParametricPlot$[\{f_x,f_y\},\{u,u_{min},u_{max}\},选项]$

按照选项值，在$[u_{min},u_{max}]$范围内绘制参数曲线

ParametricPlot$[\{\{f_x,f_y\},\{g_x,g_y\},...\},\{u,u_{min},u_{max}\},选项]$

按照选项值，在$[u_{min},u_{max}]$范围内绘制一组参数曲线

ParametricPlot$[\{f_x,f_y\},\{u,u_{min},u_{max}\},\{v,v_{min},v_{max}\},选项]$

按照选项值，画出参数所示函数的曲面

ParametricPlot$[\{\{f_x,f_y\},\{g_x,g_y\},...\},\{u,u_{min},u_{max}\},\{v,v_{min},v_{max}\}]$

绘制一组参数曲面

ParametricPlot 的大多数选项与 Plot 的选项名称和功能相同，少数选项的默认值不同，例如，AspectRatio 在 Plot 的默认值是 1/GoldenRatio，在 ParametricPlot 的默认值是 Automatic，即按图形的真实比例绘制。

例：画一条参数曲线。

In[1]:= **ParametricPlot[{Sin[t],Sin[2t]},{t,0,2 Pi}]**

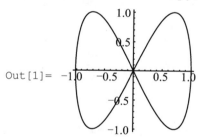

Out[1]=

例：在同一坐标系中画出 4 条参数曲线。

In[2]:= **ParametricPlot[{{2 Cos[t],2 Sin[t]},{2 Cos[t],Sin[t]},**
{Cos[t],2 Sin[t]},{Cos[t],Sin[t]}},{t,0,2 Pi}]

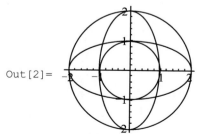

Out[2]=

例：画扇形区域。

In[3]:= **ParametricPlot[{v Cos[u],v Sin[u]},{u,0,Pi/2},**
{v,1/2,1}]

Out[3]=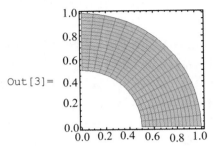

In[4]:= **ParametricPlot[{(r+t)Cos[t],(r+t)Sin[t]},{t,0,10},**
{r,0,5},MaxRecursion→0,Mesh→All,PlotPoints→{75,
3}]

Out[4]=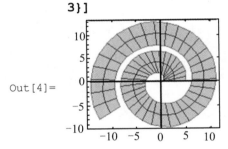

In[5]:= **ParametricPlot[With[{z=u+I v},{Re[z+1/z],**
Im[z+1/z]}],{u,-1/2,1/2},{v,-1/2,1/2},PlotRange→7]

Out[5]=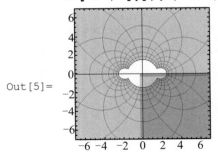

例：绘制一组旋转椭圆。

In[6]:= **ParametricPlot[Evaluate@RotationTransform[θ]**

```
[{2 Cos[u],Sin[u]}],{u,0,2 Pi},{θ,0,Pi/2}]
```

Out[6]=

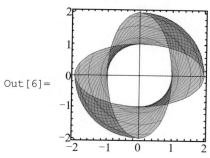

6.1.3　极坐标作图

当函数用极坐标表示时,常用作图命令 PolarPlot。

PolarPlot 的一般形式:

PolarPlot $\left[r,\{\theta,\theta min,\theta max\}\right]$

在辐角$[\theta min,\theta max]$范围内画 $r = r(\theta)$的曲线

例:画出阿基米德螺线 $r = \theta$。

```
In[1]:= {PolarPlot[θ,{θ,0,5 Pi}],PolarPlot[θ,{θ,-5 Pi,5 Pi}],
        PolarPlot[θ,{θ,0,-5 Pi}]}
```

Out[1]=

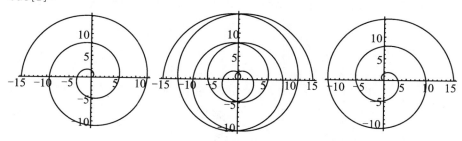

```
In[2]:= PolarPlot[{1,1+1/24 Sin[12t],0.5,0.5+1/24 Sin[12t]},
        {t,0,2 Pi}]
```

Out[2]=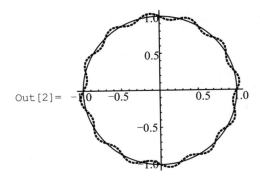

例：看看 $\sqrt{\theta}$ 在极坐标和直角坐标中的区别。

In[3]:= `{PolarPlot[Sqrt[θ],{θ,0,3 Pi}],Plot[Sqrt[θ],{θ,0,`
`3 Pi}]}`

Out[3]=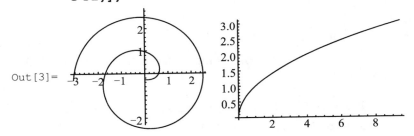

In[4]:= `PolarPlot[3*Sin[t]+2 Cos[10t]Cos[8t],{t,0,2 Pi}]`

Out[4]=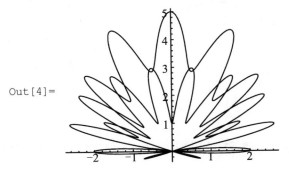

In[5]:= `PolarPlot[Exp[Cos[t-Pi/2]]-2*Cos[4*(t-Pi/2)]`
`+Sin[(t-Pi/2)/12]^5,{t,0,36 Pi},Axes→None]`

Out[5]=

6.1.4　重现和组合图形

用 Plot 或 PolarPlot 等命令画出图形后，如果要对图形添加选项，通常不是在 Plot 中重新添加选项，而是在 Show 命令中添加选项。Show 只对 Plot 等绘图命令已完成的图形做点辅助工作；用 Show 可将几幅图放在一起显示，还可以起到组合图形的效果。Show 可用于 Plot、ParametricPlot 等几乎所有作图命令的图形再现和组合。

请上机观看下列例题的运行结果。

pic1 = Plot[x^5 − Cos[x], {x, −2, 2}]

Show[pic1, Frame→True, GridLines→Automatic]

需要注意的是用 Show 命令重新显示图形时，有些选项不能使用。例如 PlotStyle。

Show 命令的一般形式：

Show[pic]　　　　　　　　　　　　　　显示图形表达式 pic

Show[pic,选项名]　　　　　　　　　　　按选项显示图形表达式 pic

Show[pic1,pic2, ... ,picn]　　　　将图 pic_1, pic_2, $\cdots$, pic_n 放在一幅图中显示

Show 将几幅图放在一个坐标系中显示，GraphicsArray 将一组图形同时展示，每个图形单独在一个坐标系中，即一组图形是一个矩阵，每个图形是一个矩阵元素，矩阵的行和列由用户定义。

GraphicsArray　将多个图组合为一个数组表示。

例如：

Show[GraphicsArray[{p1,p2, ... }]]　　　　　　　依次显示每个图形 p_i

Show[GraphicsArray[{{p11,p12, ... },{p21,p22, ... }, ... }]]

　　　　　　　　　　　　　　按矩阵元素排列形式显示每个图形

例：按 3 个图形一行显示图形数组。

In[1]:= **tt=Table[Plot[Sin[x+t],{x,0,2 Pi}],{t,0,8}];**
Show[GraphicsArray[Partition[tt,3]]]

Out[1]=

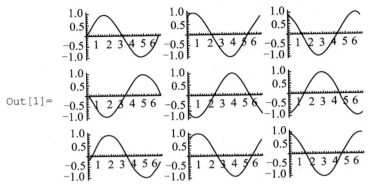

In[2]:= **Show[GraphicsArray[{{tt[[1]],tt[[2]]},**
{tt[[2]],tt[[3]]}}]]

Out[2]=

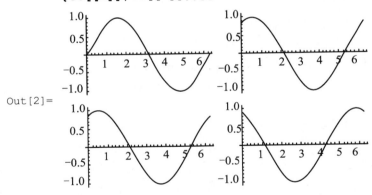

6.1.5 二维数据绘图

在应用中常常需要画出给定数据的散点图。Mathematica 中画二维散点图的主要命令是 ListPlot 语句。

二维画图数据按表的形式给出，例如：

$\{\{x1,y1\},\{x2,y2\},...\}$ 数据点 $\{x_i,y_i\}, i=1,2,\cdots,n$

$\{y1,y2,...\}$ 表示数据 $\{\{1,y_1\},\{2,y_2\},\cdots\}$，当 $x_i=i$ 时可省略 x_i

表 6.2

二维数据绘图命令	说　　明
ListPlot$[\{\{x_1,y1\},\{x2,y2\},...\}]$	画出数据点 $\{x_1,y_1\},\{x_2,y_2\},\cdots$
ListPlot$[\{y1,y2,...,yn\}]$	画出数据点 $\{\{1,y_1\},\{2,y_2\},\cdots,\{n,y_n\}\}$
ListPlot[数据,PlotJoined→True] 或 Joined→True	画一条通过数据点的折线
ListLinePlot$[\{\{x1,y1\},\{x2,y2\},...\}]$	按选项连接数据点 $\{x_1,y_1\},\{x_2,y_2\},\cdots$
ListPolarPlot[data]	在极坐标系下画离散点列 data

例如:

In[1]:= **d=Table[{1./n,Sin[n]},{n,1,2000}];ListPlot[d]**

Out[1]=

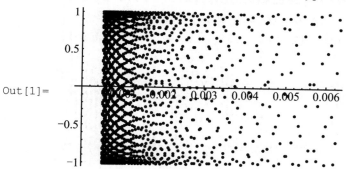

In[2]:= **ListPlot[Table[Table[Sin[k x],{x,0,2 Pi,0.1}],**
{k,{1,2,3}}],PlotStyle→{Red,Black,Blue}]

Out[2]=

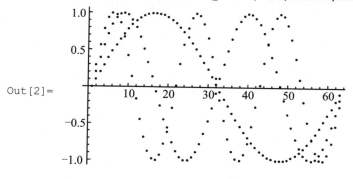

In[3]:= **data=Table[{x,Sin[x]},{x,0,2 Pi,2 Pi/30}];**

```
ListPlot[data,Mesh→{Table[{x,
Directive[Hue[x/(2 Pi)],PointSize[Medium]]},
{x,0.,2 Pi,Pi/8}]},Joined→True]
```

Out[3]=

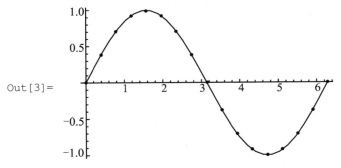

```
In[4]:= ListPlot[{Table[Sin[n],{n,0.5 Pi,4.2 Pi,0.2}],
Table[Cos[n],{n,0.5 Pi,4.2 Pi,0.2}]},
Filling →{1 →{{2},Directive[Red,Dashed]}}]
```

Out[4]=

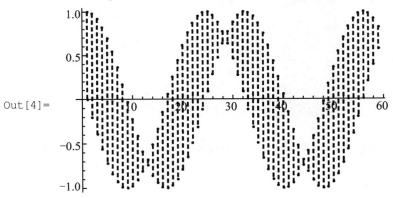

例：画出函数 $f(x)=(x-1)(x-1.5)(x-2.7)$ 在$\{0.75,2.8\}$的极值点。

```
In[5]:= f[x_]=(x-1)(x-1.5)(x-2.7);
t=Plot[f[x],{x,0.75,2.8}]
```

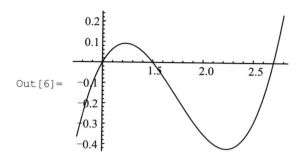

Out[6]=

In[7]:= **Solve[D[f[x],x]==0,x]**

Out[7]= {{x→1.22891},{x→2.23776}}

In[8]:= **u=x/.%**

Out[8]= {1.22891,2.23776}

In[9]:= **data=Table[{u[[k]],f[u[[k]]]},{k,1,Length[u]}]**

Out[9]= {{1.22891,0.0912888},{2.23776,-0.422104}}

In[10]:= **Show[t,ListPlot[data]]**

Out[10]=

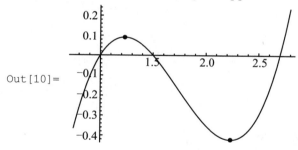

例：ListLinePlot 示例。

In[1]:= **ListLinePlot[{{1,0},{1/2,1/2},{1,1},{3/2,1/2},{1,0}},AspectRatio→Automatic]**

Out[1]=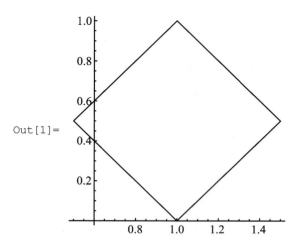

In[2]:= **ListLinePlot[{{1,4,2,3,7,5,2}},Mesh→All,**
       MeshStyle→Directive[PointSize[Medium],Red]]

（＊用 ListLinePlot[{{1,4,2,3,7,5,2}},Mesh→Full]作出的图上的点较小,MeshStyle 设置点的大小和颜色＊）

Out[2]=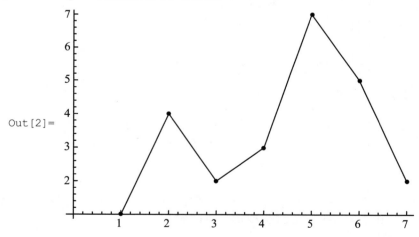

例：选项 InterpolationOrder→3,设置用三次样条插值多项式连接离散点序列。

In[3]:= **ListLinePlot[{{1,4,2,3,7,5,2}},InterpolationOrder→3,**
       Mesh → Full, MeshStyle → Directive [PointSize [0. 02],
       Red]]

Out[3]=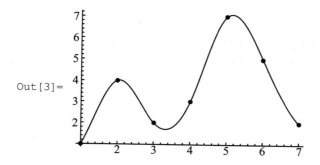

In[4]:= **ListLinePlot[Table[{Cos[k 2 Pi/5],Sin[k 2 Pi/5]},
{k,3,18,3}],Frame→True,
Axes→False,AspectRatio→Automatic]**

Out[4]=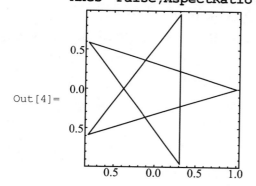

例:将离散点列用三次样条插值函数连接。

In[5]:= **ListLinePlot[{{1,3,2,5,9,7,2}},InterpolationOrder→3,
Mesh→Full,MeshStyle→Directive[PointSize[Medium],
Red]]**

Out[5]=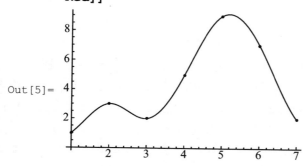

例：画离散点列的极坐标图。

In[6]:= **{ListPolarPlot[Table[θ,{θ,0,2 Pi,0.1}]],**
　　　 PolarPlot[θ,{θ,0,2 Pi}]}

Out[6]=

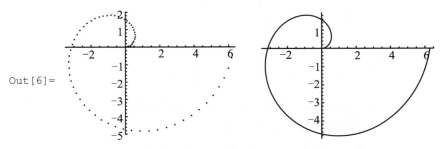

In[7]:= **ListPolarPlot[{Sin[Range[0,12 Pi,0.2]],**
　　　 0.8 Sin[Range[0,12 Pi,0.2]]},Joined→True,Axes→False]

Out[7]=

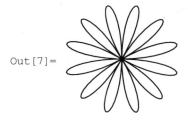

6.2 三 维 图 形

6.2.1 二元函数作图

　　Plot3D 绘制定义在平面区域上的二元函数 $f(x,y)$ 的三维图形，Plot3D 的大部分选项设置与 Plot 选项设置大同小异，Plot3D 要比 Plot 多一些有关三维图形显示的选项。例如：ViewPoint（观察图形的视点）、LightSources（点光源设置）和 Boxed 等。用 Plot3D 画一个三维图形时，系统将这个目标放在一个透明的长方体盒子中。默认值（Boxed→True）显示盒子的边框。设置 Boxed→False 则不显示盒子的边框。设置选项 BoxRatios 能使盒子在不同的方向压缩或拉长。

Plot3D 的一般形式是：

Plot3D[f[x,y],{x,x0,x1},{y,y0,y1},选项]

在区域 $x \in [x_0, x_1]$ 和 $y \in [y_0, y_1]$ 上，按选项画出空间曲面实数值表达式 $f(x, y)$

Plot3D[{f[x,y],g[x,y]},{x,x0,x1},{y,y0,y1},选项]

按选项值同时在区域上画两个函数 $f(x, y)$ 和 $g(x, y)$

In[1]:= **Plot3D[Sin[x y],{x,-Pi,Pi},{y,-3.5,3.5}]**

Out[1]=
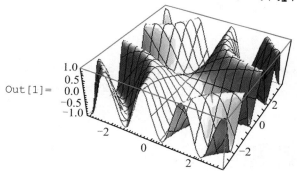

In[2]:= **Plot3D[{x^2+y^2,15-x^2-y^2},{x,-3,3},{y,-3,3}]**

Out[2]=
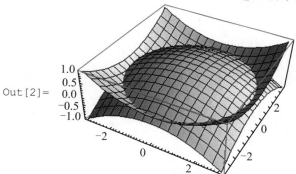

Plot3D 中的绘图区域 $\{x, x0, x1\}, \{y, y0, y1\}$ 表示一个矩形区域，通过设置选项 RegionFunction 可表示非矩形区域。

In[3]:= **Plot3D[1,{x,-3,3},{y,-3,3},**
　　　　RegionFunction→Function[{x,y,z},0.2<x^2+y^2<4.2]]

Out[3]=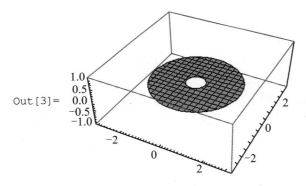

例：用选项 RegionFunction 限定图形的定义域。

In[4]:= **Plot3D[{x^2+y^2,15-x^2-y^2},{x,-3,3},{y,-3,3},**
RegionFunction→Function[{x,y,z},0.2<x^2+y^2<4.2]]

Out[4]=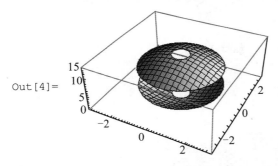

Plot3D 具有同 Graphics3D 相同的选项，并可以附加下列值和变化（表 6.3）：

表 6.3

选 项 名	默 认 值	意 义
Axes	True	是否绘制轴
BoundaryStyle	Automatic	如何绘制曲面的边界线
BoxRatios	{1,1,0.4}	边界 3D box 的比例
ClippingStyle	Automatic	如何绘制曲面的剪切部分
ColorFunction	Automatic	如何取定曲面的颜色
ColorFunctionScaling	True	是否用函数 ColorFunction 做比例转换
EvaluationMonitor	None	每次函数计算时需要计算的表达式
Exclusions	Automatic	制定排除区域

续表

选 项 名	默 认 值	意 义
Exclusionstyle	None	如何绘制排除曲线
Filling	None	每个曲面下的填充
FillingStysle	Opacity[0.5]	填充使用的样式
MaxRecursion	Automatic	递归子划分的最大数量
Mesh	Automatic	每个方向上绘制网格线的数量
MeshFunctions	{♯1 &, ♯2 &}	如何取定网格线的放置位置
MeshShading	None	如何设置网格线之间的阴影区域
MeshStyle	Automatic	网格线的样式
Method	Automatic	细化曲面的方式
NormalsFunction	Automatic	如何取定有效的法向量
PerformanceGoal	$ PerformanceGoal	优化执行的方面
PlotPoints	Automatic	每个方向上样本点的最初数量
PlotRange	{Full, Full, Automatic}	包括 z 范围或其他值
PlotStyle	Automatic	每个曲面样式的图形指令
RegionFunction	(True &)	用逻辑函数定义绘图区域
WorkingPrecision	MachinePrecision	内部计算使用的数值精度

例:画马鞍面,请观察选项 BoxRatios 的效果。

```
In[1]:= {Plot3D[x^2-y^2,{x,-1,1},{y,-1,1}],
         Plot3D[x^2-y^2,{x,-1,1},{y,-1,1},
         BoxRatios→{1,1,1}]}
```

Out[2]= { 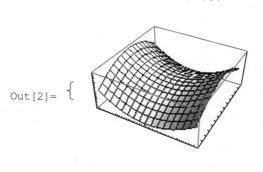 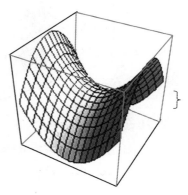 }

In[3]:= **Plot3D[(x²+y²)Exp[1-x²-y²],{x,-2,2},{y,-2,2},**
PlotStyle→Opacity[0.5],Mesh→None]

Out[3]=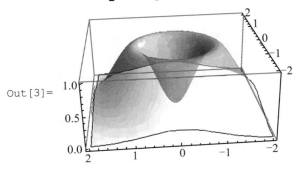

In[4]:= **Plot3D[Abs[Sec[x+I y]],{x,-3,3},{y,-3,3},**
MeshStyle→{Orange,Green},Ticks→None]

Out[4]=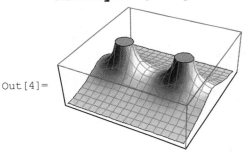

In[5]:= **Plot3D[Abs[Coth[x+I y]],{x,-2,2},{y,-2,2},**
MeshStyle→{Orange,Green},Boxed→False,Ticks→None]

Out[5]=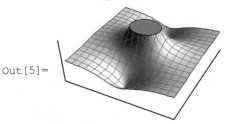

例：通过选项 BoundaryStyle 设置边界样式，画出红色粗线条的曲面边界线。

In[6]:= **s=Plot3D[Sin[x]Cos[2 y],{x,-3,3},{y,-2,2},**
BoundaryStyle→Directive[Red,Thick],Mesh→None]

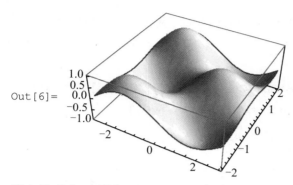

Out[6]=

请上机观察下列设置视点后的图形：

$\mathrm{Show}[s, \mathrm{ViewPoint} \rightarrow \{0, -\mathrm{Infinity}, 0\}]$

$\mathrm{Show}[s, \mathrm{ViewPoint} \rightarrow \mathrm{Above}]$

在 Mathematica 6.0 以前的版本中，ViewPoint 是一个重要的选项，相当于观察图形的视点或拍摄图形的照相机放在什么位置。不同的位置看到曲面的形式效果大不一样。在 7.0 版本中，增加了对三维图形用鼠标拖动任意翻转的功能，达到了在任何视点观察图形的效果。

ViewPoint 的典型设置如下：

$\{0, -2, 0\}$	正前方	$\{0, 0, 2\}$	正上方
$\{0, -2, 2\}$	前上方	$\{0, -2, -2\}$	前下方
$\{-2, -2, 0\}$	盒左角	$\{2, -2, 0\}$	盒右角

在 6.0 以后的版本中又增加了选项：

Above、Below、Front、Back、Left、Right

$\{0, 0, \mathrm{Infinity}\}$、$\{0, 0, -\mathrm{Infinity}\}$	从 Z 轴的正、负向看
$\{0, -\mathrm{Infinity}, 0\}$、$\{0, \mathrm{Infinity}, 0\}$	从 Y 轴的正、负向看
$\{-\mathrm{Infinity}, 0, 0\}$、$\{\mathrm{Infinity}, 0, 0\}$	从 X 轴的正、负向看

6.2.2　三维参数作图

ParametricPlot3D 命令的一般形式：

ParametricPlot3D$[\{x, y, z\}, \{t, t0, t1\}, $选项$]$

在三维空间中按选项绘制空间曲线$\{x, y, z\}, t \in [t_0, t_1]$

ParametricPlot3D$[\{x, y, z\}, \{u, u0, u1\}, \{v, v0, v1\}, $选项$]$

在 $u \in [u_0, u_1], v \in [v_0, v_1]$ 范围内，绘制三维曲面，$x = x(u, v), y = y(u, v), z = z(u, v)$

ParametricPlot3D[{{xa,ya,za},{xb,yb,zb}},{u,u0,u1},{v,v0,v1},选项]
绘制两张曲面

例：画空间曲线。

In[1]:= **ParametricPlot3D[{Cos[u],Sin[u],Cos[u] Sin[u]},
{u,0,2 Pi},PlotStyle→{Thick,Red}]**

Out[1]=
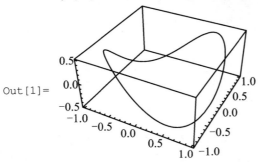

例：画空间曲面。

In[2]:= **ParametricPlot3D[{r*Cos[a],r*Sin[a],r},{a,0,2 Pi},
{r,-4,4},Boxed→False]**

Out[2]=
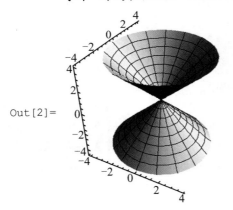

In[3]:= **ParametricPlot3D[{2*(Cos[o+p]+p*Sin[o+p]),
2*(Sin[o+p]-p*Cos[o+p]),o/(2*Pi)},{o,0,4*Pi},
{p,0,4*Pi},PlotPoints→80,
BoxRatios→{1,1,1.5},Mesh→None]**

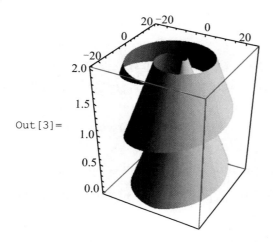

Out[3]=

In[4]:= **ParametricPlot3D[{{4+(3+Cos[v])Sin[u],**
4+(3+Cos[v])Cos[u],4+Sin[v]},{8+(3+Cos[v])Cos[u],
3+Sin[v],4+(3+Cos[v])Sin[u]}},{u,0,2 Pi},{v,0,2 Pi},
Boxed→False]

Out[4]=

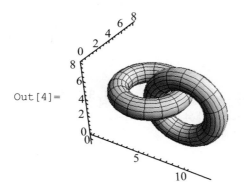

三维参数命令适合于画用极坐标、球坐标和柱坐标表示的空间图形。在使用中要注意参数的取值范围,不要对绘制曲面重复覆盖,多次重复画图既浪费了时间又会使曲面上的网络降低光滑程度。

请上机观察并比较画两个球的效果。

ParametricPlot3D[{Cos[u]Sin[v],Sin[u]Sin[v],Cos[v]},
{v,0,Pi},{u,0,2Pi}]

ParametricPlot3D[{Cos[u]Sin[v],Sin[u]Sin[v],Cos[v]},
{v,0,Pi},{u,0,16Pi}]

6.2.3 球坐标作图

二维空间有极坐标,球坐标相当于三维空间的极坐标。设点 M 的球坐标为 $M(r,\theta,\varphi)$,其中 θ 的范围从 0 到 π,φ 的范围从 0 到 2π。直角坐标 $M(x,y,z)$,球坐标和直角坐标的转换关系:

$$(x,y,z) = (r\sin(\theta)\cos(\varphi), r\sin(\theta)\sin(\varphi), r\cos(\theta))$$

SphericalPlot3D$[r,\{\theta,\theta min,\theta max\},\{\varphi,\varphi min,\varphi max\}]$

SphericalPlot3D$[\{r1,r2,...\},\{\theta,\theta min,\theta max\},\{\varphi,\varphi min,\varphi max\}]$

In[1]:= **SphericalPlot3D[1,{θ,0,Pi},{φ,0,2 Pi},Boxed→False]**

Out[1]=

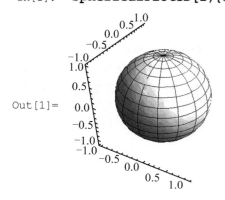

In[2]:= **SphericalPlot3D[{1,2,3},{θ,0,Pi},{φ,0,3 Pi/2},**
Boxed→False,Axes→False]

Out[2]=

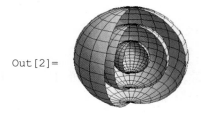

In[3]:= **{SphericalPlot3D[v,{u,0,2 Pi/3},{v,0,5 Pi}],**
SphericalPlot3D[u,{u,0,2 Pi/3},{v,0,5 Pi}]}

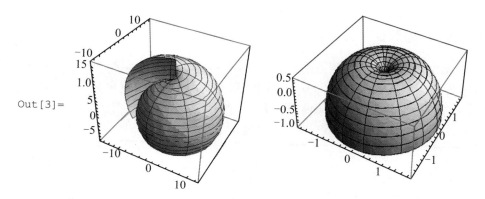

Out[3]=

In[4]:= **SphericalPlot3D[1+Sin[7θ]/7,{φ,0,Pi},{θ,0,2 Pi},**
Mesh→None]

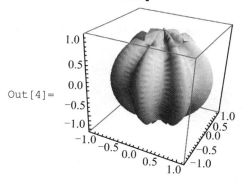

Out[4]=

In[5]:= **SphericalPlot3D[Sin[7u]Cos[7v],{u,0.2,Pi-0.2},**
{v,0.2,2 Pi-0.2},Boxed→False,Mesh→None,Axes→False]

Out[5]=

6.2.4 三维数据绘图

与二维空间表示数据点的方式类似,用$\langle x,y,z\rangle$表示三维空间的一个数据点,$\{\{x1,y1,z1\},\{x2,y2,z2\},\cdots\}$表示形式三维空间的一个数据点序列。表 6.4 列出了三维数据的绘图函数 ListPlot3D。

表 6.4

三维数据绘图命令	说　明
ListPlot3D[data]	画出数据 data 的三维图
ListPlot3D[array,shades]	按灰度 shades 画 array 的三维图

例:取 2500 点的图形效果,请自行观察取 i、j 分别为 25、40 的图形效果。

In[1]:= **tt=Table[Sin[0.01(i+j)]+Cos[0.01(i*j)],{i,1,50},**
      {j,1,50}];ListPlot3D[tt,Axes→False,Boxed→False,
      Mesh→False]

Out[1]=

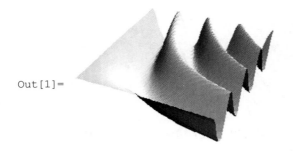

In[2]:= **data=Table[Cos[i+j^2],{i,0,1.5 Pi,0.2},**
      {j,0,1.5 Pi,0.2}];ListPlot3D[data,Mesh→None]

Out[2]=

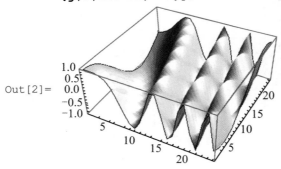

6.3　图形动画和声音播放

6.3.1　函数动画演示

◇　**Manipulate**

Manipulate 是 Mathematica 6.0 以后版本的新函数,给用户提供了交互运行函数和命令的方式,让函数展开、积分等数学运算生动起来,尤其是动画演示函数图形,简单明了且栩栩如生。

Manipulate 一般形式:

Manipulate[expr, {u, ua, ub}]

　　　　　　　　　　　给出表达式 expr 控制量 u 在区间 $[u_a, u_b]$ 上的所有值

Manipulate[expr, {u, ua, ub, dstep}]

　　　　　　　　　　　　　控制量 u 在区间 $\{u_a, u_b\}$ 之间以步长 dstep 变化

Manipulate[expr, {u, {u₁, u₂, ...}}]　　　控制量 u 取离散值 $u_1, u_2, \cdots$

Manipulate[expr, {{u, u_init}, u_min, u_max, ...}]　设置控制量 u 的初始值为 u_{init}

Manipulate[expr, {u, ...}, {v, ...}, ...]　　　　　　设置两个或多个控制量

在 Manipulate 的作用下,表达式 expr 随着控制量(或称滑杆)u 值的变化而变化,expr 可为函数、图形等多种形式的表达式,也可以给控制量取名。其中:

给滑杆命名形式:$\{\{u, ua, "name"\}, ub, step\}$

二维滑杆定义形式:$\{u, \{x_{min}, y_{min}\}, \{x_{max}, y_{max}\}\}$

例:用鼠标拖动 a 的游标,Sin(ax)的图形随着 a 值的变化而变化。

```
In[1]:= Manipulate[Plot[Sin[a x],{x,0,9},
        PlotRange→{-2,2}],{a,0,2}]
```

Out[1]=

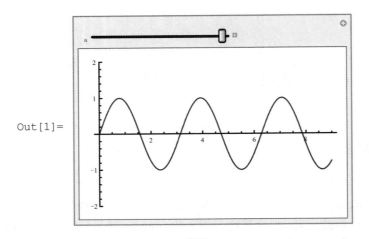

单击控制量 a 的滑杆右端的 ➕ ，调出滑杆下动画演示控制按钮，单击 ➖ 则收回按钮。

In[2]:= **Manipulate[Plot[Sin[a x+b],{x,0,6}],{a,1,3},
        {b,1,10}]**

Out[2]=

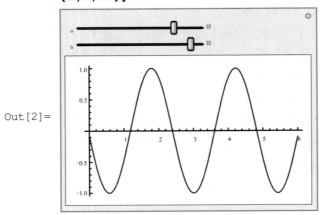

In[3]:= **Manipulate[D[x^7,{x,k}],{k,2,6,1}]**

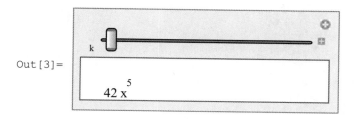

Out[3]=

In[4]:= **Animate[Integrate[a x+b y^2,{x,0,1},{y,0,1}],
    {a,1,5,1},{b,1,5,0.2}]**

Out[4]=

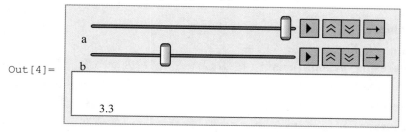

试试 In[5]取消选项 PlotRange→{{−5,5},{−5,5},{−5,5}}的效果。

In[5]:= **Manipulate[SphericalPlot3D[r,{v,0,Pi},{u,0,2 Pi},
    PlotRange→{{−5,5},{−5,5},{−5,5}}],
    {{r,1,"Radius"},5,1},ControlPlacement→Left]**

Out[5]=

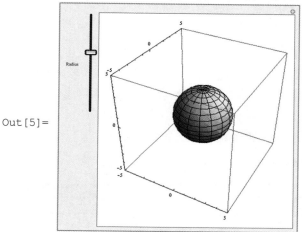

In[6]:= **Manipulate[u,{u,{0,0},{1,1}},ControlType→Slider2D]**

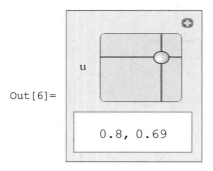

Out[6]=

◇ **Animate**

Animate 一般形式：

Animate[expr, {u, umin, umax}] 在 $\{u_{\min}, u_{\max}\}$ 区域内动态演示表达式 expr

Animate[expr, {u, u$_{\min}$, u$_{\max}$, du}] 按步长 du 演示表达式 expr

Animate[expr, {u, {u$_1$, u$_2$, ...}}] u 取离散值 $u_1, u_2, \cdots$

Animate[expr, {u, ...}, {v, ...}, ...] 取每一对 $\{u, v\}$ 的值演示表达式 expr

In[1]:= **Animate[Plot[Sin[a x],{x,0,10}],{a,0,5}]**

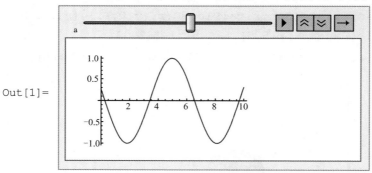

Out[1]=

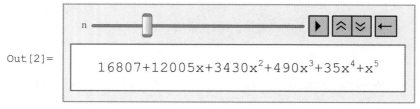 表示播放或暂停、加速、减速、改变运行方向。

In[2]:= **Animate[Expand[(n+x)^5],{n,3,20,1}]**

Out[2]= $16807 + 12005x + 3430x^2 + 490x^3 + 35x^4 + x^5$

In[3]:= **Animate[Plot[Sin[a x]+Sin[b x],{x,0,10},**
PlotRange→2],{a,1,5},{b,1,5}]

Out[3]=

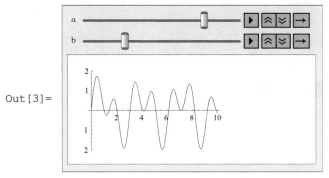

In[4]:= **t={-1.5,1.5};**
Animate[Graphics3D[Table[Line[{{Cos[t]-Sin[t],
Cos[t]+Sin[t],1},{Cos[t]+Sin[t],Sin[t]-Cos[t],
-1}}],{t,0,s,Pi/27}],Boxed→False,
PlotRange→{t,t,t}],{s,0,2Pi,Pi/27}]

Out[4]=

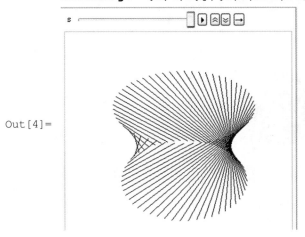

In[5]:= **Animate[Plot[t(x²-1)+(1-t)(-x²),{x,-1,1},**
Axes→False,Epilog→{Circle[{0,1},3],
Disk[{1,1.8},.3],Disk[{-1,1.8},.3],
Circle[{1,1.8},.7,{Pi/4,3 Pi/4}],
Circle[{-1,1.8},.7,{Pi/4,3 Pi/4}],Line[{{0,0.6},

```
{-0.25,0.6},{0,1.6}}}]],PlotRange→{{-3,3},{-2,4}},
AspectRatio→1],{t,0,1}]
```

Out[5]=

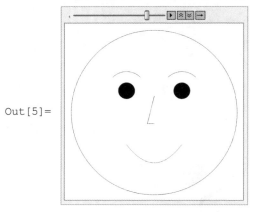

In[6]:= **Animate[SphericalPlot3D[r,{v,0,Pi},{u,0,2Pi},**
PlotRange→{{-5,5},{-5,5},{-5,5}}],{r,1,5},
AnimationRepetitions→3]　　　　（*演示 3 次,自动停止*）

Out[6]=

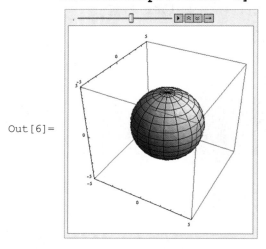

例:模拟地、月、日三球运行模型。

根据天文学数据:太阳半径 696 000 公里,地球半径 6 378.14 公里,月球半径 1 738 公里;地球绕日轨道半径 149 597 870 公里,公转周期 365.25 日;月球绕地轨道半径 363 300~405 500 公里,公转周期 29.530 59 日,对地球轨道倾角 4°57′~5°19′。

```
In[7]:= a=4.055;b=3.633;c=Sqrt[a^2-b^2];
                                    (*月球绕地轨道半长短轴*)
        d=14.959787;               (*地球绕日轨道半径*)
        r0=1;r1=0.7;r2=0.5;        (*太阳、地球、月球半径*)
        s=(77/15)Degree;           (*月球轨道地球轨道夹角*)
        w1=2Pi/29.53059;w2=2 Pi/365.25;
                                    (*地球、月球公转角速度*)
        cost=Cos[theta];sint=Sin[theta];
        Manipulate[Show[
          Graphics3D[{Yellow,Sphere[{0,0,0},r0],t}],
        Graphics3D[{Blue,Sphere[{d*Cos[w2*t],
          d*Sin[w2*t],0},r1]}],
        ParametricPlot3D[{d*cost,d*sint,0},{theta,0,2 Pi}],
          ParametricPlot3D[{(a*cost -c)*Cos[s]+d*Cos[w2*t],
          b*sint+d*Sin[w2*t],- (a*cost -c)*Sin[s]},
        {theta,0,2 Pi}],
        Graphics3D[{Orange,Sphere[{(a*Cos[w1*t]-c)*Cos[s]
          +d*Cos[w2*t],b*Sin[w1*t]+d*Sin[w2*t],
           - (a*Cos[w1*t]-c)*Sin[s]},r2]}],Boxed→False],
        {t,0,36525,1}]             (*模拟三球运行十年*)
```

Out[13]=

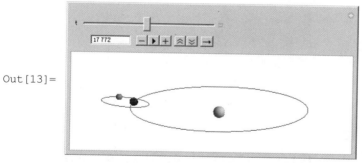

6.3.2　列表动画演示

◇ **ListAnimate**

ListAnimate$\left[\{\text{expr1},\text{expr2}\}\right]$

连续、依次运行图形表达式 expr1、expr2,产生动画效果

In[1]:= **ListAnimate[Table[Plot[x^n Sin[x],{x,0,3},**
PlotRange→{0,27}],{n,4}]]

Out[1]=

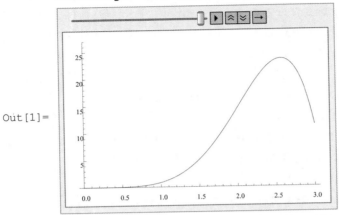

In[2]:= **ListAnimate[Table[Graphics[{Red,Disk[{0,0},n]},**
PlotRange→6],{n,6}]]

Out[2]=

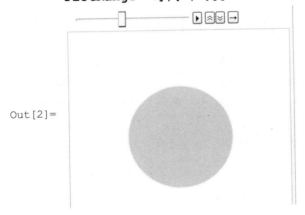

例:动态演示数据点列。

In[3]:= **data=Table[{i,Sin[i]},{i,0,2.1 Pi,0.1 Pi}];**

In[4]:= **ListAnimate[Table[ListLinePlot[Take[data,i],**
Mesh→All,
PlotRange→{{0,6.5},{-1,1}}],{i,Length[data]}]]

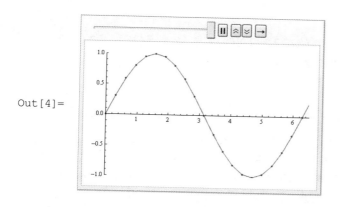

Out[4]=

6.3.3　声音与语音

◇　**播放函数**

Plot 让我们看到数学函数的形体美，Play 让我们听到函数的歌唱。Play 创建一个播放声音的对象，播放指令将数学函数转化为波形的声音，返回一个 Sound 对象。Mathematica 可以展示任意的函数及数据的波形分析，以及基于音符的音频合成和艺术级的声音设置。

一般形式：

Play[f,{t,t_{min},t_{max}}]　　　　　　在[t_{min},t_{max}]秒之间播放振幅函数 f

Play[{f_1,f_2},{t,t_{min},t_{max}}]　　　　　　产生立体声音，首先给出左通道

Play[{f_1,f_2,...,...}]　　　　　　　　在多通道上产生声音

例：听听 Sin 和 Cos。

In[1]:= **Play[(3+Cos[30t])*Sin[3500 t+2 Sin[50t]],{t,0,1}]**

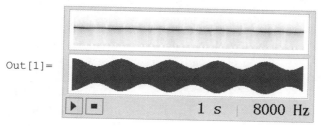

Out[1]=

注：点击 ▶ 时播发声音。

例：自定义音符。

```
In[2]:= m=512;                                      (*定调，试试 m=256 的效果*)
        freq={1,2^(2/12),2^(4/12),2^(5/12),2^(7/12),2^(9/
        12),2^(11/12),2};
```

例:演奏世上只有妈妈好。

```
In[3]:= f[m_,t_]:=Play[{Sin[512*2^(m/12)*2 Pi*x],
        Sin[509*2^(m/12)*2Pi*x]},{x,0,t}];
        Show[{f[9,0.927],f[7,0.309],f[4,0.618],f[7,0.618],
        f[12,0.618],f[9,0.309],f[7,0.309],f[9,1.236],
        f[4,0.618],f[7,0.309],f[9,0.309],f[7,0.618],
        f[4,0.618],f[0,0.309],f[-3,0.309],f[7,0.309],
        f[4,0.309],f[2,1.236],f[2,0.927],f[4,0.309],
        f[7,0.618],f[7,0.309],f[9,0.309],f[4,0.927],
        f[2,0.309],f[0,1.236],f[7,0.927],f[4,0.309],
        f[2,0.309],f[0,0.309],f[-3,0.309],f[0,0.309],
        f[-5,1.854]}]
```

Out[3]=

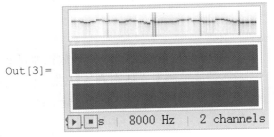

◇ **播放音符**

Sound 播放音符的声音基元和指令,它可以组合不同乐器的音符序列。

Sound[…]像 Play 一样运行指令后显示包含一个表示该声音的图形和一个按钮,点击按钮播放声音。

一般形式:

Sound[primitives]	表示一个声音
Sound[primitives,t]	指定声音持续 t
Sound[primitives,{tmin,tmax}]	声音的指定片断

由 SoundNote 给 Sound 提供播放的声音的基本音符元素。

SoundNote[pitch]   表示根据给出音色的一段音符

SoundNote[pitch, t]   音符持续的时间长度为 t

SoundNote[pitch, {t$_{min}$, t$_{max}$}]   音符持续的时间从 t_{min} 到 t_{max}

例:演奏 135$\dot{i}$。

```
In[1]:= Sound[{SoundNote["C"],SoundNote["E"],SoundNote["G"],
        SoundNote["C5"]}]
```

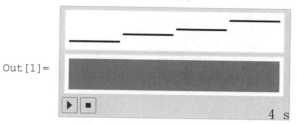

Sound[SoundNote[0]]产生一个中央 C 音;Sound[SoundNote["G", 1, "Violin"]]产生一个一秒的小提琴的中央 C 音,表 6.5 是音符的具体说明:

表 6.5

音 符	意 义
0	中央 C 音
n	以中央 C 音为的 n 半音
"C", "C♯", "D"等	中央 C 音八度音阶的所有音符
"Cm", "C♯m", "Dm"等	m 八度音阶的所有音符("C4"是中央 C 音)
{p1,p2}	包含音高 pi 的和弦
None	休止(一次音乐停顿)
"percussion"	一次打击

"C♯", "C ♯"形式(以"C\[Sharp]"形式键入)和"CSharp"是等价的。

"Cb", "Cb"(以"C\[Flat]"形式键入)和"CFlat"也是等价的。

负数用来指定中央 C 音以下的音高。

一个中央 C 音上的八度音阶,可以通过 12 或"C5"来指定。

"C+4"等价于"C41"低音符可以通过"C-1"等指定。

SoundNote[pitch,t]指定一个时间 t,音符的音量在 t 时间前逐步减小。

SoundNote[pitch,tspeo]在缺省情况选用钢琴风格。

In[3]:= **s=Sound[Table[SoundNote[i],{i,0,12}],1]**　　　（输出略）

In[4]:= **Sound[{"Flute",Sound[s,{0,1}],"Accordion",**
Sound[s,{0.1,1.2}],"Trumpet",Sound[s,{.2,1.3}]}]

Out[4]=

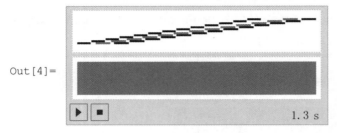

例：生成一个随机音符的序列。

In[5]:= **Sound[SoundNote/@RandomInteger[12,30],4]**

Out[5]=

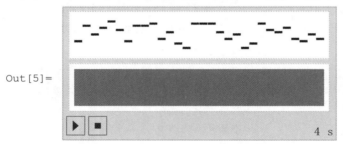

In[6]:= **Sound[{Table[SoundNote[i,0.1,"Violin"],{i,12,0,-1}],**
Table[SoundNote[i,0.1,"Violin"],{i,0,12}]}]

Out[6]=

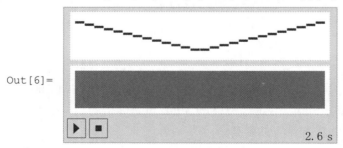

例：播放不同乐器的音符的随机序列。

In[7]:= **Sound[SoundNote[#,RandomReal[2],RandomChoice[**
{"Piano","Cello","Tuba"}]]&/@RandomInteger[12,30],4]

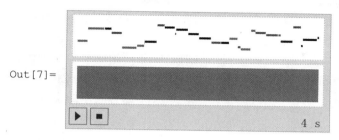

Out[7]=

◇　**播放列表**

Play 播放有连续数值的函数,对应的 ListPlay 播放离散的数据列表。
一般形式:

ListPlay$\left[\{a_1,a_2,\dots\}\right]$　　　　　播放由 a_i 序列给出声音的振幅

ListPlay$\left[\{list_1,list_2\}\right]$　　　产生立体声音,首先给出左边信道

例:听听素数。

In[1]:= **ListPlay[Table[Prime[n],{n,500}]]**

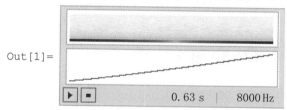

Out[1]=

In[2]:= **ListPlay[MovingAverage[RandomReal[1,{6000}],150]]**

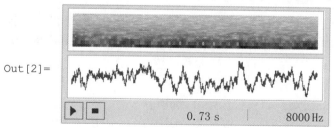

Out[2]=

注:MovingAverage$[$list,r$]$给出 list 的移动平均数,这是通过元素 r 的平均运行次数计算出来的。

MovingAverage$[\{a,b,c,d,e\},2]$

$\{(a+b)/2,(b+c)/2,(c+d)/2,(d+e)/2\}$

◇　**播放文本**

播放的文本由英语单词、句子或数学表达式组成。Speak 用户的计算机操作系

统产生声音,Speak 尽可能产生自然的单词语速,而不是表达式结构的逐字表示。

一般形式:

Speak["string"]   播放"string"中的文本的语音表示

Button["按钮名",Speak["string"]]   设置播放按钮,单击按钮播放 string

SpokenString[expr]   给出表达式 expr 语音表示的文本字符串

In[1]:= **Speak["Good morning"]**   (*播放 Good morning*)

In[2]:= **Button["Speak",Speak["Happy new year to you!"]]**

Out[2]= Speak

In[3]:= **Speak[Sin[x]^2+ Cos[x]^2]**

In[4]:= **SpokenString[Sin[x]^2+Cos[x]^2]**

Out[4]= cosine of x squared plus sine of x squared

6.4 等值线和密度图

6.4.1 二元函数等值线

等值线(或称轮廓线)很像地图上的等高线,它们把曲面上高度相等的各点连接起来,等值线序列对应于均匀间隔的 $z = f(x, y)$ 值数列。ContourPlot 画二元函数的等值线图。用灰度表示数值,数值越大颜色越浅。

ContourPlot 的命令形式有:

ContourPlot[f, {x, x$_{min}$, x$_{max}$}, {y, y$_{min}$, y$_{max}$}, 选项]

按选项画函数 $f(x, y)$ 在区域内的等值线

ContourPlot[f==g, {x, x$_{min}$, x$_{max}$}, {y, y$_{min}$, y$_{max}$}]

画 $f(x, y) = g(x, y)$ 的等值线

ContourPlot[{f$_1$==g$_1$, f$_2$==g$_2$, ...}, {x, x$_{min}$, x$_{max}$}, {y, y$_{min}$, y$_{max}$}]

画一组等值线

所画等值线带有边框,即 ContourPlot 有默认选项值 Frame→True。如果函数值的网络不够细,系统默认样本点数不够用,等值线图可能会有误差,当函数值

变化幅度较大时,ContourPlot 能给出规则的等值线图;当函数值变化太小,曲面几乎是平面时,可能给出不规则的等值线图,这时通过调整等值线数(Contours)或提高 PlotPoints 和 MaxRecursion 的选项设置达到要求。ContourPlot 的大部分选项的意义与 Plot 类似,表 6.6 列出部分选项供参考。

表 6.6

选　项　名	默　认　值	意　　义
AspectRatio	1	图形高度与宽度的比例
BoundaryStyle	None	定义画边界区域样式
ClippingStyle	None	如何绘制 PlotRange 剪切的值
ColorFunction	Automatic	等值线之间的区域颜色
ColorFunctionScaling	True	是否按比例确定 ColorFunction 的自变量
Contours	Automatic	等值线数
ContourShading	Automatic	等值线的阴影
ContourStyle	Automatic	等值线样式
Exclusions	Automatic	指定排除区域
ExclusionsStyle	None	指定排除区域的绘图样式
Frame	True	是否画框线
FrameTicks	Automatic	框线的刻度

例:用选项 ContourLabels→Automatic 表示等值线的数值。

```
In[1]:=  ContourPlot[Sin[x^2]Cos[y^2],{x,-6,6},{y,-6,6},
         ContourLabels→Automatic]
```

Out[1]=
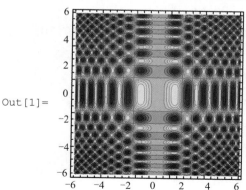

```
In[2]:=  ContourPlot[Sin[x]-Cos[y] y,{x,-3,3},{y,-3,3},
         ContourShading→{LightRed,LightPurple}]
```

Out[2]=

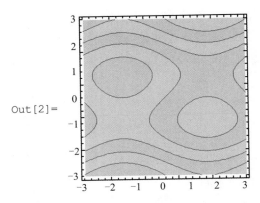

例：用 ContourPlot 命令画单位圆，表明 ContourPlot 具有画隐函数的能力。

In[3]:= **ContourPlot[x^2+y^2==1,{x,-1.5,1.5},{y,-1.5,1.5}]**

Out[3]=

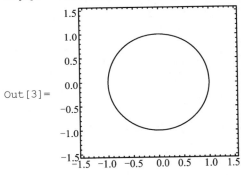

例：画 Nicomedes 蚌线 $x^2 y^2 = (y+1)^2 (4-y^2)$。

In[4]:= **ContourPlot[x^2y^2==(y+1)^2(4-y^2),{x,-10,10},**
{y,-4,4}]

Out[4]=

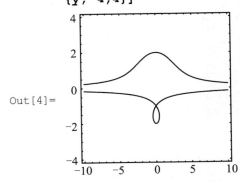

```
In[5]:= Manipulate[ContourPlot[Sin[Cos[x^2+y^2]],
        {x,-10,10},{y,-10,10},
        ContourShading→{LightRed,LightPurple},
        PlotPoints→k],{k,10,40,2}]
```

Out[5]=

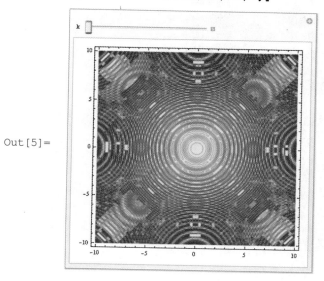

6.4.2　二元数据等值线

画二元离散数据等值线的一般形式：

ListContourPlot[array]　　　　　　　　　　　　　绘制数组的等高线图
ListContourPlot[{{x_1, y_1, f_1}, {x_2, y_2, f_2}, ...}]　　绘制指定点值的等高线图

ListContourPlot 对数据做线性插值,得出平滑的等高线图,array 应为实数的矩形数组;有非实数元素时,应在图形中留有空间。ListContourPlot 大多数选项和 Graphics 的选项相同,也有它专有的选项,例如 ContourStyle 等。

```
In[1]:= data=Table[Sin[y*Cos[x]],{x,-10,10,0.2},
        {y,-10,10,0.2}];
        ListContourPlot[data]
```

Out[1]=

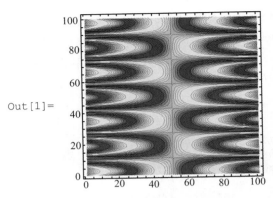

In[2]:= **`ListContourPlot[Table[Cos[i]j^3+Sin[j]i^3,`**
`{i,0,3,0.01},{j,0,3,0.01}]]`

Out[2]=

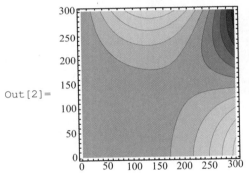

In[3]:= **`ListContourPlot[{{10,7,1},{6,8,10},{7,9,9},{1,1,2},`**
`{4,6,4},{7,5,9},{10,6,8}},InterpolationOrder→0,`
`BoundaryStyle→Red]`

Out[3]=

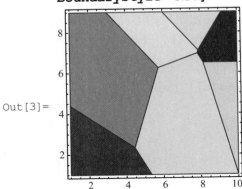

```
In[4]:= Table[ContourPlot[Evaluate[Sum[Product[Norm[{x,y}-
    RandomReal[{-3,3},{2}]]],{i,j}]/Product[Norm[{x,y}-
    RandomReal[{-3,3},{2}]]],{i,j}],{j,1,5}]],{x,-5,5},
    {y,-5,5},ColorFunction→(Hue[#]&),
    ClippingStyle→Automatic,FrameTicks→None],{3}]
```

Out[4]=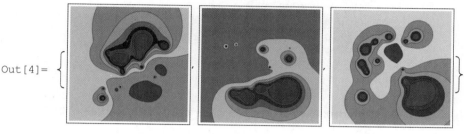

6.4.3 三元函数等值面

一般形式:

ContourPlot3D$\big[f,\{x,x_{min},x_{max}\},\{y,y_{min},y_{max}\},\{z,z_{min},z_{max}\}$,选项$\big]$

按选项画函数 $f(x,y,z)$ 在区域内的等值面

ContourPlot3D$\big[f==g,\{x,x_{min},x_{max}\},\{y,y_{min},y_{max}\},\{z,z_{min},z_{max}\}\big]$

画 $f=g$ 的等值面

ContourPlot3D 绘制的三维等值面(等高面)可以包含不连接的部分,对于 f 计算为 None 的区域,不做绘制。最初 ContourPlot3D 根据 PlotPoints 指定的等间隔的样本点计算一个三维网格的 f。然后它选择一个适当的算法,做接近 MaxRecursion 个划分,生成等值面。

ContourPlot3D 的大多数选项与 Graphics3D 相同,它的专有选项请看系统帮助。

例:画 z 值在 $[-1,1]$ 的马鞍面。

```
In[1]:= ContourPlot3D[x^2-y^2==z,{x,-1,1},{y,-1,1},
    {z,-1,1}]
```

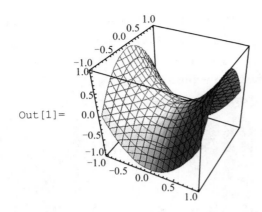

Out[1]=

In[2]:= **ContourPlot3D[{x^2+y^2-z^2==1,x^2+y^2+z^2==1,**
x^2+y^2-z^2==-1},{x,-2,2},{y,-2,2},{z,-2,2},
RegionFunction→Function[{x,y,z},x < 0||y > 0],
BoxRatios→Automatic]

Out[2]=

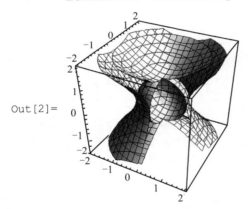

6.4.4 二元函数密度图

密度图与等值线图的作用相似。在密度图中，$f(x,y)$ 的值表示颜色的相对数值。数值越大，颜色越浅越亮。ColorFunction 是画密度图的常用选项,选项值有 GrayLevel、Hue 和 RGBColor,尤其是设置 ColorFunction→Hue,可让图形更加鲜亮。

一般形式：

DensityPlot$\left[\mathbf{f},\langle \mathbf{x},\mathbf{x_{min}},\mathbf{x_{max}}\rangle,\langle \mathbf{y},\mathbf{y_{min}},\mathbf{y_{max}}\rangle\right]$

在 x 和 y 的区域内做出函数 $f(x,y)$ 的密度图形

In[1]:= **{Contourplot[Sin[i]+Cos[j],{i,-16,16},{j,-16,16}],**
     DensityPlot[Sin[i]+Cos[j],{i,-16,16},{j,-16,16}]}

Out[1]=
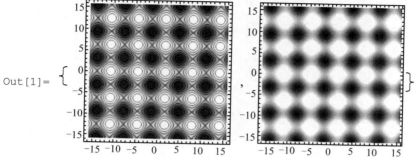

In[2]:= **DensityPlot[Sin[i]+Cos[j],{i,-16,16},{j,-16,16},**
     ColorFunction→Hue]

Out[2]=
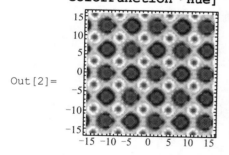

In[3]:= **DensityPlot[Sin[i]+Cos[j],{i,-16,16},{j,-16,16},**
     ColorFunction→"CMYKColors",
     MeshFunctions {#3&,#3&},
     Mesh→{Range[-1,1,0.4],Range[-0.8,0.8,0.4]}]

Out[3]=
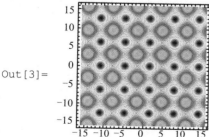

In[4]:= **DensityPlot[Arg[Sin[(x+I y)^7]],{x,-2,2},{y,-2,2},**
     ColorFunction→Hue]

Out[4]=

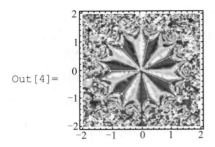

In[5]:= **Table[DensityPlot[f[ArcCoth[(x+I y)^5]],**
{x,-2,2},{y,-2,2},ColorFunction→"DarkRainbow",
ExclusionsStyle→Blue],{f,{Re,Im,Abs,Arg}}]

Out[5]=

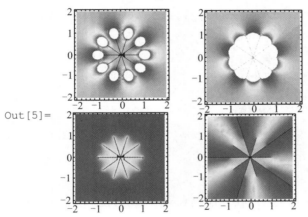

In[6]:= **Animate[DensityPlot[Sin[k i^2+Cos[k j]],{i,-12,12},**
{j,-12,12},PlotPoints→k,
ColorFunction→"BlueGreenYellow"],{k,20,200,10}]

Out[6]=

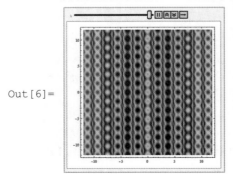

6.5　用图元作图

6.5.1　二维图形元素作图

在 Mathematica 中也提供了二维和三维用图形元素作图函数 Graphics 和 Graphics3D,图形元素有点、圆弧和立方体等,使用图形元素可以组合成结构复杂的图形。仅包含图形指令的列表可以视为将指令对应元素直接插入到一个封闭列表中。

Graphics 的一般形式:

Graphics[primitives,选项]　　　　　按选项画二维图元素 primitives

二维图形基本元素如表 6.7 所示。

表 6.7

二维图形基本元素	说　　　明
Arrow[{{x_1,y_1},...}]	箭头
Circle[{x,y},r]	圆心在{x,y},半径为 r 的圆弧线
Circle[{x,y},{ra,rb},{t1,t2}]	从弧度 t_1 到弧度 t_2 的椭圆弧
Disk[{x,y},r]	圆心在{x,y},半径为 r 的填实圆
Inset[obj,...]	插入 obj 对象
Line[{{x_1,y_1},...}]	依次连接相邻两点的线段
Locator[{x,y}]	在图形中以{x,y}定义动态点位置
Point[{x,y}]	点的位置{x,y}
Polygon[{{x_1,y_1},...}]	多边形
Raster[array]	灰度颜色的矩阵
Rectangle[{x_{min},y_{min}},{x_{max},y_{max}}]	以{x_{min},y_{min}},{x_{max},y_{max}}为顶角的矩形
Text[expr,{x,y}]	在{x,y}坐标处插入表达式 expr

其中图形元素 BezierCurve(Bézier 曲线)和 BsplineCurve(B 样条)放在第 5

章中。

例：请观察 Disk 和 Circle 的效果。

In[1]:= **Graphics[{Pink,Disk[{0,0},1],Black,Circle[{2.6,0},**
{1.5,1}],Circle[{5.2,0},1,{0,Pi}]}]

Out[1]=

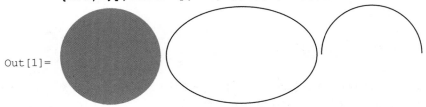

In[2]:= **data=Line[{{1,0},{2,3},{3,0},{4,1},{5,0},{6,1}}];**

In[3]:= **{Graphics[{Red,Point[{2,1}]}],**
Graphics[{Thick,data}],
Graphics[{Thick,Dashed,Pink,data}]}

Out[3]=

In[4]:= **Manipulate[Graphics[Line[{{0,0},p}],PlotRange→2],**
{{p,{1,1}},Locator}]

Out[4]=

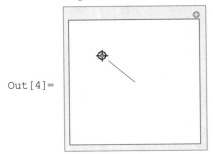

In[5]:= **Graphics[{Raster[Table[{1-x,x,1-y},{x,.1,1,.1},**
{y,.1,1,.1}]]}]

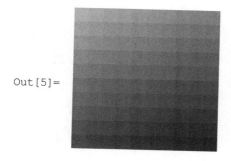

Out[5]=

In[6]:= `pts=Table[{Cos[2nπ/6],Sin[2nπ/6]},{n,0,5}];`
`Graphics[{Opacity[0.7],Red,Line[Tuples[pts,2]],Blue,`
`PointSize[0.05],Point[pts]}]`

Out[7]=

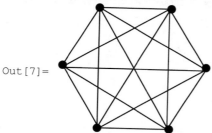

In[8]:= `Graphics[Table[{Hue[t/12],Circle[{Cos[2 Pi t/12],`
`Sin[2 Pi t/12]}]},{t,12}]]`

Out[8]=

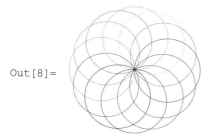

例:将函数曲线画在圆盘中。

In[9]:= `Graphics[{LightGray,Disk[],Inset[Plot[Tan[x],`
`{x,-3,3}]]}]`

Out[9]=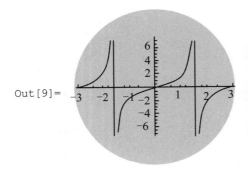

In[10]:= **tc=ParametricPlot[{{Cos[t],Sin[t]},**
         {Cos[t]^3,Sin[t]^3}},{t,0,2 Pi},Ticks→None,
         AxesLabel→{"X","Y"},AxesStyle→Arrowheads[{0,0.04}],
         PlotRange→{{-1.25,1.25},{-1.25,1.25}}];

In[11]:= **td=Graphics[{Text["a",{0.45,0.05}],**
         Text["O",{-0.1,-0.1}]}];

In[12]:= **Show[tc,td]**

Out[12]:=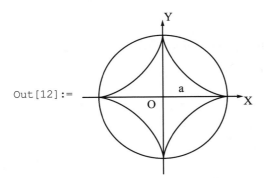

例:画二次函数 $f(x) = x^2$ 的切线束。

In[13]:= **f[x_]:=x^2;**
         p=Table[{{a-2,f'[a]((a-2)-a)+f[a]},
         {a+2,f'[a]((a+2)-a)+f[a]}},{a,-10,10,.1}];
         Graphics[Line[p],PlotRange→{{-1,1},{-1,1}}]

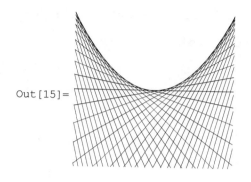

Out[15]=

6.5.2　三维图形元素作图

用三维图形基本元素作图命令：

Graphics3D[图元素,选项]

Graphics3D 以 StandardForm 形式显示一个图形。在 InputForm 中,它显示为一个具体的作图的指令列表。

三维图形基本元素如表 6.8 所示。

表 6.8

三维图形基本元素（primitives）	意　　义
Arrow[{pt$_1$,pt$_2$}]	从点 pt_1 到 pt_2 的箭头
Cuboid[{x$_{min}$,y$_{min}$,z$_{min}$},...]	立方体
Cylinder[{{x$_1$,x$_2$,x$_3$},...},...]	柱体
Cone[{x$_1$,y$_1$,z$_1$},{x$_2$,y$_2$,z$_2$},r]	圆锥体
GraphicsComplex[pts,prims]	图形对象的复合体
GraphicsGroup[{g$_1$,g$_2$,...}]	图形对象组
Inset[obj,...]	插入 object
Line[{{x$_1$,y$_1$,z$_1$},...}]	折线段
Point[{x,y,z}]	点
Polygon[{{x$_1$,y$_1$,z$_1$},...}]	多边形
Sphere[{x,y,z},...]	球体
Text[expr,{x,y,z}]	在位置 $\{x,y,z\}$ 处插入 expr
Tube[{pt$_1$,pt$_2$,...},r]	管体

例：随机点列。

In[1]:= **p=Table[Point[{Random[],Random[],Random[]}],{24}];**

In[2]:= **Graphics3D[{Blue,PointSize[Large],p}]**

Out[2]=

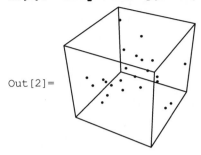

In[3]:= **Graphics3D[Polygon[{{1,0,0},{0,1,0},{0,0,1}}]]**

Out[3]=

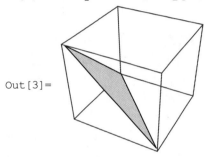

In[4]:= **Graphics3D[{Pink,Sphere[{0,0,2}],Blue,**
Cuboid[{-1,-1,-1},{1,1,1}]},Boxed→False]

Out[4]=

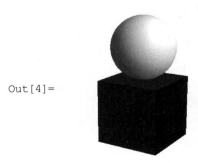

In[5]:= **Graphics[{Blue,Disk[{-3,0}],**
GraphicsGroup[{Pink,Disk[],Rectangle[{3,-1},
{5,1}]}]}]

Out[5]=

（*请观测 Graphics[{Blue,Disk[],GraphicsGroup[{Pink,Disk[],
Rectangle[{3,-1},{5,1}]}]}] 的运行结果*）

In[6]:= **Graphics3D[{EdgeForm[Directive[Thick,Dashed,Blue]],**
　　Yellow,Cylinder[]}]

Out[6]=

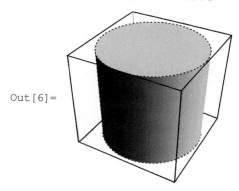

In[7]:= **Graphics3D[{Sphere[],Text[x^2+y^2+z^2<=1,{0,0,0}]},**
　　Boxed→False]

Out[7]=

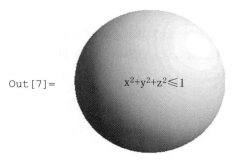

下列函数用于编辑一组图形的表示方式。每个函数都有相关的选项。

GraphicsGroup$\left[\{g_1, g_2, \dots\}\right]$ 　　　　　　　　　　　　图元素组

GraphicsRow$\left[\{t1, t2, \dots\}\right]$ 　　　　　　　按行排列图形组 $t_1, t_2, \cdots$

GraphicsColumn$\left[\{\textbf{t1},\textbf{t2},...\}\right]$ 按列排列图形 $t_1, t_2, \cdots$

GraphicsGrid$\left[\{\{\textbf{g11},\textbf{g12},...\},...\}\right]$ 按矩阵元素位置排列图形 g_{ij}

GraphicsComplex$\left[\textbf{pts},\textbf{prims}\right]$ 图元素组 pts 的序列默认值$\{1,2,\cdots\}$

```
In[8]:= GraphicsRow[{Graphics[{Pink,Disk[]}],
        Graphics[Circle[]]}]
```

Out[8]=

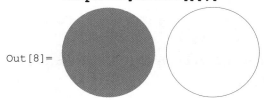

```
In[9]:= Graphics[GraphicsGroup[{{Circle[{0,0}],
        Blue,Disk[{1,0}]},
        {{Pink,Disk[{0,-2}]},Circle[{1,-2}]}}]]
```

Out[9]=

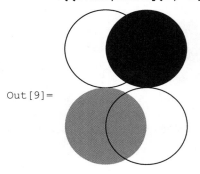

```
In[10]:= GraphicsGrid[{{Graphics[{Pink,Rectangle[]}],
        Graphics[Circle[]]},{Graphics[{Red,Disk[]}],
        Graphics[{Blue,Rectangle[]}]}}]
```

Out[10]=

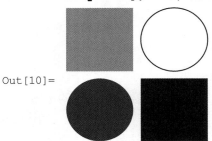

请上机观察图形：

Graphics[GraphicsGroup[{{{Pink,Rectangle[]},Circle[]},
　　{{Red,Disk[]},{Blue,Rectangle[]}}}]]

体会 GraphicsGrid 和 GraphicsGroup 的区别。

In[11]:= **p={{0,0,0},{2,0,1},{2,2,1},{0,2,0},{1,1,1}};**

In[12]:= **Graphics3D[GraphicsComplex[p,Table[Sphere[i],**
　　　　{i,5}]]]

Out[12]=

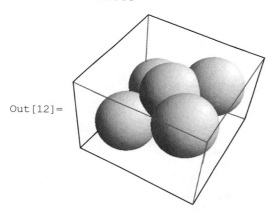

系统中还定义了几何中的部分多面体，例如，Cuboctahedron（8 面体）、Icosidodecahedron（32 面体）等，以及做了切角的多面体。PolyhedronData 是画多面体的专用命令。用 PolyhedronData["Archimedean"]可以看到定义的多面体名称，用 PolyhedronData["多面体名称"]可以画出对应的多面体。例如：

In[1]:= **PolyhedronData["Archimedean"]**

Out[1]= {Cuboctahedron,GreatRhombicosidodecahedron,
　　　　GreatRhombicuboctahedron,Icosidodecahedron,
　　　　SmallRhombicosidodecahedron,
　　　　SmallRhombicuboctahedron,
　　　　SnubCube,SnubDodecahedron,TruncatedCube,
　　　　TruncatedDodecahedron,TruncatedIcosahedron,
　　　　TruncatedOctahedron,TruncatedTetrahedron}

In[2]:= **{PolyhedronData["Icosidodecahedron"],**
　　　　PolyhedronData ["TruncatedIcosahedron"]}

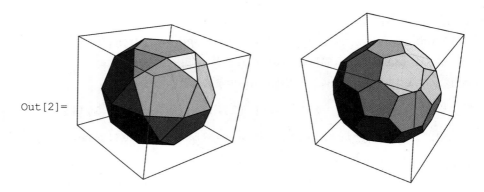

Out[2]=

In[3]:= **data={"GreatRhombicosidodecahedron",**
"SnubDodecahedron",
"SnubCube","TruncatedDodecahedron"};

In[4]:= **Table[PolyhedronData[data[[k]]],{k,1,4}]**

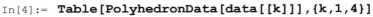

Out[4]=

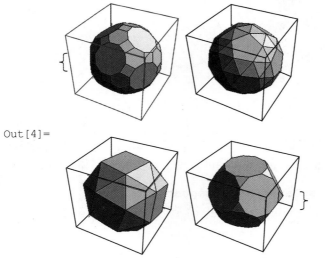

6.5.3 关于颜色

在 Mathematica 中包含丰富多彩的颜色,用户也可以用函数自定义颜色,设置色彩和透明度。

◇ **基本颜色**

系统定义的颜色有:Red(红),Green(绿),Blue(蓝),Black(黑),White(白),

Gray(灰)，Cyan(墨绿)，Magenta(品红)，Yellow(黄)，Brown(褐)，Orange(橘色)，Pink(粉色)，Purple(紫红色)。

◇ **复合颜色**

Lighter[color]   指定颜色的变浅版本

Darker[color]   指定颜色的暗模式

Red 加上字头 Light 表示浅红，这样又得到一批颜色：

LightRed，LightGreen，LightBlue，LightGray，LightCyan，LightMagenta，LightYellow，LightBrown，LightOrange，LightPink，LightPurple，Transparent（完全透明，用 Transparent 提交一个不可视的基元）。

例：Graphics[{Darker[Red]，Disk[]}]用暗红色绘制圆盘。

◇ **自定义颜色**

RGBColor[red,green,blue]   按给定的红、绿和蓝比例的调色显示

RGBColor[r,g,b,a]

指定不透明度 a，等价于{RGBColor[r,g,b]，Opacity[a]}

还可以用 ColorData 看到系统中定义颜色方案的名称集合，系统中定义的颜色梯度列表、物理性颜色等方案。

```
In[1]:= ColorData["Gradients"]
Out[1]= {DarkRainbow,Rainbow,Pastel,Aquamarine,BrassTones,
         BrownCyanTones,CherryTones,CoffeeTones,
         FuchsiaTones,GrayTones,GrayYellowTones,
         GreenPinkTones,PigeonTones,RedBlueTones,RustTones,
         SiennaTones,ValentineTones,AlpineColors,
         ArmyColors,AtlanticColors,AuroraColors,
         AvocadoColors,BeachColors,CandyColors,CMYKColors,
         DeepSeaColors,FallColors,FruitPunchColors,
         IslandColors,LakeColors,MintColors,NeonColors,
         PearlColors,PlumColors,RoseColors,SolarColors,
         SouthwestColors,StarryNightColors,SunsetColors,
         ThermometerColors,WatermelonColors,RedGreenSplit,
         DarkTerrain,GreenBrownTerrain,LightTerrain,
         SandyTerrain,BlueGreenYellow,LightTemperatureMap,
         TemperatureMap,BrightBands,DarkBands}
```

下列为 Gradients 定义颜色的应用，图形输出略。

```
In[3]:= Plot3D[x^2+y^2,{x,-2,2},{y,-2,2},
        ColorFunction→(ColorData["TemperatureMap"][#3]&)]

In[4]:= ContourPlot[x+Sin[x^2+y^2],{x,-5,5},{y,-5,5},
        ContourShading→ColorData[35,"ColorList"]]

In[5]:= DensityPlot[Sin[x]y^2,{x,-5,5},{y,-5,5},
        ColorFunction→"BlueGreenYellow"]

In[6]:= Plot[Sin[x],{x,0,10},
        PlotStyle→Directive[Orange,Thick,Dashed]]
```

6.6　特殊作图命令

Plot 和 Plot3D 是二维和三维画图命令的典型代表，与二维绘图函数有关的命令尾部通常标以 Plot 字符，同理与三维绘图函数有关的命令尾部标以 Plot3D 字符。

```
In[1]:= ?* Plot
```

▼ System`

ArrayPlot	ListLinePlot	MatrixPlot
ContourPlot	ListLogLinearPlot	ParametricPlot
DateListLogPlot	ListLogLogPlot	Plot
DateListLogPlot	ListLogPlot	PolarPlot
DensytyPlot	ListPlot	RegionPlot
DiscretePlot	ListPolarPlot	ReliefPlot
GraphPlot	ListStreamDensityPlot	StreamDensityPlot
LayeredGraphPlot	ListStreamPlot	StreamPlot
LineIntegralConvolutionPlot	ListVectorDensityPlot	TreePlot
ListContourPlot	ListVectorPlot	VectorDensityPlot
ListCurvePathPlot	LogLinearPlot	VectorPlot
ListDensiytPlot	LogLogPlot	

```
           ListLineIntegralConvolutionPlot LogPlot
In[2]:=  ? * Plot3D
         ▼ System`
           ContourPlot3D          ListPlot3D           ListVectorPlot3D
           RegionPlot3D           VectorPlot3D         GraphPlot3Dt
           ListPionPlot3D         ParamtricPlot3D      RevolutionPlot3D
           ListContourPlot3D      ListSurfacePlot3D    Plot3D
           SphericalPlot3D
```

绘图命令涉及维数、坐标系和被绘制函数的表示方式。如 ContourPlot 和 ContourPlot3D 表示画二维和三维的等值线；ListPlot 和 ListPolaPlot 分别表示在直角坐标系和极坐标中画图；DensityPlot 和 ListDensityPlot 表示画函数还是数据列表的密度图。

本节列出部分二维和三维特殊绘图命令。

6.6.1 数据多形象可视化

各类数据统计中常用棒图和饼图表示数据，在 4.0 版中这些命令都放在程序包中，现在这些命令都作为内置函数中供用户直接调用，在 7.0 版中还增加了扇形图、直方图和气泡图等常用的图形元素，用几何形象图形更加简洁而生动地表示统计的数据。

◇ **柱形图**

BarChart$[\{y_1, y_2, ...\}]$ 按数据 y_1, y_2 的值生成柱形图

BarChart$[\{data_1, data_2, ...\}]$ 由多个数据集 $data_i$ 生成柱形图

BarChart3D$[\{y_1, y_2, ...\}]$ 三维柱形图，其中条纹长度 $y_1, y_2, \cdots$

BarChart3D$[\{data_1, data_2, ...\}]$ 从多个数据集 $data_i$ 生成一个三维柱形图

例如：

In[1]:= **{BarChart[{2,1,3}],BarChart3D}]}**

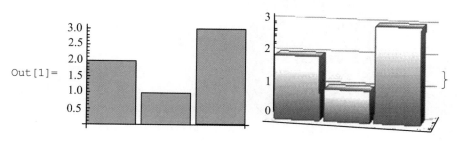

Out[1]=

In[2]:= **BarChart[{2,1,3},{1.5,3.5,2.5},{4,2}}**
Chartlegends→{"A","B","C"}]

Out[2]=

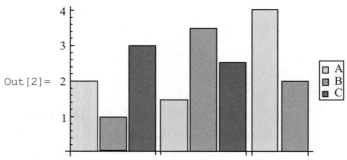

◇ 饼图

PieChart$\big[\langle y_1,y_2,...\rangle\big]$ 由数据 $y_1, y_2, \cdots$ 生成饼图

PieChart$\big[\langle data_1,data_2,...\rangle\big]$ 由多个数据集 $data_i$ 绘制饼图

PieChart3D$\big[\langle y_1,y_2,...\rangle\big]$ 由数据 $y_1, y_2, \cdots$ 绘制一个三维饼图

例如：

In[1]:= **{PieChart3D[{1,2,3}],PieChart3D[{1,2,3},**
SectorOrigin→{Automatic,1}]}

Out[1]= {  }

In[2]:= **PieChart[{2,1,3},{1,2,4}],**
ChartLables→{"一","二","三"}]}

Out[2]=

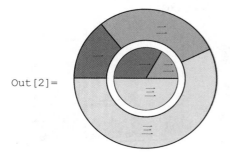

注：单击饼块拉出或缩回所击饼块。

◇　气泡图

BubbleChart$\big[\{\{x_1,y_1,z_1\},\{x_2,y_2,z_2\},...\}\big]$　在坐标$\{x_i,y_i\}$处制作气泡 z_i

BubbleChart$\big[\{data_1,data_2,...\big]$　　　　　由多个数据集 $data_i$制作气泡式图

BubbleChart3D$\big[\{\{x_1,y_1,z_1,u_1\},\{x_2,y_2,z_2,u_2\},...\}\big]$

　　　　　　　　　　在坐标$\{x_i,y_i,z_i\}$处生成三维气泡 u_i

例：BubbleChart$\big[$RandomReal$[1,\{20,3\}]\big]$,输出略。

In[1]:= **BubbleChart[RandomReal[1,{20,5,3}]]**

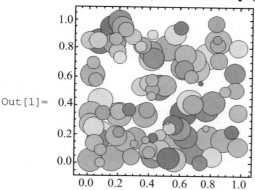

Out[1]=

In[2]:= **BubbleChart3D[RandomReal[1,{10,4}]]**

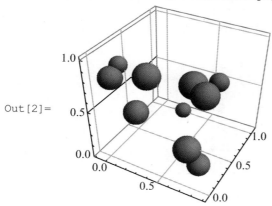

Out[2]=

In[3]:= **BubbleChart3D[RandomReal[1,{5,5,4}]]**

Out[3]=

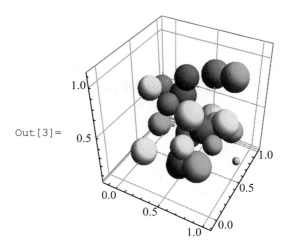

◇ 矩形图

RectangleChart$\left[\{\{x_1,y_1\},\{x_2,y_2\},\dots\}\right]$ 绘制宽度为 x_i,高度为 y_i 的矩形图

RectangleChart3D$\left[\{\{x_1,y_1,z_1\},\{x_2,y_2,z_2\},\dots\}\right]$

　　　　绘制三维矩形图,其中条纹的长度为 x_i,宽度为 y_i,高度为 z_i

例如:

In[1]:= **RectangleChart[{{1,1},{1,2},{1,3}},**
AspectRatio→Automatic]

Out[1]=

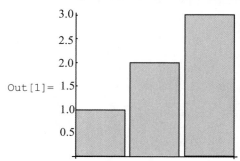

◇ 扇形图

SectorChart$\left[\{\{x_1,y_1\},\{x_1,y_2\},\dots\}\right]$

　　　　绘制一个扇形图,其扇形角和 x_i 成比例,并且有半径 y_i

SectorChart3D$\left[\{\{x_1,y_1,z_1\},\{x_2,y_2,z_2\},\dots\}\right]$

　　　　生成三维扇形图,其扇形角和 x_i 成比例,并有半径 y_i 和高度 z_i

例如:

In[1]:= **SectorChart[{{1,1},{2,2},{3,3}}]**

Out[1]=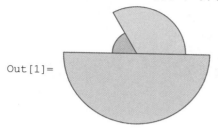

In[2]:= **SectorChart3D[{{1,2,3},{2,3,1},{3,1,2}}]**

Out[2]=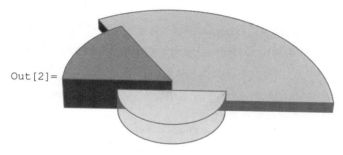

◇ **直方图**

Histogram$\left[\{x_1, x_2, \ldots\}\right]$ 绘制值 x_i 的直方图

Histogram3D$\left[\{\{x_1, y_1\}, \{x_2, y_2\}, \ldots\}\right]$ 按值$\{x_i, y_i\}$绘制三维直方图

例如:

In[1]:= **Histogram[RandomReal[1,{20,3}]]**

Out[1]=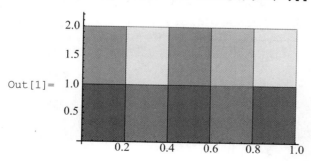

In[2]:= **Histogram3D[RandomReal[1,{200,2}]]**

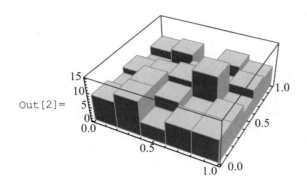

Out[2]=

6.6.2 画"区域"图

RegionPlot 是从 Mathematica 6.0 版本引入的命令,用它可画出二元函数所表示的区域,用于不等式作图和隐函数作图。用 RegionPlot3D 绘制三元函数所围体积。

一般形式:

RegionPlot$\left[\mathbf{pred}, \{\mathbf{x}, \mathbf{x_{min}}, \mathbf{x_{max}}\}, \{\mathbf{y}, \mathbf{y_{min}}, \mathbf{y_{max}}\}\right]$

RegionPlot3D$\left[\mathbf{pred}, \{\mathbf{x}, \mathbf{x_{min}}, \mathbf{x_{max}}\}, \{\mathbf{y}, \mathbf{y_{min}}, \mathbf{y_{max}}\}, \{\mathbf{z}, \mathbf{z_{min}}, \mathbf{z_{max}}\}\right]$

画出满足表达式 Pred 的图形,Pred 为任何不等式的逻辑组合,RegionPlot 绘图区域包含不连续部分。RegionPlot 返回 Graphics[GraphicsComplex[data]]。

缺省情况下,RegionPlot3D 以 0.8 的不透明度显示每一区域的边界和向外的表面法线。RegionPlot3D 通常能找出主要测量的区域;它不能找出只有线或点的区域。RegionPlot3D 返回 Graphics3D[GraphicsComplex[data]]。

例如:

In[1]:= **RegionPlot[x^2+y^2<=1,{x,-1,1},{y,-1,1},**
ColorFunction→"SunsetColors"]

Out[1]=

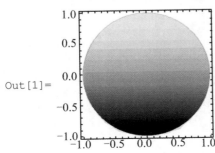

例：不等式方程组作图。

In[2]:= **RegionPlot[x^2+y^2<1&& x+y<1,{x,-1,1},{y,-1,1},**
       BoundaryStyle→Dashed]

Out[2]=

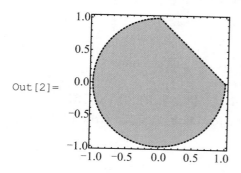

例：隐函数作图，$(x^2 + y^2)^2 = (x^2 - y^2)$。

In[3]:= **RegionPlot[(x^2+y^2)^2- (x^2-y^2) 0,{x,-1.2,1.2},**
       {y,-1.2,1.2}]

Out[3]=

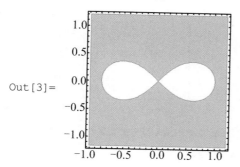

例：定义集合 $a = \left(x - \dfrac{1}{2}\right)^2 + y^2 < 1$，$b = \left(x + \dfrac{1}{2}\right)^2 + y^2 < 1$。
请观察集合的并、集合的交的图示。

In[4]:= **a=(x-1/2)^2+y^2<1;b=(x+1/2)^2+y^2<1;**
       {RegionPlot[Or[a,b],{x,-2,2},{y,-2,2}],
       RegionPlot[And[a,b],{x,-2,2},{y,-2,2}]}

Out[4]=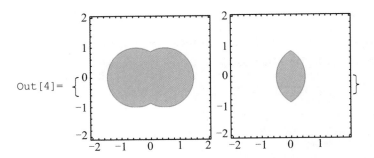

In[5]:= **Table[RegionPlot[f[a,b],{x,-2,2},{y,-2,2},**
PlotLabel→f],{f,{And,Or,Xor,Implies,Nand,Nor}}]

Out[5]=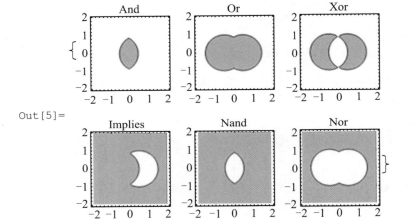

In[6]:= **RegionPlot3D[x^2+y^2+z^2<1&&x^2+y^2>z,**
{x,-1,1},{y,-1,1},{z,-1,1}]

Out[6]=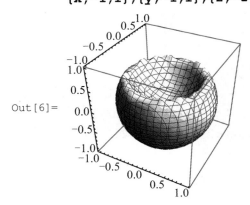

```
In[7]:= RegionPlot3D[x y z  1,{x,-5,5},{y,-5,5},{z,-5,5},
        Mesh→None,AxesLabel→{"x","y","z"}]
```

Out[7]=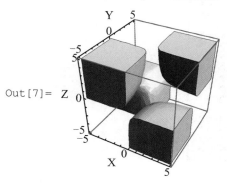

6.6.3　向量图和流量图

◇　**向量图**

VectorPlot$\left[\{v_x, v_y\}, \{x, x_{\min}, x_{\max}\}, \{y, y_{\min}, y_{\max}\}\right]$

　　　　　　　　绘制在 x 和 y 定义区域上函数 V 的 $\{v_x, v_y\}$ 的向量图

VectorPlot$\left[\{\{v_x, v_y\}, \{w_x, w_y\}, \ldots\}, \{x, x_{\min}, x_{\max}\}, \{y, y_{\min}, y_{\max}\}\right]$

　　　　　　　　　　　　　　　　　　　绘制多个向量图

VectorPlot3D$\left[\{v_x, v_y, v_z\}, \{x, x_{\min}, x_{\max}\}, \{y, y_{\min}, y_{\max}\}, \{z, z_{\min}, z_{\max}\}\right]$

　　　　　　　　绘制在 x、y 和 z 定义区域上 $\{v_x, v_y, v_z\}$ 的向量图

例如：

```
In[1]:= VectorPlot[{x,y},{x,-1,1},{y,-1,1}]
```

Out[1]=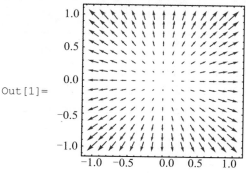

```
In[2]:= VectorPlot[{-1-x^2-y^2,1+x^3-y^2},{x,-1,1},
```

`{y,-1,1}]`

Out[2]=

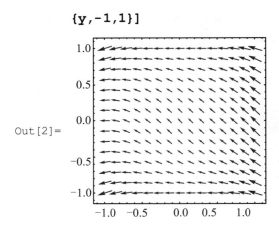

In[3]:= **`Table[VectorPlot[{-1-x^2-y^2,1+x^3-y^2},`**
`{x,-3,3},{y,-3,3},PlotLabel→s,`
`StreamPoints→Coarse,StreamScale→{Full,All,0.05},`
`StreamStyle→s],{s,{"Arrow","ArrowArrow",`
`"CircleArrow"}}]`

Out[3]=

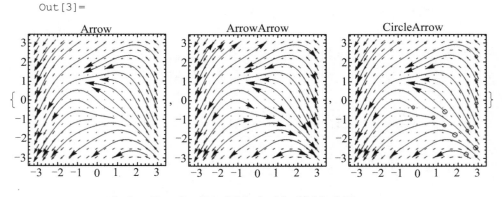

In[4]:= **`points=RandomReal[{-1,1},{200,3}];`**
`VectorPlot3D[{x,y,z},{x,-1,1},{y,-1,1},{z,-1,1},`
`VectorPoints→points,VectorColorFunction→Hue,`
`Boxed→False]`

Out[4]=

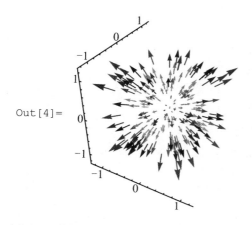

◇　**向量场和流量图**

StreamPlot 画向量场函数的流量图;ListStreamPlot 按数据画向量场流量图。

StreamPlot$\left[\{\mathbf{v_x},\mathbf{v_y}\},\{\mathbf{x},\mathbf{x_{min}},\mathbf{x_{max}}\},\{\mathbf{y},\mathbf{y_{min}},\mathbf{y_{max}}\}\right]$

　　　　　　　　　　　　绘制在 x 和 y 区域上的向量场$\{v_x,v_y\}$的向量图

StreamPlot$\left[\{\{\mathbf{v_x},\mathbf{v_y}\},\{\mathbf{w_x},\mathbf{w_y}\},...\},\{\mathbf{x},\mathbf{x_{min}},\mathbf{x_{max}}\},\{\mathbf{y},\mathbf{y_{min}},\mathbf{y_{max}}\}\right]$

　　　　　　　　　　　　　　　　　　绘制多个向量场图

例:绘制$\{-x^2-y^2-1,x^3-y^2+1\}$的流线图。

In[1]:= **StreamPlot[{-1-x^2-y^2,1+x^3-y^2},{x,-3,3},**
　　　　{y,-3,3}]

Out[1]=

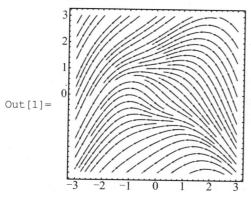

In[2]:= **StreamPlot[Evaluat@{D[y^2 Cos[x],y]},-D[y^2 Cos[x],**
　　　　x]},{x,0,2 Pi},{y,0,2 Pi},StreamScale→Large]

Out[2]=

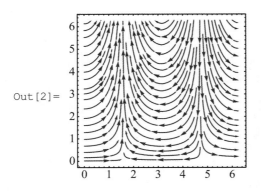

6.6.4　矩阵绘图

下列有关绘制矩阵的函数：

ArrayPlot[array]　　　　按数组画元素的相对灰度图，数值越大，黑色越多

MatrixPlot[m]　　　　　按矩阵画元素的相对矩阵色彩图，数值越大，颜色越深

ReliefPlot[array]　　　　　　　　以 array 元素的值为高度画地势图

$\mathbf{Grid}\big[\big\{\big\{\mathbf{expr}_{11},\mathbf{expr}_{12},\dots\big\},\big\{\mathbf{expr}_{21},\mathbf{expr}_{22},\dots\big\},\dots\big\}\big]$

将 expr_{ij} 排列在二维表格中

例如：

In[1]:= **ArrayPlot[{{1,0,0},{0,2,0},{0,0,3}}]**

Out[1]=

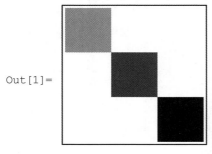

In[2]:= **{ArrayPlot[{{1,2,3},{4,5,6},{3,2,1}}],**
　　　ArrayPlot[{{1,2,3},{4,5,6},{3,2,1}},
　　　ColorFunction→"Rainbow"]}

Out[2]=　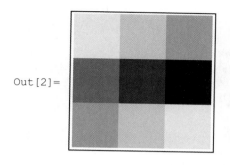　

In[3]:= **MatrixPlot[{{1,0,0},{0,2,0},{0,0,3}}]**

Out[3]=　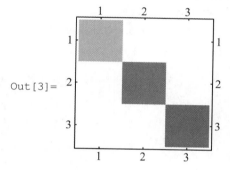

In[4]:= **MatrixPlot[{{1,2,3},{4,5,6},{3,2,1}}]**

Out[4]=　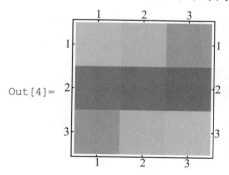

In[5]:= **MatrixPlot[Table[Sin[x]Cos[y],{x,-50,50},**
**　　{y,-50,50}],ColorFunction→"GreenBrownTerrain"]**

Out[5]=

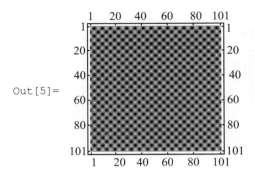

In[6]:= **Table[ArrayPlot[Table[Mod[g[i,j],4],{i,0,16},**
{j,0,16}],ColorRules→{0→Yellow,1→Orange,2→Pink,
3→Red}],{g,{Plus,Subtract,Times}}]

Out[6]=

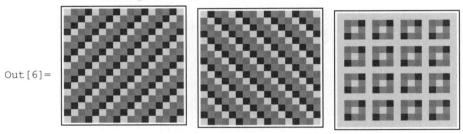

In[7]:= **ReliefPlot[Table[Sin[i^3]+ Cos[j^4],{i,-5,5,0.2},**
{j,-5,5,0.2}]]

Out[7]=

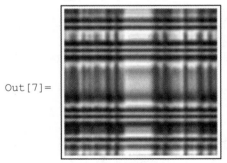

In[8]:= **ReliefPlot[Table[Im[Csc[(i+ I j)^2]],{i,-3,3,.02},**
{j,-3,3,.02}],PlotRange→Automatic,
ColorFunction→Hue,FrameTicks→True]

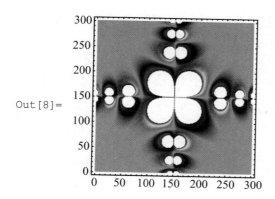

Out[8]=

请上机运行并观测地貌图。

ReliefPlot〔Import〔"ExampleData/hailey. dem. gz "," Data "〕,
ColorFunction→"GreenBrownTerrain"〕

6.6.5 树形图

一般形式：

TreePlot$[\{v_{i1} \rightarrow v_{j1}, v_{i2} \rightarrow v_{j2}, \dots\}]$ 生成由顶点 v_{ik} 到顶点 v_{jk} 的树形图

TreePlot$[\{\{v_{i1} \rightarrow v_{j1}, \mathbf{lbl}_1\}, \dots\}]$ 图形中的边带有标签 $\mathbf{lbl}_k$

TreePlot$[\mathbf{g}, \mathbf{pos}]$ 按 pos 的要求置树的根节点

如果图形 g 不是一个树，TreePlot 排列顶点的方式，则以图形的每个部分的一个平面树为基础。pos 的值有 Top、Bottom、Left、Right 和 Center。TreePlot 也具有 Graphics 的大多数选项。

```
In[1]:= t=Flatten[Table[{i→2 i+j-1},{j,2},{i,7}]]
Out[1]= {1→2,2→4,3→6,4→8,5→10,6→12,7→14,1→3,2→5,3→7,
        4→9,5→11,6→13,7→15}

In[2]:= Table[TreePlot[t,p],{p,{Top,Left,Bottom,Right,
        Center}}]
Out[2]=
```

{ ... , ... , ... , ... , ... }

In[3]:= **a="数学学院";b="基础数学";c="计算数学";d="应用数学";**
e="金融数学";
TreePlot[{a→b,a→c,a→d,a→e,b→1,b→2,c→4,c→5,
c→6,d→7,d→8,e→9,e→10},VertexLabeling→True]

Out[3]=
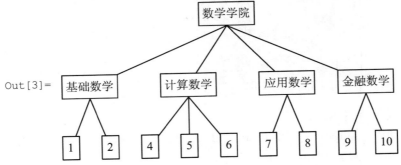

6.6.6 "图论"的图

一般形式:

GraphPlot$[\{v_{i1}→v_{j1},v_{i2}→v_{j2},...\}]$ 生成由顶点 v_{ik} 到点 v_{jk} 的图

GraphPlot$[\{\{v_{i1}→v_{j1},lbl_1\},...\}]$ 在图形中带有标签 lbl_k 的边

GraphPlot$[m]$ 产生以邻接矩阵 m 为表示的图形

GraphPlot3D$[\{vi1→φ1,vi2→φ2,...\}]$ 生成三维图

GraphPlot 尽可能地以优化图形布局的方式放置顶点,顶点 v_k 和标签 lbl_k 可以是任何表达式。在默认的情况下,DirectedEdges→False 的边框应为普通线条,DirectedEdges→True 的边线用箭头绘制,如 Out[1] 所示。

请上机观察:GraphPlot[{1→2,1→3,3→1,3→2,4→1,4→2}]与 In[1]输出的区别。

In[1]:= **GraphPlot[{1→2,1→3,3→1,3→2,4→1,4→2},**
DirectedEdges→True]

Out[1]=
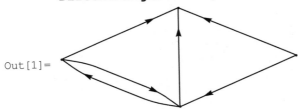

In[2]:= **GraphPlot[{1 2,1 3,3 1,{3 2,"3→2"},4 1,4 2},**
VertexLabeling→True,DirectedEdges→True]

Out[2]=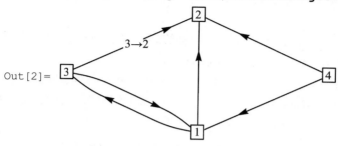

例：以邻接矩阵作图。

In[3]:= **GraphPlot[{{1,1,1,0},{0,1,1,1},{0,0,1,1}},**
VertexLabeling→True]

Out[3]=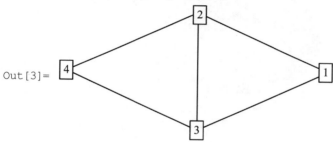

In[4]:= **GraphPlot3D[{1→2,2→3,3→4,4→1,4→5,5→1,2→5,3→5},**
Boxed→False,
EdgeRenderingFunction→({Cylinder[#1,0.05]}&),
VertexRenderingFunction→({Sphere[#,0.1]}&)]

Out[4]=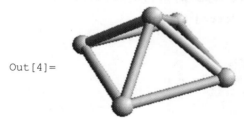

6.6.7　旋转曲面

一般形式：

RevolutionPlot3D$\left[f_z, \{t, t_{min}, t_{max}\}\right]$　　绕 z 轴旋转曲线 $z = f(t)$，构造旋转面

RevolutionPlot3D$\left[f_z, \{t, t_{min}, t_{max}\}, \{\theta, \theta_{min}, \theta_{max}\}\right]$

在 θ 的范围内绕 z 轴旋转曲线

RevolutionPlot3D$\left[\{f_x, f_z\}, \{t, t_{min}, t_{max}\}\right]$　　旋转参数曲线构造旋转面

例如：

In[1]:= **RevolutionPlot3D[{3+Cos[t],Sin[t]},{t,0,2 Pi},**
　　　　Boxed→False]

Out[1]=

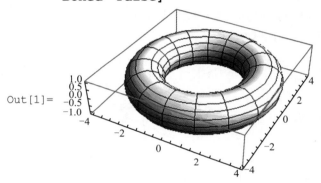

用 ParametricPlot3D 画该图命令：

ParametricPlot3D$\left[\{(3 + Sin[s]) \ Cos[t], (3 + Sin[s]) \ Sin[t], Cos[s]\},\right.$
$\left.\{s, 0, 2 \ Pi\}, \{t, 0, 2 \ Pi\}, Boxed→False\right]$

In[2]:= **RevolutionPlot3D[{{t-1,t-1},{t,1}},{t,0,2},**
　　　　Boxed→False,Axes→False]

Out[2]=

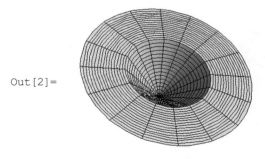

In[3]:= **RevolutionPlot3D[{Sin[t]+Sin[6t]/12,**
　　　　Cos[t]+Cos[6t]/12},{t,0,Pi},Boxed→False]

Out[3]=

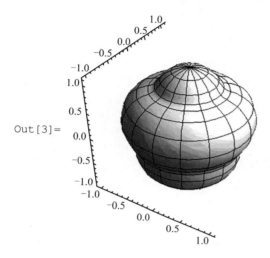

习　题　6

1. 作出下列函数的图形(每个图形至少含有两个选项,用于设置曲线颜色、坐标标记和点数等)。

(1) $y = 1 + x + x^3$, $x \in [-100, 100]$。

(2) $y = (x-1)(x-2)^2$, $x \in [-70, 70]$。

(3) $y = x + \sin x$, $x \in [-10, 10]$。

(4) $y = x^2 \sin x^2$, $x \in [-60, 60]$。

2. 同时作出 $y(x)$ 和 $y'(x)$ 的图形:

(1) $y(x) = \dfrac{x^2(x-1)}{(x+1)^2}$, $x \in [-100, 100]$。

(2) $y(x) = \dfrac{\sin x}{1 + x^2}$, $x \in [-90, 90]$。

3. 画出下列参数方程所表示的曲线:

(1) $x = \dfrac{(t+1)^2}{4}$, $y = \dfrac{(t-1)^2}{4}$, $t \in [-6,6]$。

(2) $x = a\cos 2t$, $y = a\cos 3t$, $t \in [-\pi,\pi]$。

(3) $x = t\ln t$, $y = \dfrac{\ln t}{t}$, $t \in [0,6\pi]$。

4. 画出下列函数的图形,并从不同的方向观察曲面:

   (1) $z = \mathrm{e}^{-x^2-y^2}$, $-3 \leqslant x \leqslant 3$, $-3 \leqslant y \leqslant 3$。

   (2) $z = \sin(x+\cos y)$, $-6 \leqslant x \leqslant 6$, $-6 \leqslant y \leqslant 6$。

   (3) $z = \dfrac{x^2-y^2}{x^3+y^3}$, $-10 \leqslant x \leqslant 10$, $-10 \leqslant y \leqslant 10$。

5. 画出下列带有限定条件的函数图形:

   (1) $f(x,y) = \dfrac{x}{\mathrm{e}^{x^2+y^2}}$, $-2 \leqslant x \leqslant 2$, $-2 \leqslant y \leqslant 2$,限定区域 $2 < x^2+y^2 < 3$。

   (2) $f(x,y) = \dfrac{1}{y^2-x^3+3x-3}$, $-3 \leqslant x \leqslant 3$, $-3 \leqslant y \leqslant 3$,限定条件 $0 <$ $\mathrm{Mod}(x^2+y^2,2) < 1$。

6. 作出下列参数方程所表示的曲线或曲面:

   (1) $x = \sin t$, $y = \cos t$, $z = t/3$, $t \in [0,15]$。

   (2) $x = u\sin t$, $y = u\cos t$, $z = t/3$, $t \in [0,15]$, $u \in [-1,1]$。

   (3) 画出半径为 1 的上半球面。

   (4) 画出半径为 2 的左半球面。

7. 作出函数 $\sin(x\cos y)$ 的密度图和等值线图,$x \in [-10,10]$,$y \in [-5,5]$。

8. 已知 list $= \{1.2,3.3,2.2,5.5,7.7,9.9\}$,作出 list 的棒图和饼图。

9. 画出正五边形、正八边形图形,并在打印机上输出图形。

10. 画出下列图形:

   (1) 双钮线 $\rho^2 = a^2\cos 2\theta$ 或 $(x^2+y^2)^2 = a^2(x^2-y^2)$。

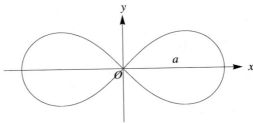

   (2) 心脏线 $\rho = a(1-\cos\theta)$。

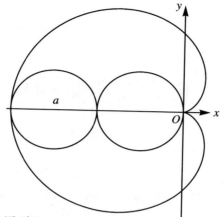

11. 画出下列三维图形：

(1) 椭圆球面。

(2) 圆锥面。

(3) 单叶双曲面。

(4) 双叶双曲面。

第7章　自定义函数和模式替换

在 Mathematica 中所有的输入实体都是表达式,一个基本核心思想是所有对象包括数据、程序、公式、图形、文档都可以用符号表达式来表示。这个统一概念构成了 Mathematica 统一的符号编程规范。所有的操作都是调用变换规则(Transformation rules)对表达式求值。表达式求值过程就是将表达式从一种表示形式变换为另一种表示形式的过程。

一个函数或一个命令即对应一个变换规则,在符号计算环境下并不强调函数与命令的区别,例如:求和函数 Sum 和绘图命令 Plot 等都可看成一个变换规则。Mathematica 内部建立了许多变换规则,包括做算术运算、化简代数式、做积分运算和作图等各种规则。前几章的目标是学会如何熟悉和使用系统的各种变换规则;本章的目标是学会如何建立用户自己定义的各种规则,即自定义函数和模式替换。

系统初始启动时,Mathematica 的规则库中只有系统的内部规则,用户可以定义自己的变换规则。系统随时将用户定义的变换规则放到规则集合中供计算表达式使用。

当给某一变量输入了一个值,例如:In[1]: = x = 123 时,按照一般高级语言的理解,我们说给变量 x 赋了一个值。在 Mathematica 中,也可以认为赋了一个值,更准确的意义是对表达式 x 定义了一条变换规则。在后面的输入表达式求值中遇到 x,就会使用这条变换规则,将 x 替换成 123。在求值中,系统首先检查用户定义的规则集合,然后再检查系统内部的规则集。系统规则能用到的性质,用户在定义规则时都可以使用。

Mathematica 在表达式的求值中,首先调用用户定义的变换规则,再调用系统的变换规则,把各种变换规则作用于表达式,一直做到找不到匹配的规则时才停止。这时所得到的表达式就是表达式求值的最终结果。

7.1　自定义函数

7.1.1　定义函数

在 Mathematica 中,可以认为定义函数就是定义规则。

例如:"f[x_]:=2x-1"定义了数学函数 $f(x)=2x-1$。其中,"x_"称为模式(pattern)。这是一类重要实体,它表示函数定义中的变量,可以看成高级语言函数定义的形式参数。模式"x_"表示匹配任何形式参数的表达式。"x_"可为实数、向量或矩阵。

如果在定义中用"f[x]=expr"定义函数,那么这个定义的规则仅对具体对象 x 才有意义。例如:$f[x]=2x-1$,只对符号 x 才有定义值 $2x-1$。

在命令行中用"f[x_]=."则清除函数 $f[x_]$ 的定义,用"Clear[f]"清除所有以 f 为函数名的所有函数定义。

有关定义函数的简单形式和实例如下:

表 7.1

函数定义	说　　明
f[x]=表达式	定义指定对象 $f[x]$ 的值,x 表示某一具体对象
f[x_]:=表达式	定义函数 $f[x_]$,x 表示变量
f[x_]=.	清除 $f[x_]$ 的定义
Clear[f]	清除 f 的所有定义

请观察在函数定义中实体为 $x_$ 和 x 的调用效果。请上机观察 $x=x+1$ 的运行结果,因为 x 没有赋值,系统反复执行变换规则 $x=x+1$,一直做到系统默认的256 次迭代为止。

```
In[1]:=  f[x_]:=2x-1                    (*或 f[x_]=2x-1*)

In[2]:=  f[10]

Out[2]=  19
```

In[3]:= **g[x]=2x-1**

Out[3]= $-1+2x$

In[4]:= **g[10]+g[x]**   (*系统只认识 g[x],g[10]无定义*)

Out[4]= $-1+2x+g[10]$

In[5]:= **s={{1,2},{3,4}};f[s]**   (*变量是矩阵*)

Out[5]= $\{\{1,3\},\{5,7\}\}$

In[6]:= **Clear[f,g]**   (*清除 f 和 g 的所有定义*)

一个特定的模式可以代表不同形式的表达式,函数中的模式可以有多个和多种形式。Mathematica 的模式表示有固定结构的一类表达式,调用函数时根据模式匹配执行相应的运算。模式匹配的意义在结构上而不是在数值上。

例如:"$(1+a)^{2,}(1+b^3)$^2"与模式"$(1 + x\_)$^2"匹配;"$1 + a + a$^2"与"$(1+a)$^2"数值虽相同但模式并不匹配。表 7.2 列出了几种常用模式,由此可理解各种形式的模式。

表 7.2

定 义	说 明
f[x_]	定义时命名为 x 的任意表达式
f[x_,y_]	命名为 x,y 的任意表达式
f[x_,x_]	命名为两个相同的任意表达式
x^n_	x 的任意幂次,幂次为 n
x_^n_	任意表达式的任意幂次
{a_, b_}	含有两个表达式的表

例如:

In[7]:= **h[(x_+y_)^n_+c_]:=n(x+y)+Sin[c];**
        h[(u+v)^5+2]

Out[8]= $5(u+v)+Sin[2]$

In[9]:= **g[x_,y_]:=x+y**

In[10]:= **g[x_,x_]:=2x+Cos[x]**

In[11]:= **g[u,v]+g[w,w]**

Out[11]= u+v+2w+Cos[w]

在 Mathematica 中,允许对定义的不同函数取相同的函数名,如 In[3]和 In[4]中的同一个函数名"g"表示的是两个函数,系统根据模式即调用对象判断应该调用哪个函数,这是面向对象程序设计的特点之一。对于函数名和模式都相同的函数只能有一个定义,按定义次序为准,后者为重新定义的函数。例如:

In[12]:= **g[x_]:=x^5+Sin[x]**

In[13]:= **g[x_]:=x^2**   (*修改"g[x_]"的定义*)

In[14]:= **g[0]=0;**

In[15]:= **?g**   (*显示"g"定义的所有值*)
Out[15]=
g

  g[x_, x_]:=2 x+Cos[x]

  g[x_, y_]:=x+y

  g[x_]:=x^2

  g[0]=0

In[16]:= **g[x_, x_]:=.**   (*清除"g[x_, x_]"的定义*)

In[17]:= **?g**
  g

  g[x_, y_]:=x+y

  g[x_]:=x^2

  g[0]=0

In[18]:= **Clear[g]**   (*清除了"g"的所有定义*)
In[19]:= **?g**   (*已无"g"的任何定义*)

调用定义的函数时,依次用实在参数代替形式参数即可算出函数的值。如果定义时没有对模式 anything 作限定说明,那么调用时的实在参数可为任何数据类型。例如:In[1]中的"x_"可为实数、向量或矩阵。在定义函数时也可对模式附加说明或限定条件,有关内容请参阅 7.3 节。

函数定义中模式实体"x_"可为函数。请观察下例中函数变量和自变量的定义方式。

In[1]:= **funa[f_,n_]:=Sum[f[k],{k,1,n}]+D[f[x],x];**

```
           funa[Sin,5]
```
Out[2]= $\text{Cos}[x]+\text{Sin}[1]+\text{Sin}[2]+\text{Sin}[3]+\text{Sin}[4]+\text{Sin}[5]$

In[3]:= **g[x_]:=x^2-1;funa[g,3]**

Out[3]= $11+2x$

In[4]:= **funb[f_, x_]:=D[f[x],x]+Integrate[f[x],x]**

In[5]:= **h[z_]=z+1;funb[h,z]**

Out[5]= $1+z+\dfrac{z^2}{2}$

In[6]:= **funb[Log, x]**

Out[6]= $\dfrac{1}{x}-x+x\,\text{Log}[x]$

对模式定义变换规则的一个重要的应用是定义数学转换关系,扩充系统的数学函数运算能力。例如:

In[7]:= **Log[x_,y_]:=Log[x]+Log[y]**

如果要对系统内部函数增加变换规则,则先取消内部函数的保护属性,补充新的规则后再恢复保护属性。有关例题请参阅 7.5 节。

如果在定义函数时需要几个命令才能完成工作,可将几个命令依次排列,命令之间用分号相隔,用圆括号把首尾命令括起来。如果在定义函数时还要用局部变量,请用第 8 章的 Module 或 Block 结构。

例:计算数据表 list 的算术平均值。

In[1]:= **mean[list_]:=Apply[Plus,list]/Length[list]**
                              (*或用 Plus @@ list/Length [list]*)

In[2]:= **mean[{1,2,3,4,5}]**

Out[2]= 3

例:list 是矩阵时,则计算每列的算术平均值。

In[3]:= **mean[{{1,2},{3,4}}]**

Out[3]= {2,3}

例:计算(方形)矩阵的算术平均值。

In[4]:= **aver[m_]:= (n=Length[m];Sum[m[[i,j]],{i,1,n},**

```
{j,1,n}]/n^2)aver[{{1,2},{3,10}}]
```
Out[4]= 4

例:计算表中最大数和最小数的平方和。

In[1]:= **f[x_]:=(y=Max[x];z=Min[x];y^2+z^2)**

In[2]:= **a={1,2,3,7,9};b={{1,2},{3,5}};{f[a],f[b]}**
Out[2]= {82,26}

例:计算矩阵的 $\|A\|_1$(1 范数)和 $\|A\|_\infty$(∞ 范数)。

$$\|A\|_1 = \underset{k}{\mathrm{Max}}\sum_{i=1}^{n}|a_{ik}|$$

$$\|A\|_\infty = \underset{i}{\mathrm{Max}}\sum_{k=1}^{n}|a_{ik}|$$

分析:按照矩阵 ∞ 范数的定义,计算 A 的每行按模(取绝对值)的元素和,再找出其中最大的值。

实现:用 Apply[Plus,Abs[M[k]]],k = 1,…,Length[M]计算每行按模的元素和;用函数 Max 找出其中最大的值;利用数学关系 $\|A\|_1 = \|A^T\|_\infty$ 计算 A 的 1 范数。

In[1]:= **f[M_]:=Max[Table[Apply[Plus,Abs[M[[k]]]],**
        {k,1,Length[M]}]]

In[2]:= **A=Table[Random[ ],{10},{10}];** (∗随机形成矩阵 $A_{10,10}$∗)

In[3]:= **f[A]** (∗计算 $\|A\|_\infty$∗)
Out[3]= 3.53473

In[4]:= **f[Transpose[A]]** (∗计算 A 的 1 范数∗)
Out[4]= 3.30627

例:作 Weierstrass 函数图形,并取不同的 r,s 观察图形。

$$f(x) = \sum_{k=1}^{\infty} r^{(s-2)k}\sin(r^k x), \quad 1 < s < 2, \quad r > 1$$

In[5]:= **WW[r_,s_,n_]:= {t= Sum[r^((s-2) k) Sin[r^k x],**
        {k,1,n}];Plot[t,{x,-1,1}]}

In[6]:= **{WW[1.2,1.5,20], WW[1.2,1.5,100]}**

Out[6]=

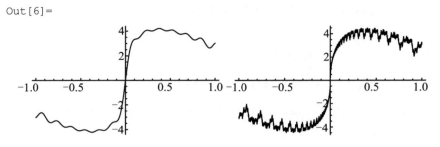

7.1.2　立即赋值和延迟赋值

在 Mathematica 中，"f[x_] = 2x"和"f[x_]: = 2x"表示两种不同的定义函数方式，它们之间的区别在于赋值式右边的表达式何时被求值。使用"： ="定义规则时，赋值号右边的表达式在定义时不被求值，直到调用时才求值；使用"＝"定义规则时，赋值号右边的表达式在定义时立即被求值，如果模式实体已有值，则调用规则时无法替换实体。例如：

In[1]:=　**x=1;**

In[2]:=　**f[x_]=2x**

　　　　　　　　　（＊立即计算"f[x_]=2*1=2"，如果 x 没赋值则输出 2x＊）

Out[2]=　2　　　　　　　　　（＊f[x_]已成为固定数值 2 的常值函数＊）

In[3]:=　**g[x_]:=2x**　　　　　　　　　　　　（＊系统保存 2x＊）

In[4]:=　{**f[3],g[3]**}
Out[4]=　{2,6}

观察下例中模式 y 定义的函数"h[y_]"，"f[3]"和"h[3]"的计算结果。

In[5]:=　**h[y_]=2 y**
Out[5]=　2 y

In[6]:=　**{h[3],h[6]}**
Out[6]=　{6,12}　　　　　　　　　（＊"h[y]"确是随变量变化的函数＊）

在使用"： ="定义规则时系统不做运算，也就没有相应的输出。例如：In[3]后没有输出标志 Out[3]。在使用"＝"定义规则时，立即会看到规则的显式表达式（如 In[2]所示）。为了防止使用"＝"定义函数时模式或对象已有数值，一般在使用"＝"定义规则时，先用 Clear 函数清除规则中所用变量，以免影响规则定义的效果。例如：

In[7]:= **Clear[x];f[x_]=2x**
Out[7]= 2 x

In[8]:= **f[3]**
Out[8]= 6

在定义函数中，多数情况使用"∶="定义规则，有时也需要用"="定义函数。例如：调用 Plot 作出含有计算命令函数的图形。用

fun[x_]∶= D[Sin[x]^3, x] + Integrate[5x^4, x]
Plot[fun[x], {x, − 1, 1}]

则调用 Plot 失效。

In[9]:= **fun[x_]=D[Sin[x]^3,x]+Integrate[5x^4,x]**
Out[9]= 3 Cos[x] Sin^2[x]+x^5

In[10]:= **Plot[fun[x],{x,-1,1}]**   （*图略*）

Mathematica 中的输入输出行分别由"In[n]∶="和"Out[n]="所标记。现在可以理解这些标号的含义了。In 和 Out 是两个保存输入和输出的数组。"Out[n]"是立即赋值的，"In[n]"被延迟赋值，也就是每一输入行的指令以未求值的形式被保存。如果再次调用某一特定行，Mathematica 将自动重新执行那一行的指令。例如："In[8]∶= In[4] + In[5]"也是合法的输入。

在对单个变量赋值时也可用"="或"∶="算子。其意义也是对变量立即赋值或延迟赋值。

In[1]:= **a=1;b=1;**

In[2]:= **r:=a+2**   （*定义 r 的一个延迟值*）

In[3]:= **r**   （*计算 r*）
Out[3]= 3

In[4]:= **r:=%+3**

In[5]:= **s=b+2**   （*立即计算并给 s 赋值*）
Out[5]= 3

In[6]:= **r**
Out[6]= 6

In[7]:= **s=%+3**

Out[7]= 9

In[8]:= **In[4]+In[5]**

Out[8]= 3+Null

在用"：="算子建立一个函数定义后，一旦需要访问该函数，就要重新计算该函数值，对于要多次访问的函数，联合使用"：="和"="，用"f[x_]： = f[x] ="表达式"形式定义函数，这样，访问"f[n]"一次后，Mathematica 就有了"f[n]"的值以及在计算中所遇到的所有函数值。这种定义方式尤其适合递推公式。例如：

In[1]:= **f[x_]:=f[x]=f[x-1]+f[x-2]**

In[2]:= **f[2]=f[1]=1;**

In[3]:= **? f**   (∗显示 f 所有的定义∗)

  f

  f[1] = 1

  f[2] = 1

  f[x_] := f[x] = f[x-1]+f[x-2]

In[4]:= **f[6]**

Out[4]= 8

In[5]:= **? f**   (∗调用了 f[6]，同时计算出 f[3]，f[4]和 f[5]∗)

  Global`f

  f[1]= 1

  f[2]= 1

  f[3]= 2

  f[4]= 3

  f[5]= 5

  f[6]= 8

  f[x_] := f[x]= f[x-1]+f[x-2]

7.1.3 保存函数定义

◇ **保存函数定义的函数 Save**

Save$\big[$**"filename"**, **symbol**$\big]$

把与符号 symbol 相关的定义添加到文件 filename 中

Save["**filename**" , {**object**₁ , **object**₂ , ... }]

把 object₁ , object₂ , … 定义添加到一个文件 filename 中

对于计算中用户自己经常使用的函数定义,不妨将它们保存在文件中,需要时调出使用。保存函数定义的命令形式:

Save["filename" , 函数名序列]

Mathematica 没有对文件名 filename 后缀提出任何要求,通常取为后缀 ".m",也可以不取后缀。

例如:(1) 将函数定义"f[x_] := Sin[x]"保存到文件 filea 中;

(2) 将函数 g 和函数 h 的定义追加到文件 filea 中。

In[1]:= **f[x_]:=Sin[x]**

In[2]:= **Save["filea.m",f]**

In[3]:= **g[x_,y_]:=x+y**

In[4]:= **h[x_]:=Integrate[1/(1+x^2),x]**

In[5]:= **Save["filea.m",g,h]**

In[6]:= **FilePrint["filea.m"]**　　　　(*查看文件 filea 的内容*)

　f[x_]:=Sin[x]

　g[x_,y_]:=x+y

　h[x_]:=Integrate[1/(1+x^2),x]

Save 将文件 filea 存在当前默认目录下,可用 Directory[ ]查看 filea.m 所在的位置。

In[7]:= **Directory[ ]**

Out[7]= D:\My Documents

下次进入 Mathematica,调入文件后,即可使用 filea 中的所有定义了。

In[1]:= **≪filea**

In[2]:= **g[2,3]**

Out[2]= 5

如果将文件 filea 放在指定目录下,则调入时输入路径和文件名。

7.2 模 式 替 换

7.2.1 模式替换定义

在第 1 章中我们使用了变量替换给表达式或变量赋值。例如：

In[1]:= **f=x^2+2x+1;**

In[2]:= **f/.x →2**

Out[2]= 9

取 x 为 2 替换 f 中 x 的值，在 Mathematica 中可以为任何类的表达式做替换，其中包括模式替换。模式替换也是建立变换规则的一个手法，用模式替换扩大了变换规则的应用范围。模式替换的作用可对函数和相应的变量同时做替换，常用于建立数学上各类等价的变换公式。模式替换的形式为：

lhs → rhs

用 rhs 的规则变换 lhs。rhs 可为变量、模式等各类表达式。任何表达式或模式可以出现在规则中。在 Mathematica 4 以上的版本中输入 $->$，则显示为→。

我们知道，在 Mathematica 中所有元素都是表达式，因此可对表达式的任何部分做模式替换，例如，在 In[3]中对函数名做模式替换。

In[3]:= **fun[1-x]+fun[x]/.fun→try**

Out[3]= try[1-x]+try[x]

In[4]:= **try=test;%**　　　　　　　　　　　　（*对函数名重新定义*）

Out[4]= test[1-x]+test[x]

In[5]:= **1+f[x]+f[y]+f[z-1]/.f[t_]→t^2**

Out[5]= $1+x^2+y^2+(-1+z)^2$

In[6]:= **1+x^(1/2)+x^2/.x^n_→g[m]**

Out[6]= 1+2 g[m]

In[7]:= **t=Sin[2x]+Sin[2y z]+Sin[z];**

$$t \ /.Sin[2x\_] \rightarrow 2\ Sin[x]\ Cos[x]$$

Out[8]= $2\ Cos[x]\ Sin[x]+Sin[z]+2\ Cos[y\ z]\ Sin[y\ z]$

为模式替换取名并保存到变量中,调用更方便。

In[9]:= **s=Sin[x_]→2 Sin[x/2] Cos[x/2]**

Out[9]= $Sin[x\_] \rightarrow 2\ Sin[\frac{x}{2}]\ Cos[\frac{x}{2}]$

In[10]:= **%%/.s**

Out[10]= $4\ Cos[\frac{x}{2}]\ Cos[x]\ Sin[\frac{x}{2}]+2\ Cos[\frac{z}{2}]\ Sin[\frac{z}{2}]$

$$+4\ Cos[\frac{y\ z}{2}]\ Cos[y\ z]\ Sin[\frac{y\ z}{2}]$$

7.2.2 立即变换和延迟变换

用"→"和":>"建立模式变换规则的区别,正像定义函数时"="与":="的区别一样,分别表示立即变换和延迟变换。

lhs → rhs   在定义规则时 rhs 被求值

lhs :> rhs   在定义规则时 rhs 不求值,调用规则时才求值

通常,要替换一个具有确定值的表达式时用"→"定义规则,要设定一个数学的函数关系时或给出执行命令时才计算表达式用":>"定义规则。

In[1]:= **f[x_]→Expand[(1+x)^2]**

Out[1]= $f[x\_] \rightarrow 1+2\ x+x^2$

In[2]:= **g[x_]:>Expand[(1+x)^2]**

Out[2]= $g[x\_] \rightarrow Expand[(1+x)^2]$

In[3]:= **f[a+b]/.f[x_]→Expand[(1+x)^2]**

Out[3]= $1+2\ (a+b)+(a+b)^2$

In[4]:= **g[a+b]/.g[x_]:>Expand[(1+x)^2]**

Out[4]= $1+2\ a+a^2+2\ b+2\ a\ b+b^2$

7.2.3 调用规则

Mathematica 系统的规则可分成两类:自动调用的规则和非自动调用的规则。

自动调用的规则包括系统的内部制订的规则和用户使用"＝"或"：＝"定义的规则，这些都放在系统的规则库中，由求值系统自动判别和调用与条件相匹配的规则。

非自动使用的规则由"→"或"＞"定义，要用符号"/."、"//."或"Replace"才能调用规则。

每次可调用一个、一组或多组规则，每组有一个或多个规则。多个规则用"{规则 1，规则 2，…}"形式组成规则表。

例如，使用"x^2 + 2x + 1 /. x→2"做变换时，每条规则只调用一次，使用"表达式//.规则"的形式做变换时，则对表达式反复调用规则，直到正在计算的表达式不再调用变化为止。

例题：

In[1]:= **f[5]/.f[x_]→x f[x-1]**

Out[1]= 5 f[4]

In[2]:= **f[5]//.{f[1]→1,f[x_]→x f[x-1]}**

Out[2]= 120   （*共调用了 5 次*）

In[3]:= **log[a b c]/.log[x_ y_]→log[x]+log[y]**

Out[3]= log[a]+log[b c]

In[4]:= **log[a b c]//.log[x_ y_]→log[x]+log[y]**

Out[4]= log[a]+log[b]+log[c]

In[5]:= **x+y /.{{x→1,y→1},{x→2,y→2}}**

Out[5]= {2,4}

对"$x + y$"依次调用"{x→1，y→1}"和"{x→2，y→2}"，运算结果用表列形式给出。

表 7.3 列出了各种调用规则的形式和意义。

表 7.3

调用规则函数	说　　明
Replace[expr，rules]	对整个表达式 expr 整体调用一次规则表 rules
Replace[expr，rules，levelspec]	对 expr 第 levelspec 级调用一次规则表 rules
expr/. Rules 或 ReplaceAll[expr，rules]	尽可能应用一个规则或规则列表转换一个表达式 expr 的每个子部分

调用规则函数	说　　明
expr//.Rules 或 ReplaceRepeated [expr,rules]	对 expr 的所有部件反复调用 rules,直到结果不再变化
ReplaceList[expr,lhs→rhs]	以所有可能的方式应用一个规则或规则列表转换整个表达式 expr,并列出匹配的形式
Dispatch[{lhs1→rhs1,lhs2→ rhs2,...}]	优化排列规则,缩短调用规则时间

In[6]:= **2 f[x]+Sin[f[x]]/.f[x]→a**

Out[6]= $2\,a + \mathrm{Sin}[a]$

In[7]:= **Replace[f[x+f[x]^2]^2,f[x]→a]**

Out[7]= $f[x + f[x]^2]^2$

In[8]:= **f[x+f[x]^2]^2 //.f[x]→a**

Out[8]= $f[a^2 + x^2]$

分别调用两次规则与一次调用两个规则的效果有时并不相同。例如:第一步将 a 替换为 b,第二步将两个 b 替换为 d。

In[9]:= **{a,b,c}/.a→b /. b→d**

Out[9]= $\{d, d, c\}$

下例中对表 $\{a, b, c\}$ 调用一次规则,将 a 替换为 b,将 b 替换为 d。

In[10]:= **{a,b,c}/.{a→b,b→d}**

Out[10]= $\{b, d, c\}$

In[11]:= **ReplaceAll[x+x^2,{x→a,x^2→x}]**

(*或 x+x^2/.{x→a,x^2→x}*)

Out[11]= $a + x$

In[12]:= **ReplaceRepeated[x+x^2,{x→a,x^2→x}]**

(*或 x+x^2//.{x→a,x^2→x}*)

Out[12]= $2\,a$

In[13]:= **ReplaceList[a+b+c, x_+y_ →g[x, y]]**

```
Out[13]= {g[a,b+c],g[b,a+c],g[c,a+b],g[a+b,c],g[a+c,b],
         g[b+c,a]}
```

7.3 给模式附加条件

7.3.1 限定模式实体方式

在定义函数或变换规则时,有时需要给规则中的模式(即变量)附加模式的类型限定条件。用"x_pattern"形式时,在模式后要说明变量类型。例如:"u[n_Integer]",要求 u 的参量 n 是整数;"x_List",要求 x 是表。给模式附加的条件必须是能得出确定的逻辑值的函数。在调用函数或变换规则时,只对匹配的参量求值,否则按没有求值的形式输出。

例如:在 In[2]中只对整型变量才进行计算,拒绝了 u[a+b] 和 u[1.1] 的运算。

In[1]:= **u[x_Integer]:=(x-1)(x+1)**

In[2]:= **{u[a+b],u[3],u[1.1]}**
Out[2]= {u[a+b],8,u[1.1]}

In[3]:= **f[x_List]:=MatrixForm[N[Inverse[x]]]**

In[4]:= **m={{1,-1,0},{-1,0,2},{0,1,3}};**
   f[m]

Out[5]//MatrixForm=

$$\begin{pmatrix} 0.333333 & -0.666667 & 0.333333 \\ -0.5 & -0.5 & 0.5 \\ 0.166667 & 0.166667 & 0.166667 \end{pmatrix}$$

In[6]:= **f[2]**
Out[6]= f[2]   (*不满足模式类型要求则不调用函数*)

表 7.4 列出了几种常用的模式条件。

表 7.4

模式实体	说　　明
x_	任何表达式
x_Integer	任何整数
x_Real	任何近似实数
x_Complex	任何复数
x_List	任何表
x_Matrix	变量是矩阵
x_h	任何头为 h 的表达式

对于更复杂的模式,例如:模式是 y 的多项式,元素为数值的矩阵等限定条件。则用

$$pattern\ ?\ test$$

问号表示对模式测试是否满足 test 的逻辑条件。仅当测试函数的值为真时才调用函数或规则。表 7.5 列出了常用的测试函数及其说明。

表 7.5

测　试　函　数	测试结果是否为
NumberQ[expr]	数值
NumericQ[expr]	数值或数学常数
IntegerQ[expr]	整数
OddQ[expr] / EvenQ[expr]	奇数/偶数
Positive[x] / Negative[x]	正数/负数
NonPositive[x] / NonPositive[x]	非正数/非负数
MatrixQ[expr]	矩阵
MemberQ[list, form]	list 中是否有 form 的元素
TrueQ[expr]	逻辑值为真
AtomQ[expr]	不可分表达式
PolynomialQ[expr, {x1, x2, ...}]	expr 是否为 $x1, x2, \cdots$ 的多项式
FreeQ[expr, form]	expr 中是否没有与 form 匹配的部分
MatchQ[expr, form]	模式 form 是否与 expr 匹配
ValueQ[expr]	expr 是否有值
VectorQ[expr] / MartrixQ[expr]	向量/矩阵

测 试 函 数	测试结果是否为
VectorQ[expr, NumberQ]	元素为数值的向量
MartrixQ[expr, NumberQ]]	元素为数值的矩阵
VectorQ[expr, test]/MartrixQ[expr, test]	满足测试条件的向量/矩阵

```
In[7]:= {MatchQ[a^b,_+_], MatchQ[a^b,_^_],
        MatchQ[a^b,_], MatchQ[a^b,__]}
Out[7]= {False,True,True,True}
```

从 Out[7] 可看到调用函数时 a^b 能匹配的模式。

```
In[8]:= f[x_? NumericQ]:=x+2
        {f[1.2],f[3],f[4/5],f[2+3 I],f[c]}
```

Out[8]= {3.2, 5, $\frac{14}{5}$, 4+3 i, f[c]}

```
In[9]:= g[z_]=Sin[z]+z^2;
        pic[f_,{x_Symbol,x1_? NumberQ,x2_? NumberQ}]:
        =Plot[f[x],{x,x1,x2}]
        pic[g,{x,-1,1}]
        pic[Sin,{x,-1,1}]
        pic[Sin,{x,-1,c}]                          (*图略*)
```

如果对模式附加更加复杂的限定条件,这时可用逻辑表达式写出对模式的限定条件,并放在函数定义的最右边。运算中,系统先判断模式是否满足逻辑条件 condition,即逻辑表达式为真时,系统才调用函数或规则。下列为各种定义形式:

pattern/; condition	满足条件 condition 时模式匹配
lhs:>rhs/; condition	模式满足条件 condition 时调用规则
lhs: = rhs/;condition	模式满足条件 condition 时调用函数

例如:定义函数 $f(x) = \begin{cases} \sin x, x \leqslant 2 \\ \cos x, x > 2 \end{cases}$。

```
In[1]:= f[x_]:=Sin[x]/;x  2        (*或"f[x_/;x≤2]:=Sin[x]"*)

In[2]:= f[x_]:=Cos[x*1.0]/;x>2

In[3]:= {f[3.],f[1.2]}
```

```
Out[3]= {-0.989992,0.932039}
```

上面的定义方式简单、直接,没有难度,但显冗余,也可以用选择条件结构定义函数 f。

f[x_]:= If [x 2, Sin[x],Cos[x]]

有关选择结构的内容,请看第 8 章。

7.3.2 模式匹配函数

Mathematica 中一些函数含有模式匹配的要求。在这些函数中,也许要用到重复模式(Repeated Patterns)。重复模式有两种方式:

expr..	重复一次或多次的模式或表达式
expr…	重复零次或多次的模式或表达式

表 7.6 列出了相关模式匹配函数。

表 7.6

函 数	说 明
Cases[list,form]	给出 list 中与模式 form 匹配的所有元素列表
Cases[expr,lhs→rhs]	对 expr 中与模式 lhs 匹配的元素调用规则
Cases[expr,lhs→rhs,lev]	对 expr 中与模式 lhs 匹配的第 lev 层元素调用规则
Count[list,form]	给出 list 中与模式 form 匹配的元素数目
Count[list,form,lev]	给出 list 中与模式 form 匹配的第 lev 层元素数目
Position[list,form,lev]	给出 list 中与模式 form 匹配的第 lev 层元素的位置
Select[list,test]	给出 list 中满足逻辑条件 test 的所有元素
DeleteCases[list,form]	删除 list 中与模式 form 匹配的元素

表 7.6 的内容在第 8 章还会出现,本节重在表现重复模式的应用,第 8 章表现的是它们的选择性能。

```
In[1]:= Cases[{f[a],f[a,b,a],f[a,a,a]},f[a..]]
Out[1]= {f[a],f[a,a,a]}

In[2]:= Cases[{f[a],f[a,a,b],f[a,b,a],f[a,b,b]},f[a..,b..]]
```

```
Out[2]= {f[a,a,b],f[a,b,b]}

In[3]:= Cases[{f[a],f[a,b,a],f[a,c,a]},f[(a|b)..]]
Out[3]= {f[a],f[a,b,a]}

In[4]:= Cases[{-1,1,x,x^2,x^4},x^_]
Out[4]= {x², x⁴}

In[5]:= Count[{-1,1,x,x^2,x^4},x^_]
Out[5]= 2

In[6]:= Select[{-1,1,x,x^2,x^4},# >-2&]
Out[6]= {-1,1}

In[7]:= DeleteCases[{-1,1,x,x^2,x^4},x^_]
Out[7]= {-1,1,x}
```

7.4　参数数目可变函数

◇　定少用多

在高级语言函数定义中,函数的形式变量的个数是确定的。请看下列 3 个函数的定义。

```
In[1]:= f1[x_,y_]:=2(x+y)

In[2]:= f2[x_,y_,z_]:=2(x+y+z)

In[3]:= f3[x_,y_,z_,w_]:=2(x+y+z+w)
```

按照经验,当"x_"、"y_"、"z_"都是简单变量时,你很难将这 3 个作用相同而变量的个数不同的函数合并为一个统一的函数。在 Mathematica 中可定义具有可变参量数目的参量的函数。定义时的一个形式参量位置,调用函数时可放几个实在参量。不妨称为定少用多。现在我们用一个函数定义"f[x_,y__]:=2(x+y)"即可完成上面 3 个函数定义的作用。形式参数 *y* 的下方是有两个下划线"_ _"的模式(读成双空白)。在 Mathematica 中定义函数时用两个下划线或三个下划线表示该模式为多个表达式的序列。调用时在函数的双下划线或三下划线空白处可放多个实在参量。

下列函数定义中表示形式参量数目的标记，如表 7.7 所示。

表 7.7

标　　记	意　　义
_	任何单一表达式
x_	任何名为 x 的单一表达式
_ _	双下划线表示一个或多个表达式的序列
_ _ _	用 3 个下划线表示零个或多个表达式的序列

例如：

In[1]:= **fun[x_,y__]:=2(x+y)**

In[2]:= **fun[1,2]**
Out[2]= 6　　　　　　　　　　　　　　　　　　　　　(*2(1+2)=6*)

In[3]:= **fun[11,22,w]**
Out[3]= 66+2 w

In[4]:= **fun[a,b,c,d]**
Out[4]= 2(a+b+c+d)

◇　**定多用少**

既允许定义两个变量的位置，调用时可放多个变量，也允许定义 3 个变量的位置，调用时只放两个变量。即调用函数时实在参量的个数少于定义函数时形式参量的数目，不妨称为"定多用少"。这样函数的某些参量的"可选"才能体现出来。这时每个参量的意义由其位置确定，在调用函数时，允许省略参量而由其默认值代替，Mathematica 的内部函数常使用这种方法定义参量。调用函数时系统从后端向前端辨别省略的参量，省略的参量以其默认值（冒号后的值）代替。例如：

In[1]:= **gs[x_, y_:1,z_:2]:=x+Sin[y]+Cos[z]**

In[2]:= **gs[a,b]**　　　　　　　　(*系统默认第三个变量的值为 2*)
Out[2]= a+Cos[2]+Sin[b]

In[3]:= **gs[c]**　　　　　　　　　(*省略参量 y,z 分别取默认值 1,2*)
Out[3]= c+Cos[2]+Sin[1]

参量省略表示的常用形式有：

x_:v   省略 x 时取缺省值 v

x_h:v   头部为 h 的取缺省值 v

x_.   系统对模式自定的缺省值，通常为 0 或 1

例如：

x_ + y_. y 的缺省值是 0

x_y_. y 的缺省值是 1

x_^y_. y 的缺省值是 1

```
In[4]:= {f[a],f[a+ b]}/.f[x_+ y_.]→p[x,y]
Out[4]= {p[a,0],p[b,a]}

In[5]:= {g[a^2], g[a+ b]}/.g[x_^n_]→p[x,n]
Out[5]= {p[a,2],g[a+b]}

In[6]:= {g[a^2],g[a+ b]}/.g[x_^n_.]→p[x,n]
Out[6]= {p[a,2],p[a+b,1]}
```

在定义复杂函数时，设计者可为用户定义多项默认值，当用户有特殊要求时又可自设参量值，使得函数调用既简单又灵活，易于满足不同层次用户的要求。只要你用过 Plot 一类的画图函数就会对此深有体会。

7.5 函数的属性与属性定义

在 Mathematica 中不仅可以定义函数的运算规则，还可以设置函数的属性。函数的属性对函数的运算规则和调用时对模式匹配有直接的作用和影响。

我们先看一下内部加法函数 Plus 和求根式函数 Sqrt 的属性。

```
In[1]:= Attributes[Plus]
Out[1]= {Flat,Listable, OneIdentity, Orderless, Protected}

In[2]:= Attributes[Sqrt]
Out[2]= {Listable, Protected}
```

```
In[3]:= Attributes[Plot]
Out[3]= {HoldAll,Protected}
```

我们对 Flat(结合律)和 Orderless(交换律)这些函数属性的意义都比较了解。而对 Listable 和 HoldFirst 这些函数属性的意义不大熟悉。属性 Listable 较为有用,它能使函数自动作用到列表元素中。

表 7.8 列出了 Mathematica 的函数属性及其意义。

表 7.8

属 性 名 称	说　　明
Orderless	可交换函数(交换律)即 $f[a,b]$ 与 $f[b,a]$ 等价
Flat	可结合函数(结合律)即 $f[f[a,b],c]$ 与 $f[a,b,c]$ 等价
OneIdentity	对模式匹配,$f[f[a]]$ 与 $f[a]$ 等价
Listable	函数自动分配到表中,例如 $f[\{a,b\}]$ 成为 $\{f[a],f[b]\}$
Constant	函数的所有导数都为零
Protected	函数定义受到保护
Locked	属性值不能改变
ReadProtected	函数的定义不可读
HoldFirst	函数的第一个参量不被求值
HoldRest	除第一个参量外函数的所有参量不被求值
HoldAll	函数的所有参量不被求值

Mathematica 系统定义的函数都相应定义了属性,用户可根据具体情况给自己定义的函数设置属性或修改系统函数的属性。表 7.9 列出了有关设置、增加、清除函数属性的函数。

表 7.9

属性运算函数	说　　明
Attributes[f]	显示函数 f 的属性表
Attributes[f] = {属性 1,属性 2,...}	设置 f 的属性
Attributes[f] = {}	设置 f 的属性表为空,即 f 无任何属性
SetAttributes[f,属性 a]	把属性 a 加到 f 的属性表中
ClearAttributes[f,属性 a]	清除 f 中的属性 a

```
In[1]:= f[f[a,b],c]
Out[1]= f[f[a,b],c]

In[2]:= f[{u,v,w}]
Out[2]= f[{u,v,w}]

In[3]:= SetAttributes[f,Flat]
Out[3]= {Flat}

In[4]:= f[f[a,b],c]
Out[4]= f[a,b,c]                    (*请比较 Out[1]和 Out[4]*)

In[5]:= SetAttributes[f,Listable]
Out[5]= {Listable}

In[6]:= f[{u,v,w}]
Out[6]= {f[u],f[v],f[w]}            (*请比较 Out[2]和 Out[6]*)
```

用户一般不要修改 Mathematica 内部函数的属性。如果要增加某函数的性能,那么先要去掉保护属性。作出变换规则或定义后,再恢复内部函数的保护属性。

```
In[1]:= Log[a  b  c]
Out[1]= Log[a  b  c]

In[2]:= Unprotect[Log]

In[3]:= Log[x_ y_]:= Log[x]+Log[y]
Out[3]= {Log}

In[4]:= Protect[Log]                        (*恢复 Log 的保护*)

In[5]:= Log[a  b  c]
Out[5]= Log[a]+Log[b]+Log[c]
```

现在可以列出 Mathematica 的计算表达式的步骤了:
* 计算表达式的头部
* 依次计算表达式的每个元素
* 运算 Flat、Orderless 和 Listable 等属性有关的法则
* 调用用户定义的规则
* 调用系统定义的规则

＊ 计算结果

在运算过程中可以用“Trace[expr]”跟踪 Mathematica 计算 expr 的工作过程。下列为计算表达式的跟踪形式：

Trace[expr] 　　　　　　　　生成计算过程中使用的所有表达式一个列表

Trace[expr,form] 　　　　　生成计算过程中与 form 匹配的所有表达式

Trace[expr,f[_ _]] 　　　　　　　　显示对函数 f 的所有调用

Trace[expr,k =] 　　　　　　　　　　显示对 k 的赋值

Trace[expr,_ = _] 　　　　　　　　　　　　显示所有赋值

例如：跟踪计算 x + Sin[x] + 1/. x→1 的过程，对计算阶乘使用不同的跟踪形式。

```
In[1]:= Trace[x+Sin[x]+1/.x→1]
Out[1]= {{x+Sin[x]+1,1+x+Sin[x]},1+x+Sin[x]/.x→1,
         1+1+Sin[1],{1,1},1+1+Sin[1],2+Sin[1]}

In[2]:= fac[n_]:=n fac[n-1];fac[1]=1;

In[3]:= Trace[fac[3]]
Out[3]= {fac[3],3 fac[3-1],{{3-1,-1+3, 2},fac[2],
         2fac[2-1],{{2-1,-1+2,1}, fac[1],1}, 2 1,1 2,2},
         3 2,2 3,6}
```

生成计算过程中使用的所有表达式显得过于繁琐，用 Trace[expr,form] 形式对出现的表达式作一过滤，让系统显示你要看的部分。例如：只显示“fac[n]”。

```
In[4]:= Trace[fac[3],fac[n_]]
Out[4]= {fac[3],{fac[2],{fac[1]}}}

In[5]:= Trace[fac[9],fac[n_]/;n>=6]        (*还可以附加条件*)
Out[5]= {fac[9],{fac[8],{fac[7],{fac[6]}}}}
```

7.6　表达式部件操作

在 Mathematica 中表达式都具有相同的结构，因此表与表达式的结构也相同，

对表的大部分操作命令可以用到任何表达式上。

```
In[1]:= t=1+x+y+Sin[x]+Sin[y];Take[t,3]    （＊截取 t 的前 3 项＊）
Out[1]= 1+x+y

In[2]:= t[[3]]                              （＊取 t 的第 3 项＊）
Out[2]= y

In[3]:= f[g[a],g[b]][[1]]
Out[3]= g[a]                                （＊函数 f 的第一个元素＊）

In[4]:= f[g[a],g[b]][[1,1]]                 （＊函数 f 的{1,1}的成分＊）
Out[4]= a

In[5]:= (1+x^2)[[2,1]]          （＊表达式"1+x^2"的{2,1}的成分＊）
Out[5]= x
```

Mathematica 也具有 Lisp 语言的功能，因此，Mathematica 提供了作用于表达式和表达式部件的函数。表 7.10 列出了作用于表达式和表达式部件的常用函数及其意义。

表 7.10

函　　　数	说　　　明
Apply[f,list]	函数 f 作用于表中元素
Nest[f,x,n]	函数 f 对 x 作用 n 次
Map[f,expr]	f 作用于 expr 的第一层每个部件
MapAll[f,expr]	f 作用于 expr 的所有部件

```
In[6]:= Log[{a,b,c}]
Out[6]= {Log[a],Log[b],Log[c]}
```
（＊数学函数自动作用于表的每个元素＊）

```
In[7]:= Apply[f,{a,b,c}]
Out[7]= f[a,b,c]

In[8]:= Apply[Times,{a,b,c}]
Out[8]= a  b  c

In[9]:= s={77,91,147};Apply[LCM,s]
Out[9]= 21021
```

In[10]:= **Nest[f,x,3]**

Out[10]= f[f[f[x]]]

In[11]:= **Map[f,{a,b,c}]**

(*要函数分别作用于表的每个元素,用 Map 去实现*)

Out[11]= {f[a],f[b],f[c]} (*与"Apply[f,{a,b,c}]"的结果比较*)

In[12]:= **Map[g,a-b-c]**

Out[12]= g[a]+g[-b]+g[-c]

In[13]:= **tak[list_]:=Take[list,2]** (*定义截取表的前两项的函数*)
        Map[tak,{{a,b,c},{c,a,b},{c,c,a}}]

Out[13]= {{a,b},{c,a},{c,c}}

In[14]:= **Map[f,{{a,b},{c,d}}]**

Out[14]= {f[{a,b}],f[{c,d}]}

In[15]:= **MapAll[f,{{a,b},{c,d}}]**

Out[15]= f[{f[{f[a],f[b]}],f[{f[c],f[d]}]}]

函数 Map 和 MapAll 对表达式作用的层不同。有时也许需要把函数作用到表达式的不同层次上。层的说明形式有:

n   1 到 n 层；   Infinity   所有层；
$\langle n \rangle$ 第 n 层； $\{n1,n2\}$ $n1$ 到 $n2$。

下列为 Map 作用到层的定义形式,并可类推到 Floder 等多个函数中。
用函数 TreeForm 可以看到表达式的各层成员。

Map[f,expr,n] f 作用到 expr 的第 1 层到第 n 层

Map[f,expr,{n}] f 只对 expr 的第 n 层作用

TreeForm[expr]   按树的层次形式输出表达式

In[16]:= **temp=a+b^y^z;{Map[Sin,temp], Map[Sin,temp,{1}]}**

Out[16]= {Sin[a]+Sin[b^{y^z}],Sin[a]+Sin[b^{y^z}]}

In[17]:= **{Map[Sin,temp,{2}], Map[Sin,temp,{3}]}**

Out[17]= {a+Sin[b]$^{Sin[y^z]}$,a+$b^{Sin[y]^{Sin[z]}}$}

In[18]:= **{Map[Sin,temp,2],Map[Sin,temp,3]}**

Out[18]= {Sin[a]+Sin[Sin[b]$^{Sin[y^z]}$],Sin[a]+Sin[Sin[b]$^{Sin[y]^{Sin[z]}}$]}

In[19]:= **TreeForm[temp][{{a,b},{c,d}}]**

Out[19]//TreeForm=

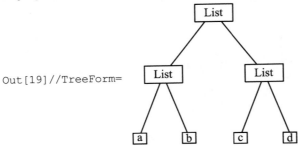

7.7 纯 函 数

对于多次使用的数学函数或要用一系列运算才能完成的工作,我们常常定义函数以简化计算,定义函数时要给函数和形式变量取个名字,对于只在某一处使用的函数,定义函数显得有些多余,但不做函数定义又难以描述表达式和自变量的关系。为此,Mathematica 中提供了一种不取函数名的函数定义方式,称为纯粹函数。在纯函数的省略形式中,函数变量名也可省略,用标记 ♯ 表示变量。使用纯粹函数,可使定义函数和调用函数一次完成,且都用 Function 表示函数的定义关系。

可将纯函数看成 LISP 语言中的λ表达式、无名函数或数学上的算子。纯函数经常用在 Apply、Map 等函数里。表 7.11 下列为纯函数的定义形式(表 7.11)和实例。

表 7.11

纯函数的定义形式	意　义
Function〔变量,表达式〕	一个变量的纯函数
Function〔变量表,表达式〕	多个变量的纯函数
表达式 &	纯函数的省略形式,表达式中的变量名为♯,♯1 或♯2 等

In[1]:= **Function[x,Sin[x]+Cos[x]]**

（＊定义函数 f(x)=sinx+cosx＊）

Out[1]= Function[x,Sin[x]+Cos[x]]

```
In[2]:=  %[3]
Out[2]=  Sin[3]+Cos[3]

In[3]:=  s=Function[{x,y},x-y]
Out[3]=  Function[{x,y},x-y]

In[4]:=  s[19,10]
Out[4]=  9

In[5]:=  Array[#1^(#2-1)&,{3,4}]                    (*自定义二元函数*)
Out[5]=  {{1,1,1,1},{1,2,4,8},{1,3,9,27}}

In[6]:=  A={{9,3,1},{2,4,6},{3,4,7}};

In[7]:=  Sort[A,#1[[-1]]>#2[[-1]]&]
Out[7]=  {{3,4,7},{2,4,6},{9,3,1}}

In[8]:=  Map[Function[x,x^2],a+b+c]
Out[8]=  a²+b²+c²

In[9]:=  Nest[Function[y,1/(1+y)],x,2]
```

$$Out[9]= \frac{1}{1+\dfrac{1}{1+x}}$$

```
In[10]:=  Map[Take[#,2]&,{{2,1,7},{4,1,6},{3,1,2}}]
Out[10]=  {{2,1},{4,1},{3,1}}
```

提取数组每行的前两个元素,用纯函数避免了单独定义函数,♯表示函数变量,在此表示数组{{2,1,7},{4,1,6},{3,1,2}}。

```
In[11]:=  f[##,##]&[x,y]                            (*##代表所有变量*)
Out[11]=  f[x,y,x,y]
```

有时在计算中写完表达式后又想起来要计算表达式的数值形式,一般可追加//N,可用纯函数的后缀形式求表达式任意精度的数值。

```
In[12]:=  Log[x]+Exp[x]/.x→1.26//N
Out[12]=  3.75653

In[13]:=  Log[x]+Exp[x]/.x→Pi//N[#,12]&
Out[13]=  24.2854225186
```

从例子中我们可以看到，Function 仅表示纯函数的记号，用它的缩写形式

$$[变量，表达式]\&$$

使行文更为简洁。用 & 分隔函数定义和调用（实在）参数，& 后放调用的参数。在定义函数时，我们称变量为形式参数（或形式变量），形式参数主要表示在运算中的位置和意义，与形式参数的名字也无直接关系，因而也可使用抽象形式 ♯。当函数只有一个变量时用 ♯ 表示变量，♯1、♯2 分别表示第一个变量、第二个变量，用 ♯♯ 表示函数的所有变量。

```
In[14]:=  (#1-#2)&[a,b]          (*函数"f[a_,b_]:= a-b"*)

Out[14]=  a-b
```

习　题　7

1. 定义函数，输出给定函数及其一阶导数、二阶导数。

2. 定义函数 $f(n)$，$f(n)$ 为 n 阶单位矩阵。

3. 定义函数 $g(n)$，$g(n)$ 的对角元素是 $\{1,2,\cdots,n\}$ 的 n 阶对角矩阵。

4. 定义函数，它对参数 n 生成矩阵

$$\begin{pmatrix} 1 & 1 & 1 & \cdots & 1 \\ 1 & 1-x & 1 & \cdots & 1 \\ 1 & 1 & 2-x & \cdots & 1 \\ \vdots & \vdots & \vdots & \ddots & \vdots \\ 1 & 1 & 1 & \cdots & n-x \end{pmatrix}$$

对 $n=3,4,5,6,7$ 计算该矩阵的行列式并求逆矩阵。

5. 定义函数，它对参数 n 生成矩阵

$$\begin{pmatrix} 0 & 1 & 2 & \cdots & n-1 \\ 1 & 0 & 1 & \cdots & n-2 \\ 1 & 2 & 0 & \cdots & n-3 \\ \vdots & \vdots & \vdots & \ddots & \vdots \\ 1 & 2 & 3 & \cdots & 0 \end{pmatrix}$$

6. 作一个函数，它对任何的一维数表求出其正序数与反序数（正序数，后一个

元素比前一个元素大的数的个数,例如:1,3,6,9;反序数的定义与之相反)。

7. 定义绘制正 n 边形的作图函数。

8. 定义在单位立方体中随机生成 n 边形的函数。

9. 随机形成 n 个 100 以内的整数数表,定义函数计算数表的算术平均、几何平均和调和平均。其中:

$$算术平均 = \frac{a_1 + a_2 + \cdots + a_n}{n}$$

$$几何平均 = \sqrt[n]{a_1 \cdot a_2 \cdot \cdots \cdot a_n}$$

$$调和平均 = \frac{n}{1/a_1 + 1/a_2 + \cdots + 1/a_n}$$

10. 定义对任意矩阵做 3 种初等行变换或初等列变换的函数。

11. 定义函数 $g(x)$,并计算 $g(15)$,$g(5.2)$,$g(15)$。

$$g(x) = \begin{cases} \lg x, & x > 10 \\ \mathrm{e}^x + 1, & -10 \leqslant x \leqslant 10 \\ |x|, & x < -10 \end{cases}$$

12. 定义函数 $f(x,y)$,并计算 $f(0.1, 0.1)$,$f(-0.1, 0.1)$,$f(0.1, -0.1)$,$f(-0.1, -0.1)$。

$$f(x) = \begin{cases} \sin x + \cos y, & x \geqslant 0, y > 0 \\ x + y, & x \geqslant 0, y \leqslant 0 \\ x^y, & x < 0, y > 0 \\ x - y, & x < 0, y \geqslant 0 \end{cases}$$

13. 定义函数 A,计算 $x(t) = a\cos^3 t$,$y(t) = a\sin^3 t$ 所围区域的面积。

$$A = \frac{1}{2} \int_L (x\mathrm{d}y - y\mathrm{d}x)$$

第 8 章　程　序　设　计

在上一章中,我们用形如"f[x_]：= expr"的 Mathematica 语句自定义一个函数 $f(x)$。该语句本质上是一个表达式。Mathematica 的程序设计实际上也就是自定义函数的过程,只不过是表达式的繁简程度有所不同而已。一个表达式序列也称为一个复合表达式,序列中各表达式用分号(;)分隔,形如"表达式 1;表达式 2;…;表达式 n"。

在 Mathematica 的各种语句中,任何一个表达式的位置都能放一个复合表达式。运行时按照顺序依次求各表达式的值,并以最后一个表达式的值作为整个复合表达式的值。如果用一个复合表达式自定义一个函数,请将这一串表达式用圆括号括起来,最后一个表达式的值作为函数的值。

例如:

```
In[1]:= f[x_]:=y=1+x;y^2;
```

```
In[2]:= g[x_]:=(y=1+x;y^2;)                          (*注意分号*)
```

```
In[3]:= h[x_]:=(y=1+x;y^2);
```

```
In[4]:= {f[x],g[x],h[x]}
Out[4]= {1+x,Null,(1+x)^2}
```

与一般结构化程序设计语言类似,Mathematica 提供了具有条件判断结构和循环控制结构的语句,同时也保留了转向控制语句。

8.1　条　件　语　句

Mathematica 提供了 If、Which 和 Switch 这 3 种条件语句。它们常用在程序设计中,也可用于交互式行文命令中。

◇　**If 语句**

$$\text{If}[\text{cond},t,f,u]$$

即 If[逻辑表达式,表达式 1,表达式 2,表达式 3],如果 cond 为 True,返回 t 的值;如果 cond 是 False,返回 f 的值;当 cond 非 True 非 False 时返回 u 的值。f 和 u 可缺省。例如:

If[cond,t,f]　　　　　如果 cond 为 True 返回 t,如果为 False 返回 f

If[cond,t]　　　　　　　　　　如果 cond 为 True 返回 t

例:定义函数 $f(x,y)=\begin{cases} x+y, & xy\geqslant 0 \\ x/y, & xy<0 \end{cases}$。

In[1]:= **f[x_,y_]:=If[x*y　0,x+y,x/y]**

In[2]:= **{f[12,3],f[24,-12],f[2,u]}**

Out[2]= {15,-2,If[2u≥0,2+u,2/u]}

例:z 没有赋值,逻辑表达式 $z>0$ 的值非 True 非 False。

In[4]:= **g[y_]:=If[y>0,"ABC","DEF","XYZ"]**

In[5]:= **g[z]**

Out[5]= XYZ

例:定义函数 $g(x)=\begin{cases} \sin x, & x<-1 \\ |x|, & -1\leqslant x\leqslant 1 \\ \cos x, & x>1 \end{cases}$。

In[6]:= **f[x_]:=If[x<-1,Sin[x],If[x>1,Cos[x],Abs[x]]]**

◇　**Which 语句**

$$\text{Which}[\text{cond}_1,\text{val}_1,\ldots,\text{cond}_n,\text{val}_n]$$

返回第一个满足 cond_i = True 的 val_i 的值。若某个 cond_i 既非 True 又非 False,返回表达式 Which[cond_i,val_i,…,cond_n,val_n]。若每个 cond_i 都是 False,返回 Null。

例:计算

$$h(x)=\begin{cases} -x, & x<0 \\ \sin(x), & 0\leqslant x<6 \\ x/2, & 16\leqslant x<20 \\ 0, & 其他 \end{cases}$$

```
In[1]:= h[x_]:=Which[x<0,-x,
                x>=0 && x<6,Sin[x],
                x>=16&& x<20,x/2,
                True,0]
```

```
In[2]:= {h[-12],h[5],h[16.2],h[z]}
```
Out[2]= {12,Sin[5],8.1,0}　　　(＊z 未赋值,不满足前 3 个条件＊)

```
In[3]:= k[x_]:=Which[x>1,u=1,x>2,v=2,x>3,w=3]
```

```
In[4]:= k[6]
```
Out[4]= 1　　　(＊同时满足 3 个条件,执行第一个条件对应的表达式＊)

例:定义以(－1,3)、(1,5)、(2,4)、(3,6)、(4,5)为节点的分段线性函数,并绘图。

```
In[5]:= f[x_]:=Which[x<1,x+4,x<2,6-x,x<3,2x,x>=3,9-x];
        Plot[f[x],{x,-1,4}]
```

Out[6]=
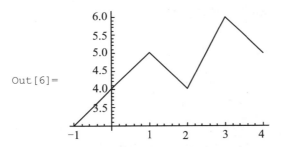

◇　**Switch 语句**

$$\text{Switch}[\text{expr}, \text{form}_1, \text{value}_1, \text{form}_2, \text{value}_2, \dots]$$

计算 expr 的值,与模式 form_1,form_2,…依次做比较,找出第一个与 expr 匹配的模式 form_i,计算对应的表达式 value_i 的值,即返回第一个满足 $\text{MatchQ}[\text{expr}, \text{form}_i] = \text{True}$ 的 value_i 的值。若无匹配,返回 Switch 表达式本身。

```
In[1]:= g[x_]:=Switch[Mod[x,3],0,Sin[x],1,Cos[x],2,Log[x]]
```

```
In[2]:= {g[7],g[8],g[9]}
```
Out[2]= {Cos[7],Log[8],Sin[9]}

例:定义函数 $f(x) = \begin{cases} 1/x, & x \text{ 是非零常数} \\ x^{-1}, & x \text{ 是可逆方阵。} \\ x, & \text{其他情形} \end{cases}$

```
In[3]:= f[x_]:=Switch[x,_? NumberQ,If[x!=0,1/x,x],
        _? MatrixQ,If[Det[x]!=0,Inverse[x],x],_,x];
```

Mathematica 中具有条件判断和分支选择结构的函数还有 Piecewise、Cases、Count、Position、Select 等(表 8.1)。

表 8.1

函　　数	说　　明
Piecewise[{{val_1,$cond_1$}, ...,{val_n,$cond_n$},val]	返回第一个满足 $cond_i$ = True 的 val_i;若所有 $cond_i$ = False,返回 val 的值。val 可缺省,缺省值为 0
Cases[list,patt]	list 中与 patt 匹配的元素
DeleteCases[list,patt]	list 中与 patt 不匹配的元素
Count[list,patt]	list 中与 patt 匹配的元素的个数
Position[list,patt]	list 中与 patt 匹配的元素的位置
Select[list,f]	list 中使 $f(x)$ = True 的元素 x

例:可用 Piecewise 语句定义分段函数。

```
In[4]:= Piecewise[{{x+4,x<1},{6-x,1<=x<2},
        {2x,2<=x<3},{9-x,3<=x}}]
```

$$Out[4]= \begin{cases} 4+x & x<1 \\ 6-x & 1\leqslant x<2 \\ 2x & 2\leqslant x<3 \\ 0 & True \end{cases}$$

例:对任意向量 $x = (x_1, x_2, \cdots)$,定义 $f(x) = \begin{cases} 1, & x_i > 0, \forall\, i \\ -1, & x_i < 0, \forall\, i。 \\ 0, & \text{其他情形} \end{cases}$

```
In[5]:= f[x_list]:=If[Count[x,_? Positive]==Length[x],1,
        If[Count[x,_? Negative]==Length[x],-1,0]];
```

例:查找数列 $x = (x_1, x_2, \cdots)$ 中的素数。

```
In[6]:= x=Range[20];Cases[x,_?PrimeQ]
```
(*与 Select 语句比较*)

```
Out[6]= {3,5,7,9,13,17,19}
```

```
In[7]:= Select[x,PrimeQ]                         (*与 Cases 语句比较*)
```

```
Out[7]= {3,5,7,9,13,17,19}
```

8.2 循 环 语 句

Mathematica 中有 3 种常用的循环语句,它们是 Do、While 和 For 语句。

◇ **Do 语句结构**

Do 语句的一般形式为:

$$\mathbf{Do[expr,\{i,m,n,d\}]}$$

即 Do[循环体,{循环范围}],让循环变量 i 在区间 $[m,n]$ 上以步长 d 变动,对每一个 i 都对 expr 求值。

常用的形式还有:

Do[expr,{i,m,n}]   步长为 1 时可省略不写步长 d

Do[expr,{n}]   初值和步长都为 1,对表达式 expr 计算 n 次

Do[expr,{i,list}]   让 i 取遍列表 list 中所有元素,对 expr 求值

Do[expr,{i,i0,i1,is},{j,j0,j1,js}]

　　i 从 i_0 到 i_1 按步长 i_s 递增;对每个 i,j 从 j_0 到 j_1 按步长 j_s 递增,计算表达式 expr

Do[expr,{i₁,m₁,n₁,d₁},{i₂,m₂,n₂,d₂},...]   多重指标循环

例如:

```
In[1]:= list={2,5,9};
```

```
In[2]:= Do[Print[i^3],{i,list}]
        8
        125
        729
```

```
In[3]:= t=x;Do[t=1/(1+kt),{k,1,5,2}];t
```

$$\text{Out}[3]= \cfrac{1}{1+\cfrac{5}{1+\cfrac{3}{1+x}}}$$

除非在循环语句中使用了 Return[val]语句以返回值 val,否则 Do、While、For 语句的返回值都是 Null。在 Do 语句中,循环指标 i 是个隐含的局部变量,它的变化不会影响语句外部的变量 i 的值。例如:

```
In[4]:= n=100;Do[Print[n],{n,E,10,Pi}];n
        e
        e+π
        e+2π
Out[4]= 100
```

```
In[5]:= Do[Print[{i,j}],{i,2},{j,2}]    (*观察多重循环的顺序*)
        {1,1}
        {1,2}
        {2,1}
        {2,2}
```

因此 Do[...,{i,n},{j,i}]是正确的,而 Do[...,{i,j},{j,n}]则是不正确的。

```
In[6]:= Do[Print[{i,j}],{i,2},{j,i}]
        {1,1}
        {2,1}
        {2,2}
```

```
In[7]:= t="x";Do[t=1/(t+k),{k,{3,2,1}}];t
```

$$\text{Out}[7]= \cfrac{1}{1+\cfrac{1}{2+\cfrac{1}{3+x}}}$$

例:用牛顿迭代法计算 $\sqrt{11}$。

```
In[8]:= x=5.0;Do[x=(x+11/x)/2,{5}];x        (*迭代 5 次*)
Out[8]= 3.31662
```

◇　**While 语句结构**

当型（While）循环语句的一般形式：

$$While[cond, expr]$$

即 While[条件,循环体]。若 cond = True,则对循环体表达式求值,重复对条件判断和对循环体求值过程直到 cond≠True 时退出循环。

Mathematica 的 While、For 语句和 C 语言的 for、while 语句从形式上看非常相似。

While[cond,expr]语句首先判断 cond 的值是否为 True。如果不是 True,则 expr 不会被求值,并跳出 While 循环。如果每轮循环结束之后 cond 的值总是 True,While 语句就会永无止境地做下去,这时你可以按"Alt + ,"来终止程序运行,或者按"Alt + ."来放弃程序运行,或者点击菜单项"计算→退出内核"（"Evaluation→Quit Kernel"）返回交互式状态,或者在无计可施的情况下通过操作系统结束 Mathematica 程序。例如：

```
In[1]:= n=5;While[n!=0,Print[n=IntegerPart[n/2]]]

        3

        2

        1
```

一个不熟悉 Mathematica 的 C 程序员如果把以上语句写为

$$n = 5;While[n, Print[n = IntegerPart[n/2]]]$$

那么程序将毫无反应。同样,如果他把语句写为

$$n = 5;While[n! = 0, Print[n/ = 2]]$$

其后果是可想而知的。

例:计算两个数的最大公约数。

```
In[2]:= {a,b}={117,36};
        While[b  0,{a,b}={b,Mod[a,b]}];a

Out[3]= 9
```

◇　**For 循环结构**

For 语句的一般形式：

$$For[init, cond, incr, expr]$$

即 For[初始值,条件,修正循环变量,循环体]或 For[init,cond,expr]。

先对 init 求值。若 cond = True,则依次对 expr 和 incr 求值直到 cond≠True。

关于 For[init,cond,incr,expr]语句需要注意的是,它与 Do 语句不同,在

While、For 语句中没有隐含的局部变量。例如：

```
In[4]:= n=100;For[n=E,n<=10,n+=Pi,Print[n]];n
        e
        e+π
        e+2 π
Out[4]= e+3 π
```

另一个需要注意的是表达式 init、cond、incr、expr 的求值顺序。init 总是被最先求值，接下来按照 cond、expr、incr 的顺序依次对表达式求值，直到 cond≠True。因此 init 通常用来对循环指标赋以初值，而 incr 通常用来修改循环指标的值。例如：计算 $1+2+\cdots+10$。

```
In[1]:= For[s=0;n=1,n<=10,n++,s+=n];s          (* 正确的程序 *)
Out[1]= 55
```

```
In[2]:= For[s=0;n=1,n<=10,n++;s+=n];s          (* 错误的程序 *)
Out[2]= 65
```

```
In[3]:= For[s=0,n=1;n<=10;n++,s+=n];s          (* C 程序变形 *)
Out[3]= 0
```

以上程序尽管都合乎 For 语句的用法，但一个标点符号差之毫厘，会令其结果谬之千里。

```
In[4]:= For[i=1;t=x,i^2<10,i++,t=t^2+1;Print[t]]
        1+x²
        1+(1+x²)²
        1+(1+(1+x²)²)²
```

和 C 语言一样，Mathematica 中也有形如 $x++,++x,x--,--x,x+=y$，$x-=y,x*=y,x/=y$ 的表达式。其含义如表 8.2 所示。

表 8.2

函　　数	说　　明
$x++,x--$	在使用 x 后将 x 增（减）1
$++x,--x$	在使用 x 前将 x 增（减）1
$x+=y,x-=y$	$x=x+y,x=x-y$
$x*=y,x/=y$	$x=x*y,x=x/y$

在 Table、Sum、Product 等函数中我们可以发现它与 Do 语句有类似的循环结构的功能。除此之外，Mathematica 还提供了一些能够实现循环和迭代的函数。表 8.3 是这些函数及其用法。

表 8.3

函　　数	说　　明
Nest[f,x,n]	迭代 $x_k = f(x_{k-1})$，返回 x_n
NestList[f,x,n]	迭代 $x_k = f(x_{k-1})$，返回 $\{x_0,\cdots,x_n\}$
NestWhile[f,x,g]	迭代 $x_k = f(x_{k-1})$ 直到 $g(x_n) \neq$ True，返回 x_n
NestWhileList[f,x,g]	迭代 $x_k = f(x_{k-1})$ 直到 $g(x_n) \neq$ True，返回 $\{x_0,\cdots,x_n\}$
Fold[f,x_0,{a_1,...,a_n}]	迭代 $x_k = f(x_{k-1},a_k)$，返回 x_n
FoldList[f,x_0,{a_1,...,a_n}]	迭代 $x_k = f(x_{k-1},a_k)$，返回 $\{x_0,\cdots,x_n\}$
FixedPoint[f,x_0]	迭代 $x_k = f(x_{k-1})$ 直到收敛，返回 x_n
FixedPointList[f,x_0]	迭代 $x_k = f(x_{k-1})$ 直到收敛，返回 $\{x_0,\cdots,x_n\}$
TakeWhile[{a_1,...,a_n},f]	最长 $\{a_1,\cdots,a_k\}$ 使得 $f(a_1)=\cdots=f(a_k)=$ True
LengthWhile[{a_1,...,a_n},f]	最大整数 k 使得 $f(a_1)=\cdots=f(a_k)=$ True

例：用 Newton 迭代法计算 $\sqrt{3}$，迭代公式为 $x_{k+1} = x_k - \frac{x_k^2 - 3}{2x_k}$。以 1.0 为初值，做 5 次迭代并输出计算结果。

```
In[1]:= f[x_]:=(x+3/x)/2;NestList[f,1.0,5]
Out[1]= {1.,2.,1.75,1.73214,1.73205,1.73205}
```

例：用迭代法解方程 $x = 0.5 + \sin x$。

```
In[2]:= f[x_]:=0.5+Sin[x];FixedPoint[f,0]
Out[2]= 1.4973
```

8.3　转　向　语　句

在自定义函数的时候，经常会遇到需要提前结束程序并返回结果的情形；在设计一些具有循环结构的运算的时候，也经常会需要跳出循环，这时，可以使用

Mathematica 中的一些控制程序转向的语句。常用的语句如表 8.4 所示。

表 8.4

函　　　数	说　　　明
Return[expr]	结束程序运行,返回结果 expr,expr 的缺省值为 Null
Break[]	结束最内层的 Do、For、While 语句
Continue[]	略过余下语句,开始新一轮 Do、For、While 循环
Label[tag]	为 Goto 语句设置标号
Goto[tag]	设下一语句入口为 tag

例如：

```
In[1]:= i=1;While[i<=4,If[i==3,Break[]];Print[i++]]
```
(＊i=3 时,退出循环＊)

```
        1
        2
```

```
In[2]:= Do[If[i==3,Continue[]];Print[i],{i,4}]
```
(＊i=3 时,略过 Print 语句＊)

```
        1
        2
        4
```

```
In[3]:= For[i=1,i<=4,i++,If[i==3,Continue[]];Print[i]]
        1
        2
        4
```

对于 For[init,cond,incr,expr]语句,如果 Continue[]出现在 incr 中,其后的语句将被略过,继续执行 cond 和 expr;如果 Continue[]出现在 expr 中,其后的语句将被略过,继续执行 incr 和 cond。

```
In[4]:= Do[If[i+j>3,Break[]];Print[{i,j}],{i,4},{j,4}]
```
(＊当 i=1,j=3 时 Break[]结束该 Do 语句＊)

```
        {1,1}
        {1,2}
```

```
In[5]:= For[i=1,i<=4,i++,For[j=1,j<=4,j++,
       If[i+j>3,Break[]];Print[{i,j}]
       ]]
```
（＊当 i+j>3 时,Break[] 跳出 i=1 的循环,进入 i=2 的循环＊）
```
{1,1}
{1,2}
{2,1}
```

需要指出的是,Do 语句中的 Return 语句具有与 Break[] 类似的作用,但不会返回函数值。例如,以下的自定义函数 $f(x)$ 并不能返回数列 x 中第一个零元素所在的位置,而 $g(x)$ 却可以。

```
In[6]:= f[x_]:=(Do[If[x[[i]]==0,Return[i]],{i,Length[x]}];0);
       g[x_]:=(For[i=1,i<=Length[x],i++,If[x[[i]]==0,
       Return[i]]];0);
       x={1,0,-1};{f[x],g[x]}
Out[6]= {0,2}
```

Goto[tag] 语句与 Label[tag] 语句中的 tag 可以是任意表达式,例如:

```
In[7]:= (Goto[4*ArcTan[1]];Label[x^2-1];Return[];
       Label[2*ArcCos[0]];x= 1;Goto[0]);
Out[7]= Return[]
```

但是它们必须位于同一复合表达式中,否则系统会发出警告消息:
Goto::nolabel::Labeltag not found. ≫

8.4 程 序 模 块

与 传 统 的 计 算 机 语 言（例 如 Pascal、C/C＋＋、Fortran、Java）一 样,Mathematica 的程序设计通常也采取模块化的方式。目的是为程序设立局部环境,使局部变量的取值与模块外同名变量的取值互不影响,从而保持程序模块的相对独立性,使程序易于编写和维护。

通常 Mathematica 将用户在命令提示符下直接使用的变量看作全局变量。有时在两个不同的程序模块中的变量可能具有相同的名称,在这种情况下可将变量定义为局部变量。有时在模块中可能需要定义变量以保存计算的中间结果,通常这类变量也定义为局部变量。局部变量在模块中定义和使用,在模块之外无效。

Mathematica 主要有表 8.5 所示的几种程序模块。

表 8.5

函　　数	说　　明
Block$[\{x,y,\dots\}$,expr$]$ 或 Block$[\{x=x_0,y=y_0,\dots\}$,expr$]$	对 expr 中的 $x,y,\dots$ 使用其局部值
Module$[\{x,y,\dots\}$,expr$]$ 或 Module$[\{x=x_0,y=y_0,\dots\}$,expr$]$	对 expr 中的 $x,y,\dots$ 创建局部变量
DynamicModule$[\{x,y,\dots\}$,expr$]$ 或 DynamicModule$[\{x=x_0,y=y_0,\dots\}$,expr$]$	除了 expr 中含 Dynamic 对象之外, 其他与 Module 相同
With$[\{x=x_0,y=y_0,\dots\}$,expr$]$	将 expr 中的 $x,y,\dots$ 替换成 $x_0,y_0,\dots$

注:x,y 为局部变量,x_0,y_0 为初值,expr 为程序主体。

Block 语句的作用是保护模块外部的同名变量 $x,y,\dots$,使得它们的值不受模块内部语句的影响。Block 语句的效果相当于先备份 $x,y,\dots$ 的值,接着赋以新值 $x_0,y_0,\dots$,然后执行程序体 expr,最后还原 $x,y,\dots$ 的备份值。

Module 语句的作用则是保护模块内部的局部变量 $x,y,\dots$,使得它们的值不受模块外部语句的影响。每次执行 Module 语句之前,Mathematica 都会自动创建新的变量来代替 $x,y,\dots$,这些新的变量通常形如 $x\$m,y\$n,\dots$,其中 m,n 是正整数,使得变量的名称唯一。

DynamicModule 语句的作用与 Module 语句相同。

With 语句的作用是定义局部的常值变量 $x,y,\dots$。With 语句的效果相当于对程序体 expr 中的变量 $x,y,\dots$ 作替换"expr$/.\{x{\to}x_0,y{\to}y_0,\dots\}$"。

关于 Block 和 Module 语句的区别请看以下例子。假设我们希望定义函数 $f(x)=\int_0^1 e^{xt}\mathrm{d}t$ 。

```
In[1]:= f[x_]:=Block[{t},Integrate[Exp[x*t],{t,0,1}]];
        g[x_]:=Module[{t},Integrate[Exp[x*t],{t,0,1}]];

In[2]:= {f[x],g[x],f[t],g[t]}
```

Out[2]= $\left\{\dfrac{-1+e^x}{x}, \dfrac{-1+e^x}{x}, e\, \text{DawsonF}[1], \dfrac{-1+e^t}{t}\right\}$

由 Block 语句定义出来的函数 f 在 t 处的值 $f(t)$ 出现了错误, 究其原因是算成了 $\int_0^1 e^{t^2}\,dt$。由 Module 语句定义出来的函数 g 则不会发生这种错误。通过本例我们可以看出, 正确定义和使用函数中的局部变量和全局变量是 Mathematica 程序设计中非常重要的问题, 一个简单而有效的处理方式是通过 Module 语句来自定义函数。

有了 Module 模块, 我们可以定义比较复杂的函数。

例: 用 4 阶 Runge-Kutta 公式

$$\begin{cases} y_{n+1} = y_n + \dfrac{1}{8}k_1 + \dfrac{3}{8}k_2 + \dfrac{3}{8}k_3 + \dfrac{1}{8}k_4 \\ k_1 = hf(x_n, y_n) \\ k_2 = hf\left(x_n + \dfrac{1}{3}h, y_n + \dfrac{1}{3}k_1\right) \\ k_3 = hf\left(x_n + \dfrac{2}{3}h, y_n - \dfrac{1}{3}k_1 + k_2\right) \\ k_4 = hf(x_n + h, y_n + k_1 - k_2 + k_3) \end{cases}$$

求解常微分方程初值问题

$$\begin{cases} y'(x) = f(x, y) \\ y(x_0) = y_0 \end{cases}$$

```
In[1]:= RungeKutta[f_,{x0_,y0_},h_,n_]:
        =Module[{a,i,k1,k2,k3,k4,x,y},For[a=Table[0,{n}];
        x=x0;y=y0;i=1,i<=n,i++,k1=h*f[x,y];
        k2=h*f[x+h/3,y+k1/3];k3=h*f[x+2h/3,y-k1/3+k2];
        k4=h*f[x+h,y+k1-k2+k3];y+=(k1+3k2+3k3+k4)/8;
        z[[i]]=y
        ];
        z                                    (*返回方程的数值解*)
        ];
```

例: 绘制三龙曲线。

```
In[2]:= dragon[x1_,y1_,x2_,y2_,n_]:=If[n>0,
        Union[dragon[x1,y1,(x1+x2+y1-y2)/2,
```

```
(y1+y2-x1+x2)/2,n-1],dragon[x2,y2,
(x1+x2+y1-y2)/2,(y1+y2-x1+x2)/2,n-1]],
{Line[{{x1,y1},{(x1+x2+y1-y2)/2,
(y1+y2-x1+x2)/2},{x2,y2}}]}]
];
```
(∗递归程序,返回一个图形对象∗)

In[3]:= **Graphics[dragon[0,0,1,0,11]]**

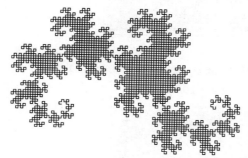

例:绘制复映射 $f(z) = z^2 + c$ 的 Julia 集和 Mandelbrot 集的图像,其中 Julia 集是使迭代 $z = f(z)$ 不收敛的初值 z_0 的集合,Mandelbrot 集是使迭代 $z = f(z)$ 不收敛的 c 的集合。

编程思路:绘制迭代 $z = f(z)$ 的收敛步数的密度图。当 $|z - f(z)| < 10^{-6}$ 时,我们认为迭代收敛;当 $|z - f(z)| > 10^6$ 时,我们认为迭代收敛到 ∞;当迭代 50 次之后仍不收敛,我们认为迭代发散。由于绘制 Julia 集和 Mandelbrot 集的程序有相同的部分,即计算收敛步数,我们将其自定义为一个函数模块。由于关于绘图的一些参数(如范围、样式、颜色等)是会随用户的需要而经常变化的,故我们不将其写入模块中。

In[4]:= **g[z0_,c_]:=Module[{i=1,z=z0,w=z0^2+c},**
While[(++i)<50&&0.000001<Abs[w-z]<1000000,z=w;
w=z^2+c];i];

In[5]:= **DensityPlot[g[x+y∗I,-1.25],{x,-1,1},{y,-1,1},**
PlotPoints→100]

Out[5]=

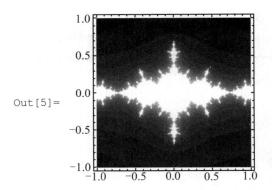

In[6]:= **DensityPlot[g[x+y*I,I],{x,-1,1},{y,-1,1},**
　　　　PlotPoints→100]

Out[6]=

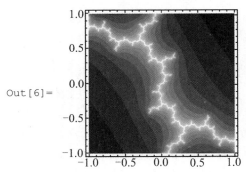

In[7]:= **DensityPlot[g[0,x+y*I],{x,-2.5,1.5},{y,-2,2},**
　　　　PlotPoints→100]

Out[7]=

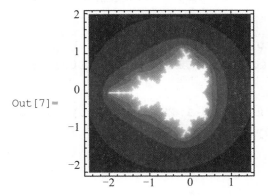

　　在以上图像中,颜色越亮表示迭代步数越多。白色区域可视为 Julia 集或

Mandelbrot 集。

8.5　程 序 调 试

在前文中我们已经提到,如果遇到 Mathematica 程序运行时间过长或陷入死循环,则可以通过菜单项 Evaluation 或热键来暂停或终止程序的运行。

点击菜单项计算→终止计算(Evaluation→Abort Evaluation)之后,系统会退出全部表达式运算,返回 $ Aborted。点击菜单项"Evaluation→Quit Kernel→Local"之后,系统会结束 Mathematica 的后台内核程序。

点击菜单项"Evaluation→Interrupt Evaluation..."之后,系统会暂停程序运行,弹出"Local Kernel Interrupt"对话框(图 8.1)。点击"Continue Evaluation"按钮,系统就会继续程序运行。点击"Abort Command Being Evaluated"按钮,系统就会退出程序,返回 $ Aborted。点击"Enter Subsession"按钮,系统就会暂停在当前程序处等待执行新的输入命令,直至输入 Return 命令继续原有程序的运行。

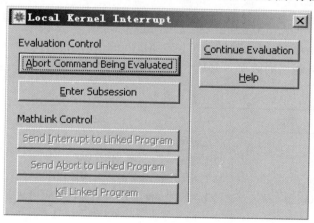

图 8.1

点击菜单项"计算→调试控制器(Evaluation→Debugger)"之后,系统会弹出一个调试器窗口,供用户追踪程序之用。窗口中各按钮的功能如表 8.6 所示。

表 8.6

按　钮	说　明
Break at Selection	在选择处设置/清除断点
Halt	中断程序的运行,并显示堆栈
Continue	运行程序至下一个断点
Run to Selection	运行程序至所选位置
Step	运行至下一个表达式
Step In	开始函数调用,进入下一层堆栈
Step In to Body	跳过参数,运行程序至被调用函数的主体
Step Out	结束函数调用,返回上一层堆栈
Finish	正常运行程序,忽略随后断点
Abort	终止程序运行
Show/Hide Breakpoints	显示/隐藏断点窗口
Show/Hide Stack	显示/隐藏堆栈窗口
Break at Messages	当有提示信息时开始调试程序

运行程序前需要首先在程序中设置若干断点。选中一个完整语句,然后点击 "Break at Selection"或按 F9,这样就可在该语句处设置/清除断点,用红色边框表示。程序运行之后,具有绿色背景的就是当前语句。例如:

(Debug)In：= s=0; Do[s+=i,{i,10}]; s

除了使用菜单项之外,我们还可以在 Mathematica 表达式中插入调试语句,起到与点击菜单项相同的效果。常用的调试语句如表 8.7 所示。

表 8.7

函　数	说　明
Abort[]	终止程序运行,返回 \$ Aborted
Interrupt[]	暂停程序运行,并弹出对话框
Exit[]或 Quit[]	结束 Mathematica 的后台内核程序
Throw[val,tag]	抛出类型为 tag 的异常信息 val,tag 可缺省
Catch[exp]	捕捉 expr 抛出的第一个异常信息 val,并返回 val
Catch[exp,patt] 或 Catch[expr,patt,f]	捕捉 expr 抛出的类型与 patt 匹配的异常信息 val, 并返回 f(val,tag),当 f 缺省时,返回 val
Check[$expr_1$,$expr_2$]	先对 $expr_1$ 求值,若捕捉异常信息,再对 $expr_2$ 求值
CheckAbort[$expr_1$,$expr_2$]	先对 $expr_1$ 求值,若捕捉 Abort,再对 $expr_2$ 求值
AbortProtect[expr]	若捕捉 Abort,在对 expr 求值完毕之后终止程序运行

例如：

```
In[1]:=  f[x_]:=If[x==0,Throw[Infinity],1/x];
         Catch[Do[Print[f[i]],{i,-1,1}]]
         -1
Out[1]=  ∞
```

```
In[2]:=  Check[Do[Print[1/i],{i,-1,1}],Infinity]
         -1
```

Power::infy:Infinite expression $\frac{1}{0}$ encountered.≫

ComplexInfinity
1

```
Out[2]=  ∞
```

```
In[3]:=  f[x_]:=If[x==0,Abort[],1/x];
         Check[Do[Print[f[i]],{i,-1,1}],Infinity]
         -1
Out[3]=  $ Aborted
```

（*Check 可以捕获异常消息，但不能捕获 Abort 信号*）

```
In[4]:=  CheckAbort[Do[Print[f[i]],{i,-1,1}],Infinity]
         -1
Out[4]=  ∞            （*CheckAbort 可以捕获 Abort 信号，并立即终止*）
```

```
In[5]:=  AbortProtect[Do[Print[f[i]],{i,-1,1}]]
         -1
         Null
         1
Out[5]=  $ Aborted
```

（*AbortProtect 可以捕获 Abort 信号，并延后终止*）

8.6 程 序 包

程序包就是一些功能相近的函数和语句的集合,按照某种方式组合在一起以便用户使用,相当于 C++ 中的 Class。当 Mathematica 启动的时候,系统会自动加载一些软件包。通过系统变量 $ Packages,我们可以知道哪些程序包已经被加载。通过系统变量 $ Path,我们可以知道这些程序包的位置。

```
In[1]:= $ Packages
Out[1]= {ResourceLocator`,DocumentationSearch`,JLink`,
        PacletManager`,WebServices`,System`,Global`}

In[2]:= $ Path
```

输出略。

程序包为纯文本格式,通常后缀名"∗.m",具有下面的一般形式:

BeginPackage["package`"]

f::usage = "text" ...

Begin["context`"]

f[args] = values ...

End[]

EndPackage[]

程序包中的 BeginPackage["package`"] 与 EndPackage[] 语句定义了程序包的上下文为 package,并将当前环境的上下文路径 $ ContextPath 设为{package`,System`}。类似地,Begin["context`"] 与 End[] 语句将当前环境的上下文和上下文路径分别设为 context 和{context`,System`}。Begin/End 语句的作用是为程序包设置局部环境,保护其中的局部变量不受外部环境的影响。BeginPackage/EndPackage、Begin/End 语句可以被省略,但必须成对出现。上下文的名称必须后缀加上反引号。

Mathematica 用上下文区分不同环境下的同名变量,相当于 C++ 中的 namespace。就像原国家乒乓球队的王涛和大连万达足球队的王涛,他们的名字都是王涛,通过队名你才能知道指的是哪一个王涛。Mathematica 中使用的变量、函数和各种符号总是与某个上下文相联系的。例如:所有用户自定义的变量均属于上下文 Global`,所有 Mathematica 的内部对象均属于上下文 System`,函数 Factor 的全名是 System`Factor。如果一个特定的符号只出现在一个上下文中,就不必明确地给出全名了,Mathematica 会通过系统变量 \$ ContextPath 依次查找符号所在的上下文。我们也可以通过系统变量 \$ Context 或函数 Context[] 查看当前环境的上下文。函数 Contexts[] 则给出所有已加载程序包的上下文。例如,在 Mathematica 启动之后:

```
In[1]:= $ ContextPath
Out[1]= {"PacletManager`","WebServices`","System`",
         "Global`"}

In[2]:= Context[]
Out[2]= Global`

In[3]:= BeginPackage["a`"];
        f::usage="f[x] gives x+1.";          (* f 提供给用户 *)
        Begin["b`"];f[x_]:=g[x];g[x_]:=x+1;End[];
                                             (* 用户接触不到 g *)
        EndPackage[];

In[4]:= {f[x],g[x]}
Out[4]= {1+x,g[x]}
```

程序包中的"f::usage"语句定义了函数 f 的使用信息,通常是对函数的描述和用法的说明,该语句可以被省略。通过"Definition[f]"函数或"? f",我们可以得到 f 的使用信息。如果我们还想得到 f 的选项信息,则可使用"Information[f]"函数或"?? f"。例如:

```
In[5]:= ? Factor
Factor[poly] factors a polynomial over the integers.
Factor[poly,Modulus→p] factors a polynomial modulo a prime p.
Factor[poly, Extension → {a1, a2, ... }] factors a polynomial
allowing coefficients
    that are rational combinations of the algebraic numbers ai. ≫
```

```
In[6]:= ?? Factor
```
Factor[poly] factors a polynomial over the integers.

Factor[poly,Modulus→p] factors a polynomial modulo a prime p.

Factor[poly, Extension → {a1, a2, … }] factors a polynomial allowing coefficients

that are rational combinations of the algebraic numbers ai.≫

Attributes[Factor]={Listable,Protected}

Options[Factor]={Extension→None,GaussianIntegers→False, Modulus→0,Trig→False}

除了"::usage"之外，我们可以使用 MessageName[symbol," tag "] 或 "symbol::tag"语句来为符号 symbol 自定义各种各样的消息，并通过 Messages[symbol]函数来查看与 symbol 有关的消息。例如：

```
In[7]:= Pi::Sin="msg1";Pi::Cos="msg2";Message[Pi]
Out[7]= {HoldPattern[π::Sin]→"msg1",
         HoldPattern[π::Cos]→"msg2"}
```

例：生成一个软件包，用来计算一组数据的算术平均、几何平均、中位数、方差和标准差。

点击菜单项"File→New→Package"或者使用任意文字处理软件，写入以下内容，保存为"我的文档"目录下的一个 Mathematica Package（＊.m）文件，譬如"MyPackage.m"，必须是纯文本格式。

BeginPackage["stat"];

mean::usage = "计算算术平均";

geomean::usage = "计算几何平均";

median::usage = "计算中位数";

var::usage = "计算方差";

stdev::usage = "计算标准差";

mean[x_]:= Total[x]/Length[x];

geomean[x_]:= Apply[Times,x]^(1/Length[x]);

median[x_]:= Module[{n = Length[x],s = Sort[x]},

　　If[OddQ[n],s[[(n+1)/2]],(s[[n/2]] + s[[n/2+1]])/2]];

var[x_]:= Total[(x-mean[x])^2]/(Length[x] - 1);

stdev[x_] := Sqrt[var[x]];

EndPackage[];

然后打开一个 Mathematica 的 Notebook 窗口,键入

In[1]:= **<<MyPackage`**　　　　　　　　　（*是文件名,而不是上下文名*）

或

In[1]:= **Needs["MyPackage`"]**

加载已生成的软件包。现在就可以使用软件包所提供的命令了。例如:

In[2]:= **data=RandomReal[{0,1},10]**

Out[2]= {0.843481,0.0311424,0.581385,0.474761,0.90702,
　　　　0.0610089,0.429437,0.820879,0.12268,0.881098}

In[3]:= **{mean[data],geomean[x],var[x],stdev[x]}**

Out[3]= {0.515289,0.32994,0.121851,0.349071}

习　题　8

1. 按 5 个数一行的方式,输出 100 至 1000 之间的能被 3 或 11 整除的所有自然数。

2. 删除一个数列中的重复元素。

3. 计算 $e^x = 1 + x + \dfrac{x^2}{2} + \dfrac{x^3}{3!} + \cdots + \dfrac{x^n}{n!} + \cdots$ 直到误差小于 10^{-16} 为止。

4. 用弦截法求方程 $x^3 - 2x^2 + 7x + 4 = 0$ 的根,要求误差小于 10^{-16}。

$$x_0 = -1, \quad x_1 = 1, \quad x_k = \frac{x_{k-2}f(x_{k-1}) - x_{k-1}f(x_{k-2})}{f(x_{k-1}) - f(x_{k-2})}, \quad k \geq 2$$

5. 定义函数 $f_1(x) = \dfrac{1}{1-x}, f_n(x) = f(f_{n-1}(x)), n \geq 2$,画出 $f_5(x), f_{15}(x), f_{30}(x)$ 的图像。观察并分析 $\lim\limits_{n\to\infty} f_n(x)$ 的性质。

6. 随机生成在 $[-100,100]$ 以内的 30 个实数 x_i,并绘出 $(x_i, f(x_i))$ 的散点图。其中

$$f(x) = \begin{cases} \sin x, & -100 \leqslant x \leqslant -20 \\ x^2, & -20 < x < 20 \\ \cos x, & 20 \leqslant x \leqslant 100 \end{cases}$$

7. 求数列 $x_1 = 2, x_n = \sqrt{2 + \sqrt{x_{n-1}}}$ 的极限,并画出数列散点图。

8. 随机生成元素在 $[-10,10]$ 以内的 3 阶可逆方阵,并计算它的逆矩阵。

9. 随机生成元素在 $[-10,10]$ 以内的 4 阶实方阵,并计算它的特征值和特征向量。

10. 生成计算矩阵的 3 种初等变换的程序包。

11. 计算任意向量 $x = (x_1, \cdots, x_n)$ 的 3 种范数

$$\|x\|_1 = \sum_{k=1}^{n} |x_k|, \quad \|x\|_2 = \sqrt{\sum_{k=1}^{n} |x_k|^2}, \quad \|x\|_\infty = \max_{1 \leqslant k \leqslant n} |x_k|$$

12. 计算任意 $m \times n$ 实矩阵 A 的范数 $\|A\|_2 = \sqrt{\rho(A^{\mathrm{T}}A)}$,其中 $\rho(A^{\mathrm{T}}A)$ 表示 A 的最大特征根。

13. 对数据 $(x_i, y_i), i = 1, 2, \cdots, n$,定义线性拟合和二次拟合。

14. 对数据 $(x_i, y_i), i = 1, 2, \cdots, n$,定义 Hermite 插值和三次样条插值函数。

15. 用复化梯形公式计算定积分

$$\int_a^b f(x)\mathrm{d}x \approx \frac{h}{2}\left(f(a) + 2\sum_{k=1}^{n-1} f(a+kh) + f(b)\right), \quad h = \frac{b-a}{n}$$

16. 用 Newton 迭代公式 $x_{n+1} = x_n - \dfrac{f(x_n)}{f'(x_n)}$,求方程 $f(x) = 0$ 在 x_0 附近的根。

17. 用 Gauss-Seidel 迭代求解 $\begin{cases} 10x_1 - 2x_2 - x_3 = 0 \\ -2x_1 + 10x_2 - x_3 = -21 \\ -x_1 - 2x_2 + 5x_3 = -20 \end{cases}$,自取初始值,当

$\|X^{(k+1)} - X^{(k)}\|_\infty < 10^{-4}$ 时迭代停止。

18. 定义函数 $f(x)$,输出矩阵 $f(5)$,形式如下所示,其中 x 为奇数。

```
*   *   *   *   *
*   0   0   0   *
*   0   *   0   *
*   0   0   0   *
*   *   *   *   *
```

19. 定义函数 $g(y)$,输出矩阵 $g(5)$ 的形式如下:

$$
\begin{array}{ccccc}
1 & 2 & 3 & 4 & 5 \\
16 & 17 & 18 & 19 & 6 \\
15 & 24 & 25 & 20 & 7 \\
14 & 23 & 22 & 21 & 8 \\
13 & 12 & 11 & 10 & 9
\end{array}
$$

20. 编写程序包计算矩阵的 $\| A \|_1$（1 范数）和 $\| A \|_\infty$（∞ 范数）：

$$
\| A \|_1 = \max_k \sum_{i=1}^{n} | a_{ik} |
$$

$$
\| A \|_\infty = \max_i \sum_{k=1}^{n} | a_{ik} |
$$

附　　录

第 1 章　Mathematica 基本量

◇　数值转换函数

N[expr]	expr 的浮点值
Rationalize[x]	化 x 为有理数
IntegerPart[x]	数 x 的整数部分
FractionalPart[x]	数 x 的小数部分
Round[x]	x 的四舍五入
Floor[x]	不大于 x 的最大整数
Ceiling[x]	不小于 x 的最小整数
Mod[m,n]	m 被 n 除的正余数
Quotient[m,n]	m/n 的整数部分

◇　初等数学函数

Abs[x]	实数的绝对值或复数的模
Sqrt[x]	平方根
Exp[x]	指数函数
Log[x]	自然对数
Log[b,x]	以 b 为底的对数
Re[z]、Im[z]	复数的实部、虚部
Arg[z]、Conjugate[z]	复数的辐角、共轭
Max	列表元素中最大值
Min	列表元素中最小值

Sign	符号函数
Sin、Cos、Tan、Csc、Sec、Cot	三角函数
ArcCos、ArcTan、ArcCsc、ArcSec、ArcCot	反三角函数
Sinh、Cosh、Tanh、Csch、Sech、Coth	双曲函数
ArcSinh、ArcCosh、ArcTanh、ArcCsch、ArcSech、ArcCoth	反双曲函数
ContinuedFraction	连分数形式
FromContinuedFraction	连分数的分数形式
Binomial[m,n]	二项式组合系数
Multinomial[n1,n2,...]	多项式组合系数
Factorial[n]	n 的阶乘($n!$)
Factorial2[n]	双阶乘($n!!$)
FactorInteger[n]	素因子分解
GCD[n1,n2,...]	最大公约数
LCM[n1,n2,...]	最小公倍数
Permutations[a]	a 中元素的所有排列
Prime[n]	第 n 个素数
PrimeQ[n]	检验 n 是否为素数
PrimePi[n]	不超过 n 的素数个数

◇　关于表和表达式的函数

Range	生成一维列表
Table	生成一维或多维列表
First	表达式或列表的第一个元素
Last	表达式或列表的最后一个元素
Take	取表达式或列表的部分元素
Insert	在表达式或列表中插入元素
Rest	删除列表第一个元素
Drop	删除表达式或列表元素
Apply[f, expr]	将 f 作用到 expr
Length	表达式或列表长度
Sort	对列表元素排序
ReplacePart	替换元素
MemberQ	判断元素是否在表中
FreeQ	判断元素是否不在表中
Count[list, pattern]	

list 中与 pattern 匹配的元素个数

Position[a, x]	在 a 中查找 x 的位置
RotateLeft[expr, n]	向左平移 n 个位置
RotateRight[expr, n]	向右平移 n 个位置
Prepend	在首部插入元素
Reverse	将元素的顺序倒过来
Append	在列表末尾插入元素
AppendTo	

在表（或表达式）末尾插入元素

Join	把几个表连成一个表
Union	去掉重复的元素后对元素排序
Flatten[a]	把嵌套列表压平
Partition[a, n]	

把列表拆分成若干长度为 n 的子列表

◇　字符函数

Characters[s] 把字符串分割为字符列表

StringJoin 或 s1<>s2<>...	

把多个字符串拼接为一个字符串

StringLength[s]	字符串长度
StringSplit[s]	依空白字符分割字符串
ToExpression[s]	把字符串转化为表达式
ToString[expr]	把表达式转化为字符串
StringDrop	删除字符串中元素
StringInsert[s, t, p]	

在字符串 s 的位置 p 处插入 t

StringReplacePart	字符串替换
StringReverse[s]	颠倒 s 中字符顺序
StringTake	取字符串的子串
ToLowerCase[s]	把字母转化为小写字母
ToUpperCase[s]	把字母转化为大写字母

第 2 章　初等函数运算

PolynomialQuotient	计算多项式的商式
PolynomialRemainder	

计算多项式的余式

PolynomialQuotientRemainder	

计算多项式的商式和余式

PolynomialQ[expr, x]	

检验 expr 是否关于变元 x 的多项式

Variables[poly]	多项式 poly 的变元列表
Exponent	多项式的最高幂次
Coefficient[poly, x, n]	

多项式 poly 中"$x \hat{\ } n$"项的系数

CoefficientList[poly, x]	

多项式 poly 关于变元 x 的系数列表

MonomialList	关于变元的单项式列表
CoefficientRules	

给出单项式系数和指数向量的列表

FromCoefficientRules
由单项式系数列表生成多项式

Expand
展开表达式中的乘积和正整数方幂

ExpandAll
展开表达式中的乘积和整数方幂

ExpandDenominator[expr]
展开表达式 expr 中的分式的分母

ExpandNumerator[expr]
展开表达式 expr 中的分式的分子

PowerExpand
展开表达式所有的乘积的方幂

Collect 合并同类项

Apart 把表达式写成部分分式之和

ApartSquareFree[expr]
把表达式写成部分分式之和,分母
是无重根多项式的方幂的形式

Cancel 约分表达式中的分式

Together 通分表达式中的分式

Simplify 化简表达式

FullSimplify[expr] 深入化简表达式 expr

Assuming 按假设条件计算表达式

IrreduciblePolynomialQ
检验是否为不可约多项式

Factor
分解为不可约整系数多项式的乘积

FactorList 不可约因子及其方幂列表

FactorSquareFree
分解为无重根整系数多项式的乘积

FactorSquareFreeList
分解为无重根因子及其方幂列表

FactorTerms
分解为常数与本原多项式的乘积

FactorTermsList
常数与本原多项式的乘积列表

Decompose 分解为多项式复合的形式

PolynomialGCD 多项式组的最大公因式

PolynomialLCM 多项式组的最小公倍式

PolynomialExtendedGCD
多项式的扩展最大公因式

PolynomialMod 多项式 p 模整数或余式

PolynomialReduce
多项式组约化的商式和余式

Discriminant[f, x]
一元多项式 $f(x)$ 的判别式

Resultant[f, g, x]
一元多项式 $f(x)$ 和 $g(x)$ 的结式

Subresultants[f, g, x]
一元多项式 $f(x)$ 和 $g(x)$ 的子结式列表

GroebnerBasis
多项式理想的 Gröbner 基

TrigExpand 三角函数和差化积

TrigFactor 三角函数因式分解

TrigFactorList 三角函数因子列表

TrigReduce 三角函数积化和差

TrigToExp 化三角函数为指数函数

ExpToTrig 化指数函数为三角函数

Solve 求多项式方程的所有准确解

NSolve 求多项式方程的所有数值解

Roots 求一元多项式方程的所有准确解

NRoots
求一元多项式方程的所有数值解

Root[f, k] 求一元多项式 f 的第 k 个根

FindRoot[f, {x, a}]
以 a 为初值求函数 $f(x)$ 的一个根 x

Reduce 化简方程或不等式并求所有解

FindInstance

　　求方程或不等式 expr 的 *n* 个特解

RecurrenceTable

　　由递归关系求表达式生成的数列

RSolve　　由递归关系求数列的通项公式

Sum　　　　　　　　计算数列的和

Product　　　　　　计算数列的乘积

第 3 章　微积分

Limit　　　　　　　　　计算极限

D[ ]　　向量函数或标量函数的偏导数

Dt　　　　　　　　　　　　全微分

Integrate　　一重或多重的符号积分

NIntegrate　　一重或多重的数值积分

DSolve　　　　　微分方程的符号解

NDSolve　　　　微分方程的数值解

Series　　　　　　　　幂级数展开

InverseSeries　　　　　幂级数反演

FourierSeries　　　　傅里叶级数展开

FourierSinSeries 傅里叶正弦级数展开式

FourierCosSeries

　　　　　　　傅里叶余弦级数展开式

FourierTrigSeries

　　　　　　　傅里叶三角级数展开式

Residue　　　　　　　　留数计算

FourierTransform　　符号傅里叶变换

InverseFourierTransform

　　　　　　　　符号傅里叶反变换

FourierSinTransform

　　　　　　　符号傅里叶正弦变换

InverseFourierSinTransform

　　　　　　　符号傅里叶正弦反变换

FourierCosTransform　傅里叶余弦变换

InverseFourierCosTransform

　　　　　　　符号傅里叶余弦反变换

FourierSequenceTransform

　　　　离散时序的傅里叶变换（DTFT）

InverseFourierSequenceTransform

　　　　离散时序的傅里叶反变换（IDTFT）

Fourier　　　　　　离散傅里叶变换

InverseFourier　　　离散傅里叶反变换

LaplaceTransform　　　拉普拉斯变换

InverseLaplaceTransform

　　　　　　　　　拉普拉斯反变换

ZTransform　　　　　　　*Z* 变换

InverseZTransform　　　　*Z* 反变换

Convolve　　　　　　　函数的卷积

DiscreteConvolve　　　表达式的卷积

ListConvolve　　　　列表数据的卷积

Normalize　　　　　　函数的规范化

Orthogonalize　　　　函数组的正交化

程序包：VectorAnalysis

SetCoordinates　　　　　设定坐标系

Grad　　　　　　　　　计算剃度

Div　　　　　　　　　　计算散度

Curl　　　　　　　　　计算旋度

Laplacian[f]　　　　　　　$\nabla^2 f$

Biharmonic[f]　　　　　　$\nabla^4 f$

第 4 章　线性代数

Table　　用"表达式"定义向量或矩阵

Array　　　用"函数"定义向量或矩阵

MatrixForm　　　　用矩阵形式输出

Band[{i,j}]

稀疏矩阵中以 $\{i,j\}$ 的对角坐标的序列

DiagonalMatrix 用列表定义对角矩阵

IdentityMatrix[n] 定义 n 阶单位矩阵

ConstantArray 定义常数矩阵

HankelMatrix

定义 Hankel 方阵 $a_{ij} = i + j - 1$

HilbertMatrix[n]

定义 n 阶 Hilbert 矩阵 $a_{ij} = \dfrac{1}{i + j - 1}$

ToeplitzMatrix[n]

n 阶 Toeplitz 方阵 $a_{ij} = |i - j| + 1$

RotationMatrix[θ]

平面上逆时针旋转 θ 所对应的 2 阶
方阵

RotationMatrix[θ, v]

空间中绕 v 逆时针旋转 θ 对应的 3
阶方阵

SparseArray 定义稀疏矩阵

ArrayQ 检验是否为数组或稀疏数组

ArrayDepth 给出数组重数

Dimensions[expr] 给出 expr 的维数列表

Length 检测矩阵维数

MatrixQ 检验是否矩阵或稀疏矩阵

VectorQ 检验是否向量或稀疏向量

x + y 或 Plus[x, y] 矩阵或向量加法

x − y 或 Subtract[x, y] 矩阵或向量减法

− x 或 Minus[x] 负矩阵或负向量

x * y 或 Times[x, y] 对应元素相乘

x/y 或 Divide[x, y] 对应元素相除

x^n 或 Power[x, n] 元素的方幂

x. y 或 Dot[x, y]

矩阵乘法或向量的内积

Cross 计算的向量的外积

MatrixPower 方阵 A 的方幂

MatrixExp[A]

方阵 A 的指数函数 $\sum \dfrac{1}{n!} A^n$

Transpose[A] 矩阵 A 的转置

ConjugateTranspose[A]

复矩阵 A 的共轭转置

Det[A] 计算方阵 A 的行列式

Inverse 计算逆矩阵

Minors 方阵的余子式

PseudoInverse[A] 矩阵 A 的广义逆

CharacteristicPolynomial[A, x]

方阵 A 的特征多项式 $\det(A - xI)$

Eigensystem[A]

方阵特征值列表和特征向量列表

Eigenvalues 方阵的特征值列表

Eigenvectors 方阵的特征向量列表

SingularValueList[A]

浮点型矩阵 A 的奇异值列表

MatrixRank 计算矩阵 A 的秩

Norm 计算矩阵或向量的范数

Total[v] 计算向量 v 的元素和

Tr[A] 计算矩阵 A 的迹

LinearSolve[A, X]

求方程组 $AX = B$ 的一个特解 X

NullSpace

求齐次方程组 $AX = 0$ 的一个基础
解系

RowReduce[A]

求 A 的行向量生成的线性空间的基

LatticeReduce[A]

求 A 的行向量生成的格的基

Orthogonalize 向量组标准正交化

Normalize 向量单位化

Projection[u, v]

　　　　　　求向量 *u* 在 *v* 方向上的投影分量

CholeskyDecomposition

　　　　　　　方阵的 Cholesky 分解

HessenbergDecomposition

　　　　　　　方阵的 Hessenberg 分解

JordanDecomposition

　　　　　　　方阵的 Jordan 分解

LUDecomposition　　方阵的 LU 分解

QRDecomposition　　方阵的 QR 分解

SchurDecomposition[A]

　　　　　　　方阵的 Schur 分解

SingularValueDecomposition

　　　　　　　矩阵的奇异值分解

第 5 章　数值计算方法

InterpolatingPolynomial

　　　　　由数据构造插值多项式函数

Interpolation

　　　　　　由数据构造样条插值函数

FunctionInterpolation

　　　　　　　　构造逼近函数

ListInterpolation[array]

　　　　　由数组 array 构造近似插值函数

Fit　　　　　　构造线性拟合函数

FindFit

用数据计算特定函数的最佳拟合参数

BezierFunction

　　　　由控制点定义的 Bézier 曲线函数

BSplineFunction

　　　　由控制点定义的 B 样条函数

BSplineSurface[array]

　　　　由数据 array 生成 B 样条曲面

BezierCurve

　　　　由数据生成 Bézier 曲线图形元素

BSplineCurve

　　　　由数据生成 B 样条曲线图形元素

BernsteinBasis　　　Bernstein 基函数

BSplineBasis　　　　B 样条基函数

NIntegrate　　　　数值积分函数

FindRoot　　求解非线性函数的根

CountRoots

　　　　给出多项式 poly 的实根数目

FindMinimum

　　　　计算函数在某点附近的极小值

Minimize　　　　计算 *f* 的最小值

MinValue[f, x]　计算 *f* 关于 *x* 的最小值

FindMinValue[f, x]

　　　　　计算 *f* 一个局部最小值

FindMaximum

　　　　计算函数在某点附近的极大值

MaxValue[f, x]　计算 *f* 关于 *x* 的最大值

FindMaxValue[f, x]

　　　　　计算 *f* 一个局部最大值

DSolve　　求解常微分方程或偏微分方程
　　　的解析解

NDSolve　　求解常微分方程或偏微分
　　　方程数值解

Fourier

　　　生成复数列表的离散 Fourier 变换

InverseFourier　　　反 Fourier 变换

第 6 章　作图函数

◇　函数作图

Plot　　　　　直角坐标系一维函数作图
Plot3D　　　　直角坐标系二维函数作图
ParametricPlot　　　二维参数函数作图
ParametricPlot3D　　　三维参数函数作图
ContourPlot　　　画二维的等值线图
ContourPlot3D　画三维等值面（等高面）
DensityPlot　　　画二维函数的密度图
RegionPlot
　　　　　绘制满足不等式的二维区域
RegionPlot3D
　　　　　绘制满足不等式的三维区域
SphericalPlot3D　　　球坐标作图
RevolutionPlot3D　　　画旋转面

◇　数据作图

ListPlot　　　　　绘制两维点列
ListPlot3D　　　　绘制三维点列
ListPointPlot3D　　　绘制三维散点图
ListLinePlot　　　依次把点连接成线
ListPolarPlot　　在极坐标下画点列
ListLogPlot　　　　画对数图表
ListLogLinearPlot　按列表画对数线性图
ListLogLogPlot　　画列表双对数坐标图
ListPlot3D　　按三维数据表画三维图形
ListContourPlot　　按高度值画等高线图
ListDensityPlot　　　按高度值画密度图
ListContourPlot3D
　　　　　　三维值域的三维等高面

ListCurvePathPlot
　　　　　绘制通过指定点列的光滑曲线
ListSurfacePlot3D　　按点列画三维曲面

◇　用图元作图

Graphics⌈primitives⌉
　　　　　　　画二维图元素 primitives
Graphics3D⌈primitives⌉
　　　　　　　画三维图元素 primitives
Inset　　　　　　　　插入元素
Arrow　　　　　　　　箭头
Circle　　　　　圆弧线或椭圆弧线
Disk　　　　　　　　填实圆
Line　　　　依次连接相邻两点的线段
Point　　　　　　　　点的位置
Polygon　　　　　　　多边形
Rectangle　　　画长方形或立方体
Text　　　　在点坐标处插入表达式
Locator　　　　设置动态点的位置
Raster　　　　灰度颜色的矩阵
Cylinder　　　　　　　画柱体
Sphere　　　　　　　　画球体
PolyhedronData⌈"Archimedean"⌉
　　　　　　　　显示系统定义的多面体
PolyhedronData⌈"多面体名称"⌉
　　　　　　　画出对应的多面体图形
RGBColor⌈red, green, blue⌉
　　　　　按红、绿和蓝比例的颜色调色

◇　数据多形象可视化

BarChart　　　用数据画二维条形图
BarChart3D　　　　画三维条形图
PieChart　　　　　画二维饼图

PieChart3D	画三维饼图
BubbleChart	画二维气泡图
BubbleChart3D	画三维气泡图

RectangleChart$\left[\{\{\mathbf{x_1},\mathbf{y_1}\},\{\mathbf{x_2},\mathbf{y_2}\},...\}\right]$

　　　　按宽度和高度值画矩形图表

RectangleChart3D	绘制三维矩形图表
SectorChart	画扇形图表
SectorChart3D	画三维扇形图
Histogram	画柱状图
Histogram3D	画三维柱状图

◇　**向量和矩阵图**

VectorPlot　画二维向量场函数的向量图
ListVectorPlot

　　　　画二维向量场数据的向量图
VectorPlot3D

　　　　画三维向量场函数的向量图
ListVectorPlot3D

　　　　画三维向量场数据的向量图
StreamPlot　　画向量场函数的流量图
ListStreamPlot　按数据画向量场流量图
ListStreamDensityPlot

　　　　　按向量画流量密度图
ArrayPlot　　画数组元素的相对灰度图
MatrixPlot

　　　　画数组元素的相对矩阵色彩图
ReliefPlot　按元素的值为高度画地势图
GraphPlot$\left[\{v_{i1}\rightarrow v_{j1},v_{i2}\rightarrow v_{j2},...\}\right]$

　　　画顶点 v_{ik} 连接顶点 v_{jk} 的图（图论）
TreePlot　　　　　　　画树形图
DateListPlot　　　　　　图示日期
LineIntegralConvolutionPlot

　　　　　产生一个线积分卷积图形

◇　**动画和声音播放**

Manipulate	动态演示函数或命令
Animate	动画演示图形
ListAnimate	列表动画演示

Play$\left[\mathbf{f},\{\mathbf{t},\mathbf{t_{min}},\mathbf{t_{max}}\}\right]$

　　　在$[t_{min},t_{max}]$秒之间播放振幅函数
Sound　　　播放音符的声音基元和指令
ListPlay$\left[\{\mathbf{a_1},\mathbf{a_2},...\}\right]$

　　　　播放由 a_i 序列给出声音的振幅
Speak$\left[\texttt{"string"}\right]$　　　　　朗读"string"
SpokenString$\left[\mathbf{expr}\right]$

　　　　给出表达式 expr 的文字叙述

◇　**再现和图形组合**

Show　　　　　　　　　　再现图形
GraphicsArray

　　　　将多个图组合为一个数组表示
GraphicsGroup$\left[\{\mathbf{g_1},\mathbf{g_2},...\}\right]$　图元素组
GraphicsRow$\left[\{\mathbf{t_1},\mathbf{t_2},...\}\right]$

　　　　　按行排列图形组 $t_1,t_2,\cdots$
GraphicsColumn$\left[\{\mathbf{t_1},\mathbf{t_2},...\}\right]$

　　　　　按列排列图形 $t_1,t_2,\cdots$
GraphicsGrid　按矩阵元素位置排列图形
GraphicsComplex$\left[\mathbf{pts},\mathbf{prims}\right]$

　　　　　组合显示图元素组

第 7 章　自定义函数和模式替换

f$\left[\mathbf{x}\right]$ = 表达式

　　　定义指定对象 $f[x]$ 的值，x 不是
　　变量

f[x_]:=表达式

　　　　定义函数 $f[x_]$，x 表示变量

f[x_]=. 　　　　清除 $f[x_]$ 的定义

Clear[f] 　　　清除 f 的所有定义

Save 　　　　　　保存函数定义

FilePrint["filea. m"]

　　　　　　　查看文件 file1 的内容

Directory[] 　　显示当前默认目录

lhs→rhs 　　在定义规则时 rhs 被求值

lhs:>rhs 　　　　调用规则时才求值

expr/. Rules 或 ReplaceAll[expr,rules]

　　　对 expr 调用一次规则或规则列表

expr//. Rules

　或 **ReplaceRepeated[expr,rules]**

　　　对 expr 的所有部件反复调用 rules

ReplaceList

　调用一次规则并列出匹配的列表元素

Dispatch

　　　优化排列规则,缩短调用规则时间

pattern/;condition

　　　　满足条件 condition 时模式匹配

lhs:>rhs/;condition

　　　模式满足条件 condition 时调用规则

lhs:=rhs/;condition

　　　模式满足条件 condition 时调用函数

expr.. 重复一次或多次的模式或表达式

expr...

　　　　重复零次或多次的模式或表达式

Cases[list,form]

　　　　给出 list 与模式 form 匹配的所有

　　　　元素

Count[list,form]

　　　　给出 list 中与模式 form 匹配的元

　　　素数目

Position 　　　　给出元素的位置

DeleteCases[list,form]

　　　删除 list 中满足逻辑条件 form 的

　　　所有元素

Select[list,f]

　　　list 中使 $f(x)=$ True 的元素 x

Attributes[fun] 给出函数 fun 的属性表

SetAttributes[f,属性 a]

　　　　把属性 a 加到 f 的属性表中

ClearAttributes[f,属性 a]

　　　　　　清除 f 中的属性 a

Trace[expr] 　跟踪计算 expr 工作过程

Map[f,expr,n]

　　　f 作用到 expr 的第 1 层到第 n 层

Map[f,expr,{n}]

　　　　f 只对 expr 的第 n 层作用

TreeForm[expr]

　　　　按树的层次形式输出表达式

Function[变量表,表达式]

　　　　　定义多个变量的纯函数

表达式 & 　　　　纯函数的省略形式

第 8 章　程序设计

Do[expr,{i,m,n,d}]

　　　i 在 $[m,n]$ 上以步长 d,对 expr 求值

While[cond,expr] 　　While 循环语句

For[init,cond,incr,expr] For 循环语句

If 　　　　　　　　　If 条件语句

Which 　　　　　　Which 条件语句

Switch 　　　　　　Switch 条件语句

Piecewise　　　　　　　　　　　分段函数

Return[expr]

　　结束程序运行,返回结果 expr。略过
　　余下语句,开始新一轮 Do、For

Break[]

　　结束最内层的 Do、For、While 的循环

Continue[]

　　略过余下语句,开始新一轮循环

Label[tag]　　　　为 Goto 语句设置标号

Goto[tag]　　　　设下一语句入口为 tag

参 考 文 献

［1］　斯古英.符号计算介绍［J］.数值计算与计算机应用,1989(3).

［2］　STEPHEN WOLFRAM. Mathematica:A System for Doing Mathematics by Computer［M］. Addison-Wesley,1989.

［3］　沈凤贤,等.Mathematica 手册:用 IBMPC 机处理数学问题通用软件包［M］.北京:海洋出版社,1992.

［4］　STEPHEN WOLFRAM. Major New Feature in Mathematica Version 2.2［M］.Wolfram Research Inc.,1993.

［5］　裘宗燕.数学软件系统的应用及其程序设计［M］.北京:北京大学出版社,1994.

［6］　H·O·派特根,P·H·里希特.分形:美的科学［M］.北京:科学出版社,1993.

［7］　张韵华. Mathematica 符号计算系统实用教程［M］.合肥:中国科学技术大学出版社,1998.

［8］　RICHARD GASS. Mathematica for Scientists and Engineers:Using Mathematica to Do Science［M］. Pretice-Hall Inc.,1998.

［9］　张韵华.符号计算系统 Mathematica 教程［M］.北京:科学出版社,2001.

［10］　李尚志,陈发来,张韵华,等.数学实验［M］.北京:高等教育出版社,2002.

［11］　张韵华,王新茂.符号计算系统 Maple 教程［M］.合肥:中国科学技术大学出版社,2007.

［12］　INNA SHINGAREVA. Maple and Mathematica:a problem solving approach for mathematics［M］. Springer,2007.

［13］　KEVIN J HASTINGS. Introduction to the mathematics of operations research with Mathematica［M］.Chapman & Hall/CRC,2006.

［14］　MICHAEL TROTT. The Mathematica guidebook for numerics［M］.Springer,2006.

［15］　MICHAEL TROTT. The Mathematica guidebook for programming［M］.Springer,2004.